成岩冻土学(冷生岩石学)

冻土学原理

第二册

Principles of Geocryology

〔俄〕э.д.叶尔绍夫 主编

刘经仁 译

童伯良 校

兰州大学出版社
LANZHOU UNIVERSITY PRESS

图书在版编目(CIP)数据

成岩冻土学(冷生岩石学)/(俄罗斯)3.Д.叶
尔绍夫主编;刘经仁译. —兰州:兰州大学出版社,
2015.7

(冻土学原理;2)

ISBN 978-7-311-04793-1

Ⅰ.①成… Ⅱ.①叶… ②刘… Ⅲ.①冻土学—研究
Ⅳ.①P642.14

中国版本图书馆 CIP 数据核字(2015)第 156048 号

责任编辑 魏春玲 张国梁 谢 芮
封面设计 郁 海

书　　名　成岩冻土学(冷生岩石学)
作　　者　〔俄〕3.Д.叶尔绍夫 主编
　　　　　刘经仁 译
出版发行　兰州大学出版社 (地址:兰州市天水南路 222 号 730000)
电　　话　0931-8912613(总编办公室) 0931-8617156(营销中心)
　　　　　0931-8914298(读者服务部)
网　　址　http://www.onbook.com.cn
电子信箱　press@lzu.edu.cn
印　　刷　甘肃兴方正彩色数码快印有限公司
开　　本　787 mm×1092 mm 1/16
印　　张　19.75
字　　数　370 千
版　　次　2015 年 7 月第 1 版
印　　次　2015 年 7 月第 1 次印刷
书　　号　ISBN 978-7-311-04793-1
定　　价　80.00 元

中文版序

多年冻土占据了地球陆地面积的 25% 。俄罗斯是地球上多年冻土分布面积最大的国家,其国土面积的 65% 分布有多年冻土。俄罗斯是开展多年冻土研究最早的国家,早在 1757 年就发表了冻土研究的科学文章,并在一百多年前就建成了跨越 2200 km 多年冻土的西伯利亚大铁路。俄罗斯也是最早成立专门的冻土研究机构,开展系统的科学研究和工程实践,把冻土研究提升为一门科学的国家。俄罗斯出版过一系列的冻土学专著和教科书,摆在我们面前的这套系列巨著则集以往成果之大成,全面、系统地总结了冻土学及其各分支学科的基本学术方向,代表了冻土研究的世界水平。这套系列巨著共分六册,现将每册的内容简介如下,从中也可领略俄罗斯构筑的冻土学体系的博大精深。

第一册 冻土学的地球物理和化学基础

冻土是一个复杂(多组分、多相、多孔隙)的物理化学系统,它包含能互相转换的三相水(未冻水、冰、水汽),所以冻土的性状非常易变。这一学术方向就是要研究自然界正冻、已冻和正融过程中冻土性状变化的规律和特点,是冻土学的重要理论基础。

第二册 成岩冻土学(冷生岩石学)

多年冻土区的成岩因素和过程在风化、搬运、沉积和岩化各阶段与非冻土区有着重大的、本质上的差别。冻土区的成岩结果也十分特殊(粉尘性、冰角砾岩、冷生组构、特殊的矿物和岩石组合等),是一种特殊的、独立的沉积成岩类型,由此产生了一种新的岩石学理论——冷生岩石学。

第三册　区域冻土学和历史冻土学

这一学术方向研究季节冻土层、多年冻土层以及冻土地质过程和现象的发生和发展历史,其分布和组构的地带性和区域性规律。本册还研讨了地球以外的太阳系行星及其卫星上的冷生岩土带。

第四册　动力冻土学

用热力学和热物理学的理论和方法研究季节冻土和多年冻土及其伴生的冻土地质现象形成、变化规律和预报方法。

第五册　工程冻土学

研究工程建筑与多年冻土之间的热学、力学和化学相互作用的理论,制订工程冻土预报及调控方法,提出冻土区各种工程建筑设计、施工和运营的工程地质保障。

第六册　冻土预报和冻土带的生态问题

冻土对气温变化及人为影响高度敏感,极易发生变化。冻土区的生态系统也十分脆弱,一旦破坏极难恢复。所以必须对自然(全球变暖)和人为(经济开发)影响下冻土及其上生态系统的可能变化做出预报,及时采取必要的保护措施。

中国是地球上多年冻土分布的第三大国,但冻土研究直到新中国成立后才得以开展。几十年来中国的冻土研究得到了长足的发展,特别是青藏铁路的成功建成,使中国的工程冻土研究在国际上占有了一席之地,但冻土学理论的研究仍亟待提升。西部大开发和东北复兴对中国的冻土研究提出了更高的要求,尤其在全球转暖的情况下,冻土研究面临着极大的挑战,必须回答冻土对全球化转暖的响应和反馈问题,提出必要的应对措施。相信这套系列巨著的翻译、出版,将对中国冻土研究水平的提高起到重要的推动作用。

2015. 2. 12

译者的话

《冻土学原理》是俄罗斯国立莫斯科大学地质系地冰(冻土)教研室前主任 Э. Д. Ершов(叶尔绍夫)教授生前组织全教研室的教授、副教授高级研究员、研究员们几十人并邀请俄罗斯冻土学界一些著名学者共同撰写的六卷冻土学巨著。

第一册　冻土学的地球物理和化学基础;

第二册　成岩冻土学(冷生岩石学);

第三册　区域冻土学和历史冻土学;

第四册　动力冻土学;

第五册　工程冻土学;

第六册　冻土预报和冻土带的生态问题。

这部著作汇集了当代冻土学各方面的基础理论和冻土区冻土工程的建设经验,是目前国际冻土学界唯一的一部这样的著作。这六册《冻土学原理》构成了冻土学的完整体系。但各册又可相对独立构成冻土学的分支学科。

这部著作可以作为我国冻土科研和在冻土区从事生态环境及冻土工程技术人员的重要参考资料之一,亦是年轻的冻土科研人员和博士生、硕士生的良好教材。

《冻土学原理》中文本的译校工作是在国家冻土工程重点实验室和中国科学院寒区旱区环境和工程研究所冻土与寒区工程研究室的领导马巍和吴青柏研究员的支持下邀请童伯良、刘经仁、张长庆、武筱舣四位本研究室退休人员完成的。

这套《冻土学原理》的俄语原著是 Э. Д. Ершов 教授及其他作者赠送给童伯良研究员的礼物。当时此书在俄罗斯书店早已售完。在得知我们研究室有意把此著作译成中文出版时，Э. Д. Ершов 教授作为此著作的主编和地冰教研室主任当即欣然同意并无偿提供这部著作的中文版权，答应今后继续提供当时尚在编写的第六册原著。他只要求我们把这部著作的中文本送十套给地冰教研室，供在莫斯科大学学习的中国留学生使用。

可见这部《冻土学原理》中文本的出版是中俄两国冻土学界源自 20 世纪 50 年代延续至今的学术交流和友谊的见证之一。

童伯良

2014 年 10 月 21 日

原版序

　　到目前为止,已经有一系列关于冻土学的综述性著作。例如,1940 年 М. И. Сумгиным、С. П. Качуриным、Н. N. Толстихиным 和 В. Ф. Тумелем 编写的《普通冻土学》一书,在建立冻土的学科中起了重要作用。1959 年冻土研究所出版了两卷本的《冻土学原理》著作集(П. Ф. Швецов、Б. Н. Достовалов 和 Н. И. Салтыков 主编),总结了普通冻土学和工程冻土学领域的理论研究成果。1967 年在 В. А. Кудрявцев 领导下首次出版了《普通冻土学》教科书。也就是在这一时期发表了相当多的关于冻土学具体问题或某些方面的重要专著。所有这些著作在建立冻土学理论基础上发挥了巨大作用。然而这早已成为图书馆馆藏珍品了。由于近 30 年冻土学的理论基础和实践(工程)基础研究取得的巨大成就,冻土学的许多分支学科需要进行重要的增补。

　　本《冻土学原理》多卷书是一部系统论述多年冻土区学说的著作。多年冻土区占据地球所有陆地面积的 25% 以上,并约占俄罗斯国土的 65%。本著作的作者面临如下的任务:要从自然历史方面和多年冻土区的国民经济发展出发,在总结业已建立的经典理论概念的基础上以及总结关于冻土和冻土地质过程、现象的形成与发育规律的最新资料的基础上,展示冻土学及其各分支学科和基本学术方向的现代发展水平。

　　冻土学是地质旋回的自然历史学科,研究冻土层及其中的冰、它们的成分、冷生组构、性质、冻土地质过程和现象形成与发育的时空规律。几百米厚(在高山地区可达 1500 m 以上)的冻结层构成了岩石圈的冻结带,其特征是负温(在深度 10 ~ 20 m 处为 $-15\ ℃$)和包含大大小小的冰包体或冰晶。这没有什么可奇怪的,В. И. Вернадский 早就认为:许多具有极大科学意义和实践意义问题的解答恰恰与地表较深处的冷却界线有关。

冻土层不是偶然的,而是有规律的、自然历史决定的生成物,以严格定义的、唯冻土层所有的现代和过去的发生(成因)、存在、发育和分布的规律为其特征。例如,地球上的实际资料能够肯定从早元古代(21 亿～25 亿年前)开始,在美洲、非洲、欧洲、亚洲、澳洲和南极洲大陆各地就存在过冻土和冰。若走出地球,则可发现太阳系大部分行星和整个宇宙的固态天体都应该是冷生体,即应该发育冻土。换言之,冻土学是更大的学科——行星冷圈学的一部分。

实质上,冻土学应该全面地、广泛地研究性质上新的、处于冻结状态的岩石的形成和发育的各方面。因而此学科已经形成的结构理应是地质学结构的缩小模型。决定冻土学的具体任务、学术和实践意义的冻土学组成部分是动力冻土学、成岩冻土学、区域和历史冻土学、工程冻土学(见图)。从这种结构可看到冻土学与地质旋回的各门学科、与各基础学科(物理学、化学、数学、力学)以及与地理学和生物学的许多学科(气候学、古地理学、地植物学、土壤学等)都有着那么重要的联系。

动力冻土学　研究在季节冻土层和多年冻土层发生和发展中起决定作用的冻结和融化、冷却和变暖的过程。研究正冻土、已冻土和正融土中发生的这些过程和其他过程,从能量的观点来看,实质上是提出了研究冻土发育的热力学方法。研究冻土层形成规律性的热力学和热物理学原理建立在研究"大气圈——岩石圈"系统中的热量交换、辐射热平衡和水热平衡、岩石中的温度状况和水分的相变以及地壳上层热过程的基础之上。当岩石的冻结和融化过程的热量方面与产生这些过程的环境中的地质地理条件紧密联系时就有可能研究多年冻土和季节冻土在分布面积和深度上随时间变化的动态(恢复形成和发育历史或预报将来的变化)。

动力冻土学的另一重要部分是研究冻土地质过程的热物理、物理化学和力学本质、形成和发展的规律性及其预报。冻土地质过程的结果产生所谓的自然地质现象,即诸如寒冻裂缝、地面冰和地下冰、冻胀丘、热融丘、融冻泥流、热侵蚀沟、冰锥等等这样的特殊冻土地形和新的地质体。

成岩冻土学(冷生岩石学)　根据多年冻土区发育于沉积岩中及其分阶段改造过程中的化学、物理化学、物理力学作用,揭示冻结沉积岩和冰的分散性、化学——矿物成分、结构——构造特点和组构形成的一般规律和局部规律。

虽然冻结沉积岩的成分、组构和性质与其冻结方式和条件以及沉积和构造形成的特点和速度紧密相关,但成岩冻土学赋予不同成因冻土层的研究以特殊的意义。此时,多年冻土区沉积岩形成过程及其结果是那么的特殊,以至于最近被划分为独立的岩石成因类型——冷生类型,这是最年轻的,仅在元古代才最终形成的岩石成因类型,越接近于现代,这种岩石成因类型的意义就越大。

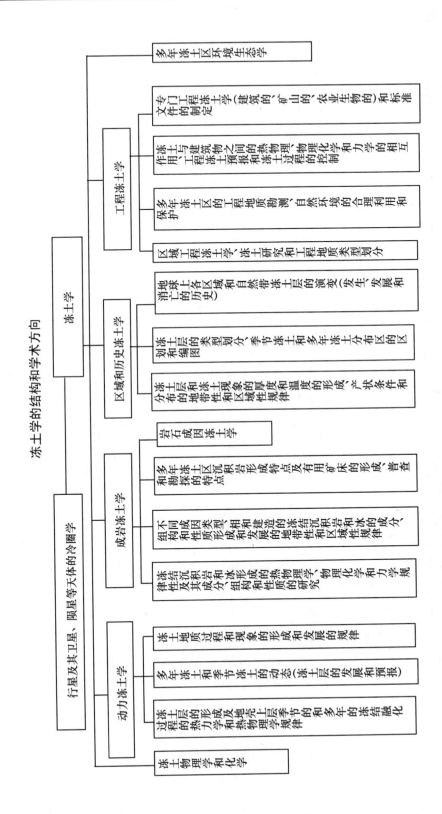

区域和历史冻土学　研究季节冻土层和多年冻土层的形成和发展,它们的分布、产状条件和温度、冻土层组构和厚度,以及冻土地质过程和现象的地带性与区域性规律。在此基础上,按照它们的成分、冷生组构、成因、年代、热量交换条件划分冻土类型,并对多年冻土发育区进行区划和编图。这一冻土学分支学科的重要学术方向是研究整个地球、各区域、各大陆冻土发生和发展的历史。

工程冻土学　是冻土学非常实用的分支学科,研究多年冻土区各种工程建筑物的设计、施工和营运的工程地质保障,为存在季节冻土和多年冻土的地区经济开发提供选择最可靠和最经济的方式的依据。此时任何具体的、特定形式的工程地质勘测都是在研究区域工程冻土学的基础上进行的。根据工程地质勘测的结果编制不同建筑类型的工程地质图,然后根据定性和定量研究冻土与建筑物之间相互作用的结果,对工程项目施工和营运期内地基和基础的性状做具体工程冻土预报。当预报情况不佳时,要采取有目的地改变(改造)冻土环境(土的温度、成分、含冰量、冷生组构和性质)及冻土工程地质过程和现象的办法,即设计控制冻土过程的措施。

最后,在研究冻土学的现代发展趋势时,必然会看到,在冻土学的基础上有效地利用关于地球冻土学说的知识和规律的一门更大的学科——**行星冷圈学**,已经开始形成:火星冷圈学正在快速发展着,月球冷圈学原理正在建立,木星及其卫星的冷圈学资料正在积累之中,等等。换言之,可以说冻土学将发展成行星冷圈学或宇宙冷圈学。

除上述四个分支学科之外(每一分支学科都理应单独成册予以研究),冻土学中一个重要的课题已经形成并得到了长足发展,即从分子运动和热力学的观点研究自然界及正冻土、已冻土、正融土物理化学和力学过程的规律性,已成为冻土学自身的任务。这个课题一般被简单地称为冻土物理学和化学,是一门中间学科,成为研究自然(地质地理)环境中冻土性状的理论基础。其实质在于:冻土是一个复杂的(多组分、多相、多孔隙、多分散性)、非常动态的物理化学系统,它包括处于平衡状态并能互相转换的三相水(未冻水、冰、水汽)。因此,冻土的性状在很大程度上取决于这种物理化学土系统形成(冻结)、进一步存在(负温下)和发展(融化或冻结—融化循环)进程中发育的热力学、热量物质交换、化学、物理化学、力学和结构—构造形成等过程。不了解上述过程不仅不能熟练地解释冻土层和冻土的发育史、它们的形成和分布条件、冻土地质过程和现象的形成和发展特点,而且也不能随着国土的经济开发而有科学依据地提出预报它们的变化和有目的地改造(控制)它们的建议。显而易见,冻土物理学和化学是冻土学的基本学术问题,是动力冻土学、成岩冻土学、区域和历史冻土学、工程冻土学的重要理论基础,因而,应单独予以研究。

随着多年冻土区经济开发的速度越来越快,自然环境的人为荷载是那么的沉重,使得现有的冻土生态系统业已建立的准平衡状态遭到剧烈破坏。多年冻土区在生态方面与许多早就存在的观念不同,是最为脆弱的,其景观对人为影响高度敏感,并且景观的恢复又极其缓慢,更何况常常是不可逆的。正因为如此,多年冻土区各地(西西伯利亚、亚马尔半岛、中雅库特、诺里尔斯克、布拉茨克、南雅库特等庞大的地区生产综合体,贝加尔－阿穆尔铁路干线、东北地区的砂矿采掘区等)的人为破坏的后果在许多情况下是不可预测的和难以控制的,这就需要在全国范围内不可推迟地解决最复杂的生态问题。因此,近年来冻土学还产生了一个具有中间学科性质的基础学科课题——**多年冻土区的环境生态学**。

　　《冻土学原理》是由我国各部委、各机构、各部门的资深冻土学专家集体编写的:莫斯科大学、俄罗斯建设部建筑工程勘测生产和科研所、全俄国家建设委员会建筑勘测科学与生产联合公司、全俄水文地质和工程地质研究所、运输建筑工程研究所、俄罗斯科学院西伯利亚分院冻土研究所、全俄天然气科学研究所、保加利亚科学院泥炭研究所等。莫斯科大学地质系冻土教研室编写了本书的科学方法手册。

目　录

前　言

成岩冻土学(冷生岩石学)研究季节冻结沉积岩、多年冻结沉积岩和地下冰的成分、组构、性质和形成的规律性,探索行星上无论是古代还是现代的冷生成岩作用的类型、种、亚种的形成、发育和分布的规律,并根据业已查明的冻结沉积岩各相、各建造矿物－化学成分的形成和随后阶段改造的特点来揭示冻土区矿藏形成的规律。该冻土学分支的主要学术方向是:

(1) 研究冻结沉积岩和冰的物质成分、结构－构造特点和性质(冻结沉积岩石学和结构冰学);

(2) 根据冻土相和冻土建造分析来揭示冻结沉积岩和地下冰各成因类型、相、建造的成分、组构和性质的特点和规律性,以查明冻土区沉积物形成的原因、机制、景观地貌条件和地质条件(冻土相分析和冻土阶段分析);

(3) 根据冻土阶段分析来揭示冻结沉积岩的形成历史即沉积物在风化、搬运、陆地和盆地堆积及随后岩化等过程中的沉积作用和改造成为岩石的特点(冻土区的沉积成岩作用);

(4) 研究地球历史中冷生成岩作用的演变,即该行星现代和过去地质时代冷生类型成岩作用的形成和分布规律性(历史与区域冻土学);

(5) 研究冻结的、寒冷的岩浆岩、变质岩、胶结沉积岩成分、组构、性质的形成和发育规律性(将来是成岩冻土学的独立部分)。

在划分成岩作用类型时明显低估了冻土过程及多年冻土区的特殊因素和条件,这曾迫使许多研究者重新审视和修正现有的成岩作用在类型上的细分,并将冷生(冻土)

成岩作用划分为独立的类型(Е. М. Катасонов、В. А. Зубаков、А. И. Попов、И. Д. Данилов、Ш. Ш. Гасанов、П. Ф. Швецов、Н. А. Шило 等)。究竟什么是将冷生成岩作用类型划分为独立类型的基础呢？按照 Н. М. Страхов(1963)所给出的成岩作用类型的定义,这首先是多年冻土区成岩过程基本条件和因素所表现的全部特点、成岩过程进行的特殊性及成岩作用的结果与地球上其他区域有着重要区别。它们可集中地归纳如下:

冻土区具有特殊的辐射平衡和水热平衡,使得岩石温度以负温和低正温为主,将这些地区归于存在季节冻土或多年冻土的热力特殊地域。换言之,这里产生了性质上新的岩石状态——冻结状态。在这种情况下就产生了季节冻结(在风化阶段是很重要的过程)和多年冻结(总的来说在共生和后生冻土层的形成和成岩过程中起重要作用)这样的新的活跃成岩过程。与岩石的冻结作用联系在一起的是能急剧改变渗透性及成岩过程规律性的一系列特殊热物理、物理化学和力学过程。像未冻水和可同时作为新矿物和新岩石予以研究的各种形式的冰(地下冰、地面冰、水面冰)这些因素的存在和作用,是多年冻土区成岩作用的特殊性。岩石冻、融交替过程中未冻水和冰的劈裂作用大大地加强了多年冻土区的物理和物理化学风化过程。

多年冻土区地球化学环境的特殊性也好,化学和生物化学风化及其他成岩阶段所存在的定性和定量差异也好,都要予以重视。这种特殊性与多年冻土区主要由中性、酸性和还原性介质占优势相关,与二氧化碳气体、已溶的二氧化碳、氧化不足的腐殖酸(富里酸)等含量的增加相关,也与广泛发育的决定具有触变作用的胶态物质形式普遍性的凝结胶化等过程相关。

在多年冻土区内还观测到其他区域一般不存在、不发育的一系列特殊的冻土地质过程,即热侵蚀、融冻泥流、蠕流、冰锥生成、多边形脉状开裂、侵入成冰、分凝成冰、块石隆起、热喀斯特等过程,它们在汇水区物质搬运阶段起重要作用。大多数研究者在研究海洋中的沉积作用时注意到极地水体与非极地水体沉积物成分和组构上的重要差异。冻土层也将自己的特殊性带到了这里。多年冻土区海洋中的沉积作用发生于低温乃至负温水、水下冻结(大陆架)、冰传送物质以及波浪活动减弱的条件下(由于水面冰覆盖了水体),等等。

于是,多年冻土区的成岩因素和过程在风化、搬运、沉积和岩化各阶段上存在质的重大差异。这也是冻土发育区不同于融土区的一个重要而特殊的标志。总的来说,这里的大陆和海洋沉积作用的特点是成岩过程的时间间断性及脉动性,而这与季节冻结和多年冻结的循环性和周期性联系在一起。

最后,若说到冻土区成岩过程之结果,则首先应指出下述特殊的冷生成岩产物。这就是土的粉尘性(作为冷生因素作用的重要标志之一)、粉质和沙质物以及冰角砾岩和冰砾岩(为冰所牢固胶结的碎石、卵石、角砾等岩块)的广泛分布、沉积岩典型的独特的冷生结构和构造、特殊的标型矿物和岩石组合(冰、水云母、蒙脱石、含铁和锰等元素的低价氧化物形式的物质和化合物、特殊的矿藏组合等)。

总的来说,冷生成岩类型是特殊的、独立的沉积成岩类型:

岩石发育于季节性或多年性稳定存在的冻结、寒冷或过冷状态的岩石条件下;

在整个成岩过程、条件和因素(各成岩阶段)中保证成岩过程特殊流程的广义冻土因素占有极大的优势;

它们的成分和冷生组构(结构和构造)的区别性特征是矿物和冻土的标型组合。

上篇　冻土成分、组构和性质的特点

第一章　冻土成分的特点

§1.1　岩石中的冰

冰是多年冻土区最重要的造岩矿物和单矿物岩石,它具有许多与其他矿物和岩石截然不同的性质。冰在广泛分布的造岩矿物中温度最低,重量最轻。在地面条件下,冰极其易变,并发生热压变质过程。

在岩石中冰由水(水成冰)和水汽(凝华冰)生成,水成冰在岩石中分布最为广泛,而凝华冰仅在孔隙结构发达的干燥、不饱水岩石冷却时多半在粗碎屑岩和石缝中观测到。凝华冰具有由各个针状或片层状晶体组成的各种突起、壳、树枝状物等形式,晶体的形状取决于底土层的成分及冷却条件。岩石中不论是否存在物质输运都能形成水成冰。在沙质土、粗碎屑土和岩石以及小含水量细分散性土冻结时,没有观测到水分迁移。饱水细分散性土在存在水分迁移条件下冻结以及冻结状态中产生水分迁移原动力时会形成冰(Ершов,1986)。冰一般以胶结冰、各种包体的形式存在于冻土中,也可形成单个大集聚物——冰体。

胶结冰按孔隙被冰充填的程度可划分为接触胶结冰、薄膜胶结冰、孔隙胶结冰和基底胶结冰。土的胶结冰结构尚研究得不够。根据 П. А. Шумский(1955)的资料,胶结冰结构属于粒晶类型,有些孔隙中胶结冰可由有序排列和无序排列的单个晶体或若干个晶体组成。粗碎屑土和沙质土的胶结冰形态和结构取决于决定土中冰形成强度的土颗粒的形状、大小、表面性质和矿物成分,以及冻结条件。在细分散性土中,冰的形成和发育与复杂的物理化学过程有关,这些过程大大改变了土骨架集合体和孔隙的大小和形态,促使形成不同形态的胶结冰和冰包体,从而产生各种冷生构造(层状、网状、斑状等)。胶结冰的形态研究表明:胶结冰能逐渐转变为冰包体(Жесткова,1982;Рогов,1989)。冻土中按照晶粒形状和结晶方向可划分出下述冰结构:

(1)柱粒状结构,此时冰晶具有规则的、所固有的形状及有序的结晶方向(对称主轴平行);

(2) 具有无序结晶方向的他形粒状结构(不规则粒状结构);

(3) 半自形粒状结构,即介于上述两者之间的结构。

冻土中的冰总是含有固态、液态和气态包体形式的混入物。冰中包体按成因可分为原生包体(与冰同时形成)和次生包体(在冰形成后产生)。原生包体包括自生包体(冻结时从水中析出的或被冰袭夺的)和他生包体(由外来的水中混入物形成)。表生包体(经由开敞裂隙和孔隙渗入)属于次生包体(Шумский,1955)。

冰中的气态包体可属于上述成因类型中的任一类型。水成冰中的自生空气含量通常低于其在水中的最大可溶度,为体积的 26%,这与冰空间格架产生时空气被排出有关。只有在个别成冰地段,在封闭空间中冰冻结,空气包体才能积累起来并大大超过上述值。仅沿破碎带才能遇到进入冰中的表生空气,这里的空气体积可超出冰晶体积。充填于开敞孔隙和裂缝的表生空气在成分上与大气层空气相类似,但表生空气总是被水汽所饱和。冰中的深成和他生空气包体极少遇到。所有的空气包体均可按形状划分为球状、扁平层状、圆柱状闭合包体和开裂包体(Савельев,1980)。它们的形成取决于形成冰的一定条件。还划分出定向共生类型空气包体(Шумский,1955),其特点是沿生长方向延伸,成为热流方向精确而可靠的指标。这种包体既可分布在冰晶内部,也可分布在冰晶之间。此外,水成冰还包含较小的杂乱地分散于冰晶内的球状空气包体。

关于空气包体(通常处于压力之下)化学成分的实际资料不是很多。冰中原生空气包体成分中可以有化学和生物化学成因的气体(甲烷、硫化氢、重烃和氯等),这些气体是有机物和无机盐分解的产物。但冰中的气态包体主要是大气中的气体。在这种情况下,剖面上包裹在冰中的大气中气体的数量比(例如,叶多姆层和楔状脉冰层)就存在差异,这就能够根据空气包体中二氧化碳和甲烷含量的变化来重建晚更新世－全新世气候。

在冰中和冰－土边界上可遇到液相包体。液相包体的出现取决于引起冰晶边缘融化和(部分)晶内融化的系列原因(热流或其他形式能流)以及导致冰融化温度下降的压力和盐浓度的增大。冻土中的冰总是含有通过各种途径进入的盐分。原生盐包体是在含已溶盐的水冻结过程中形成的,而次生盐产生于矿物颗粒浸溶过程中。冻土中冰的盐分取决于盐的成因,因而可以是各种各样的。占优势的是 Na^+、Mg^{2+}、Ca^{2+}、K^+、SO_4^{2-}、Cl^-、CO_3^{2-}、HCO_3^- 等离子。当冰中存在盐分时,通常就含有可观数量的液相。

冰中固态不可溶包体既以捕获体也以单个小颗粒的形式存在。在成因上它们主要属于原生和他生包体。固态包体较大地影响着冰晶的大小及其边缘的直线性。在含土包体的部分,冰晶较小,冰晶边缘不是直线,结晶方向往往不太有序。冰中除无机包体外,还可见到动、植物残体,因此冰有时呈现浅火红色或棕褐色。

　　在不同结晶方向上进行测量时揭示了冰晶力学、热物理学、光学、电学等性质的各向异性。这种各向异性取决于冰的结晶特点,具有很高密度的分子呈网状的基面在冰晶空间格架中起主要作用。作为单轴正光性晶体的冰的特点在于其折射率是所有已知矿物中最低的。冰的吸收系数随波长的不同而在 $0.001 \sim 0.5$ cm^{-1} 之间变化。

　　在改变冰的温度状况时,出现温度变形。线膨胀系数(α)和体膨胀系数(ρ)向熔点一侧快速增加,而在低温条件下变得很小(图 1.1)。淡冰的体膨胀系数平均为 $0.000169/℃$。$0 ℃$ 附近冰的导热系数约为 2.22 W/(m·K),即 1.91 kcal/m·h·℃,约为 $0 ℃$ 的纯净水导热系数的 4 倍。冰的导热系数随温度降低而增大(图 1.1)。可按简单的经验关系式来计算,例如,淡冰

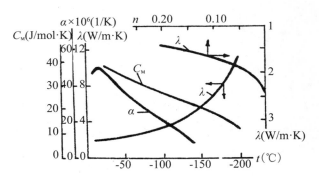

图 1.1　冰的温度线膨胀系数 α、导热系数 λ、摩尔热容量 C_M 与温度 t 之间的关系以及冰的导热系数 λ 与孔隙度 n 之间的关系

(据 Б. С. Рачевский、Е. П. Шушерина 等(1972)及 В. В. Богородский、В. П. Гаврило(1980)的资料)

的 $\lambda = 2.22(1 - 0.0004\,t)$,$t$ 为温度(℃)。冰的孔隙度和含盐量的增加会使其导热率减小。冰的热容量随温度降低而减小。在恒压下,熔点摩尔热容量 $C_M = 37.7$ J/mol·K。淡冰的热容量 $C_p = 2.12 + 0.0078t$。冰的热容量在很大程度上取决于冰中的杂质含量,当温度接近于熔点时,尤其如此。

　　冰在外力(荷载)作用下既可表现出弹性和脆性,也可表现出塑性。这由冰的结构–构造特点所决定,并与应力持续时间、应力值、应力的积累速度和冰的温度有关。在某些条件下,$-3 \sim -40 ℃$ 温度区间中的冰本身就完全像弹性体,服从胡克定律。当压缩应力达 0.1 MPa、加载速度约 0.05 MPa/s、应力作用持续时间小于 10 s 时,就会发生这一现象(Богородский、Гаврило,1980)。多晶冰在相当小且晶体方向杂乱时,可认为是宏观均质体。其弹性可用杨氏模量(E_y)、剪切模量(G_y)、体积压缩模量(K)和泊松比(μ)加以描述。杨氏模量表征冰的抗拉强度,它随着温度从 $0 ℃$ 下降到 $-25 ℃$ 而平均从 8×10^9 N/m^2 增加到 10×10^9 N/m^2(图 1.2a)。冰的抗剪模量 G_y 取决于冰的扭曲强度(改变形状),等于 $3.4 \times 10^9 \sim 3.8 \times 10^9$ N/m^2。冰无形状变化时的抗压强度即所谓的体积压缩模量等于 7×10^9 N/m^2。泊松比 μ 等于横向压缩与纵向拉伸之比,其值变化介于 $0.33 \sim 0.42$ 之间,在低温下有一些特有的最小值。淡水冰的结构–构造性

质可使弹性模量值变化达 20% ~ 25% 之多。

　　冰的强度特征值在很大程度上取决于各种冰结构的特点。业已查明,当多晶冰晶体方位有序及沿晶体光轴加载荷重时,其强度是沿基面加载时的 1.3 ~ 1.5 倍,而变形速度要低 1 ~ 2 个数量级。Е. П. Шушерина 和 А. Е. Гуликов(1964) 的研究表明:冰的强度随晶体尺度的减小而增大,而冰的蠕变随晶体尺度的减小而减小。

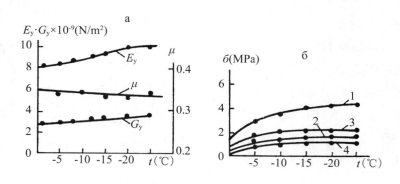

图 1.2　下述因素与温度的关系:

a—杨氏模量 E_y、剪切模量 G_y、泊松比 μ;б—冰的瞬时抗压强度(1)、抗拉强度(2)、抗弯强度(3)、

冰剪强度(4)(据 В. В. Богородский、В. П. Гаврило(1980) 及 И. Г. Петров(1976) 的资料)

　　冰的强度随温度的降低而增大(图 1.26),并随变形速度的减小而呈非线性增大。冰在荷载作用下能不改变体积、不发生断裂地发生塑性变形。冰的塑性取决于温度、载荷特征和变形速度。冰的流动阻力正比于它的流动速度并取决于冰的黏度。现有资料表明黏滞系数值是很分散的,为 10^3 ~ 10^8 MPa·s,看来这与应力随时间增大及冰的性质偏离黏性(牛顿)流体性质有关。常认为:冰具有 0.1 MPa 的屈服点。实际上在冰中观测到蠕变,这种蠕变取决于极小的屈服点应力下冰的流动。

　　由于多晶冰的流动,晶体的形态和方位发生变化。晶体的形状在剪切方向上逐渐被压扁和拉长。空气包体在晶体基面方向上也被拉长,而杂质颗粒常沿位移方向线集结起来。

　　冰在电场中是具有离子导电性的不完全导体(介电质),并且多晶冰与冰的单晶相比,因存在未冻水膜尤其是存在盐分,使其电阻率比较小。例如,从冰川得到的电阻率值变化介于 10^5 ~ 10^6 Ω·m 之间。多晶冰在电流不变时具有明显的极化性。冰的介电常数 ε 很大,可达到 100 ~ 150(电磁场频率 $f = 0$ 时)。总的来说,冰的纵波传播速度很高,可达到 3500 ~ 4000 m/s,这要比液相水的纵波传播速度(1450 m/s)高得多。

§1.2　岩石中的未冻水

随着负温的下降,岩石中水以不同的强度发生凝聚变化。首先,含水岩石冻结时大量的水变成冰,然后该过程变缓,并逐渐变得如此之弱,以至于在一系列冻土过程中可以被忽略。冻土中相对地划分出三个水的温度相变区(Цытович,1973):

(1)强相变区,此时未冻水量变化等于或大于1%/℃(相对于干土质量);

(2)不强的相变区,此时未冻水量变化为0.1%/℃~1%/℃;

(3)实际冻结状态,此时未冻水量的变化小于0.1%/℃。

在强相变区,低结合能级(几十焦每摩尔)的液相水冻结。这基本上是毛细管渗透类型的未冻水,正是处在直径不小于1 μm孔隙中的未冻水约在0 ~ −2 ℃的温度段发生冻结。第二区的特点是0.1 ~1 μm孔隙中的中等结合能级(几十和几百焦每摩尔)毛细管和渗透型未冻水在土中的结晶作用,冻结温度段从 −1 ~ −2 ℃到 −5 ~ −10 ℃。实际冻结状态区存在最高结合能级未冻水的结晶作用,即吸附类型液相以及分布在矿物表面附近的交换阳离子周围的渗透类型液相的结晶作用,其结合能可达到头几千焦每摩尔及更大,而冻结温度为 −5 ~ −10 ℃及更低。

因此,岩石中的相变发生于负温下,这一负温范围取决于岩石的成分和组构,首先取决于粒度成分、矿物成分和孔隙溶液中的盐、酸、碱、有机化学离子等。自由(重力结合)水分在温度接近于零摄氏度的不含盐分的岩石中冻结,这一温度称为起始冻结温度,它是决定岩石状态(冻结、融化、冷却)的重要特征值之一。起始冻结温度 t_3 大致对应于融化温度(不研究与过冷有关的效应)。

起始冻结温度与液相水含量一样,首先取决于岩石如下的成分和组构参数:有效比表面积、表面力强度、毛细管孔隙系统的几何形态(孔隙半径的分布)、孔隙溶液中的盐离子浓度以及冻结过程的动态。在一般情况下,上述参数对 t_3 值的微分定量评价是很复杂的,因此下面我们从孔隙水的毛细管、吸附、渗透型结合对冻结点降低有着最重要的影响这一点出发,在定性水平上阐述 Δt 随成分和组构变化的基本规律性。通常利用吉布斯等压 − 等温势(dF)来描述岩石中水的相均衡热力条件。此时,岩石中水的冻结点下降值与 dF 之间的关系可写成下面的形式:

$$\mathrm{d}F = \left(\frac{\mathrm{d}F}{\mathrm{d}t}\right)_{p-inv} \cdot \mathrm{d}T = S \cdot \mathrm{d}T = \frac{\Delta H}{T_0}\mathrm{d}T \qquad (1.1)$$

式中 $S = \dfrac{\Delta H}{T_0}$ 代表熵,等于吸附热、湿润热、溶解热(取决于结合类型)与温度(K)之比(作为标准可取 $T \neq T_0 = 273.15$ K,$p - inv$ 表示其余因素不变(不变量))。

在写出有限差分形式的(1.1)式时,考虑到 $\Delta T = T_3 - T_0$,于是我们得到冻结温度值：

$$\Delta t = \frac{T_0}{\Delta H}\Delta F$$

在上述结合类型之一相对均衡的影响占优势的情况下,可用下述表达式来估算冻结点的下降。

毛细管结合水：

$$\Delta F = f(\sigma,\cos\theta,1/r) \text{ 和 } \Delta t = f(T_0,\sigma,\cos\theta,1/r,1/\Delta H) \tag{1.2}$$

式中 σ 为水–冰或水–水汽边界上取决于水饱和度的表面张力,θ 为湿润边缘角,r 为毛细管半径。

吸附结合水（薄膜水）：

$$\Delta F = f(A,1/h^m) \text{ 和 } \Delta t = f(T_0,A,1/h^m,1/\Delta H) \tag{1.3}$$

式中 h 为未冻(结合)水膜厚度,m 为反映静电或分子表面力衰减速率的量($m = 2,3,6$ 等),A 反映水与岩石表面相互作用力的强度。

渗透结合水：

$$\Delta F = f(R,T,\ln(1-K_{np})) \text{ 和 } \Delta t = f(T_0,R,\ln(1-K_{np}),1/\Delta H) \tag{1.4}$$

式中 R 为已知溶液成分的气体常数,K_{np} 为孔隙溶液浓度。

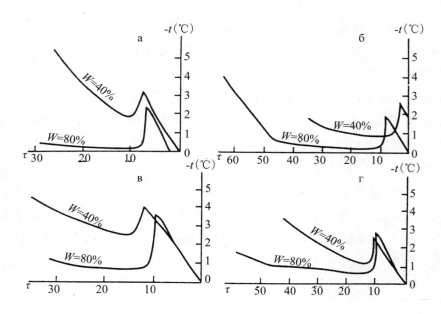

图 1.3　不同粒度成分和含水量的土冻结温度曲线图

（W 为与饱和含水量之百分比；τ—min）

а—亚沙土　　б—沙土　　в—黏土　　г—亚黏土

　　根据 1.2、1.3、1.4 定性关系式可分析用冰点降低测定法得到的岩石冻结(融化)温度实验测定结果(图 1.3)。例如,当其他条件相同时,总含水量的增加将导致冻结温度上升。当孔隙中充水率接近于 1 时,黏性土的冻结温度接近于零(-0.05 ~ -0.1 ℃)。根据薄膜模型,这可用薄膜厚度 h 增大(1.3)来说明,而根据毛细管模型,可用冰 - 水界面对水 - 空气界面的百分比增大使 Δt 减小(1.3)来说明,因为未冻水与冰及未冻水与空气的分界面上的表面张力之比在 $\sigma_{\text{в-п}}/\sigma_{\text{в-л}} = 2.0 ~ 4.0$(根据不同作者的资料)之间变化。当孔隙充水率小时,情况则相反,冻结温度急剧下降,因为水与空气的界面逐渐占优势。风干状态的细分散性土的冻结温度可降低几摄氏度(-4 ~ -9 ℃)。土的密度增加,将使冻结温度下降,根据(1.3)式,这可用毛细管半径减小加以说明。

　　实验资料表明,冻结温度随粒度成分而变,可按下述序列降低:沙土—亚沙土—亚黏土—黏土。这也是从毛细管模型(1.2)得到的结果,因为增大分散性使孔隙微分分布曲线上的最大概率半径减小(图 1.4);或者是由薄膜模型(1.3)得到的结果,因为从亚沙土变为亚黏土时水膜厚度减小(由于有效比表面积增加)以及有机物和矿物骨架与未冻水之间的相互作用力增加(系数 A 增大)。在高岭石—水云母—蒙脱石序列中冻结温度因矿物成分的不同而降低,这也为(1.2)关系式及孔隙半径微分分布曲线(图 1.4)所很好地说明。另一方面,由于蒙脱石的有效比表面积($S_{\text{уд}} = 550 \text{ m}^2/\text{g}$)要比高岭石的($S_{\text{уд}} = 30 \text{ m}^2/\text{g}$)大一个数量级,所以高岭石的未冻水薄膜要比蒙脱石矿物厚得多。

　　孔隙溶液中存在盐、酸、有机化学等离子,则会使土的冻结温度较之含淡水溶液的土有所降低。此时,小浓度孔隙溶液条件下冻结温度与粒度成分、矿物成分、含水量、密度之间关系总的来说与非盐渍土是相似的。但是,从某些浓度开始,冻结温度完全取决于盐渍化类型,并且实质上与土的成分和组构无关。对于 NaCl 盐渍化,此界限处于 0.3 ~ 0.4 N(当量浓度)孔隙溶液浓度范围,大致相当于孔隙溶液浓度 $K_{\text{п.р}}$ 与共结溶液浓度 $K_{\text{э}}$ 之比: $K_{\text{п.р}}/K_{\text{э}} = 0.075 ~ 0.1$ 。正是从这些界限中做出了 Na_2SO_4 和 Na_2CO_3 盐影响 Δt 的相同结论。因此,在实际估算中,可建议将起始冻结温度值视为两部分之和:一部分确定了表面力在冻结点降低中的贡献 $\Delta t_{\text{п}}$,另一部分确定了渗透分量在冻结点降低中的贡献 $\Delta t_{\text{осм}}$:

$$\Delta t = \Delta t_{\text{п}} + \Delta t_{\text{осм}}$$

从某些浓度值开始, $\Delta t_{\text{п}}$ 可以忽略,而 $\Delta t_{\text{осм}}$ 可用(1.4)类型的关系式加以估算,即像体积中的溶液那样。

　　易溶盐类型较大地影响着冻结(融化)温度,其值按下述顺序降低(图 1.5):

$$Na_2SO_4—Na_2CO_3—NaNO_3—NaCl$$

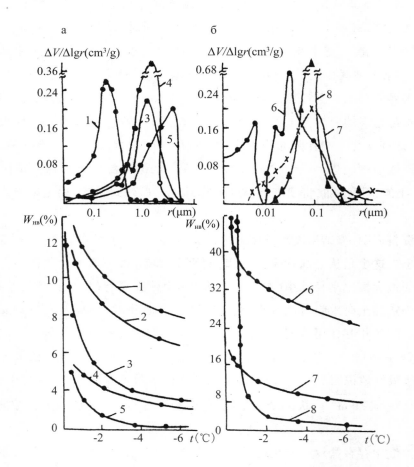

图 1.4　土的孔隙半径微分分布曲线及未冻水含量（W_{HB}）

与各种粒度（a）、矿物成分（б）土的温度之间的关系

1—重亚黏土；2—轻亚黏土；3—重亚沙土，细粒；4—轻亚沙土，粉质；5—轻亚沙土，粗粒；

6—膨润土；7—水云母土；8—高岭土

可见，在上述具有同一种阳离子 Na^+ 序列中，冻结温度按硫酸盐—碳酸盐—硝酸盐—氯化物的顺序降低。而在同一种阴离子 Cl^- 序列中，冻结温度按下述顺序减小：

$$KCl—FeCl_3—CaCl_2—NaCl$$

当土为 Na_2CO_3、Na_2SO_4 离子盐渍化时，冻结温度的变化与 $NaCl$ 盐渍化时完全相同。

决定土冻结（融化）温度值的因素自然地会影响到土中水分的相状况。因此，在定性分析岩土中的未冻水含量时，决定水分相状况的大部分冻土成分和组构特征值也可简化为像土的有效比表面积和孔隙结构以及孔隙中的离子浓度和种类这样的少量物理化学参数。有效比表面积（$S_{уд}$）有别于单纯的比表面积，因 $S_{уд}$ 本身不仅反映表面面积,而且还反映该表面的能量因素和吸附在表面上的有条件的单层水分子。有效比表面积按沙土—高岭土—水云母土—Ca^{2+}膨润土—Na$^+$膨润土顺序增大。众所周知,冻土中的未冻水能位于毛细管中及以矿物颗粒表面和冰-汽界面上的液膜形式出现。实际上在任何温度下冻土中都存在薄膜类型和毛细管类型的水。但是,当温度较低时,薄膜水数量上占优势,而当温度较高时,毛细管水占优势。因此,有效比表面积只有主要在 -5 ℃ 以下的温度时才作为未冻水形成的主导因素出现,并且决定岛状和多层状吸附类型及部分渗透类型的总未冻水量。若假设被吸附层厚度取决于土的比表面积,并与表面的曲率无关,则可得到正比关系式:

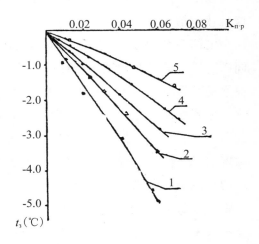

图 1.5　冻结(融化)温度与为不同成分的盐溶液所盐渍化的黏土试样孔隙溶液浓度之间的关系

1—NaCl;2—CaCl$_2$;3—KCl;

4—Na$_2$CO$_3$;5—Na$_2$SO$_4$

$$W_{\text{нз}} = S_{\text{уд}} \cdot \rho h \quad \text{或} \quad h = \frac{W_{\text{нз}}}{\rho \cdot S_{\text{уд}}}$$

土中尽管存在少量黏性、胶状,尤其是蒙脱石颗粒,土的 $S_{\text{уд}}$ 仍会急剧增加,从而土中的液相含量也相应地增加。应用疏水作用使土颗粒降低自由表面能,就是证明有效比表面积在水的相成分形成中起很大作用的一个实例(Ершов 等,1979)。

当温度变得较高(> -2 ℃)时,渗透和毛细管未冻水含量增加,并且冻土孔隙空间结构(很容易用孔隙半径分布来定量表示)开始在水相成分形成中起重要作用。图 1.4 所示的就是不同成分土典型的 $\Delta V / \Delta \lg r(r)$ 关系曲线图。此时应考虑这样的规律性:当孔隙度相同时,孔隙越小,则所含的液相水就越多。

最好研究两种根本不同的孔隙空间结构特征对未冻水含量作用的情况。第一种情况是:作为土的多孔隙度(гетероиористости)指标的均方差值($\sigma_{\bar{r}}$)相同时,平均孔隙半径值 $\bar{r}$ 是多变的。在这种情况下,孔隙半径体积分布曲线是相同的,只是沿 $\bar{r}$ 轴位移某个值。利用这种方法可分析平均孔隙半径对作为多孔系统的冻土中未冻水和冰含量的影响。以 $\sigma_{\bar{r}} = 0.65$ 的 3 种冻土为例进行研究:重粉质亚黏土 $\bar{r} = 5 \ \mu m$;轻亚黏土 $\bar{r} = 15 \ \mu m$;亚沙土 $\bar{r} = 50 \ \mu m$。土的平均孔隙半径减小与其超毛细管、超微孔隙体积增加相关,这使得 $W_{\text{нз}}$ 含量增大(图 1.4)。第二种情况是:均方差不同时,平均孔隙半径相同。此时 $\sigma_{\bar{r}}$ 较大的土即孔隙空间不均匀性较大的土的未冻水含量曲线在整个负温范围内都比较平缓。

　　冻土中的未冻水含量一般遵循相加规则，这是从包括 $W_{\text{нз}}$ 与泥炭化程度之间的线性关系在内的关系中获得的（图 1.6）。若土是不同矿物成分的颗粒和微团聚体的混合物，则未冻水的总含量相当于土各组分液相的算术和。这一原则之所以被遵守，是因为不同矿物成分的团聚物和颗粒实际上并不改变 $S_{\text{уд}}$、微分孔隙度、盐渍度这样的产生或决定冻土各组分在水的相成分中的贡献的基本因素。应该用这一物理性质来说明自然结构破坏时未冻水含量不发生重要变化，这时土的机械破坏虽然已

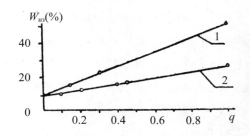

图 1.6　　-2 ℃温度时亚黏土未冻水
含量与泥炭化程度（q）之间的关系
（1—中等分解度的泥炭；
2—弱分解度的泥炭）

经在大团聚体和块体即大结构层次上完成了，但还没有触及微组构（Ершов，1979）。

　　某些类型冻土的未冻水含量与冻土原始总含水量之间表现出一定的相互依赖关系。此时，土冻结前的含水量越大，则负温下它所包含的液相就越多。$W_{\text{нз}}(W)$ 关系主要是在蒙脱石成分的（即含具有膨胀晶格的矿物）细分散性土中探测到的。这是因为土的饱水度越大，就越能高效地实现土的吸附能力，相应地，结合水（或未冻水）的含量就越大。与不同曲率的冰－未冻水、未冻水－孔隙空气界面有关的表面效应也影响未冻水量的平衡。这些表面效应不仅影响热力平衡条件下的未冻水数量和状况，而且控制着冻结－融化过程中动力学性质的表现，即土中的固、液相水分含量将取决于温度变化过程进行的速率（动力学）和方向。其结果就是滞后现象，即土样冻结和融化循环中水分的相成分曲线是不一致的，以及未冻水量和冰量达到平衡的最终时间也是不一致的。

　　图 1.7、图 1.8 所示的是 3. A. Нерсесова（1953）和 П. Уильямс（1963）在融化和冻结循环中得到的未冻水含量关系曲线。正如从上述曲线所见到的那样，在所规定的负温下，亚黏土和黏土的液相含量要高于融化期。这首先是因为在细分散性土中存在超毛细管，其结果是部分能量消耗在克服弯液面的表面张力之上了。而在融化时，此毛细管效应的影响不大。此外，超毛细管因素说明在这种土中还存在与冻结过程中和冻结－融化温度值发生滞后过程中水的过冷有关的效应。在粗分散性土中，超微孔隙量极小，实际上不出现上述效应。

　　关于土中水－冰相变动力学，可以指出的是：动力学时程和过程取决于温度场与湿度场以及应力场与应变场的松弛时间之比。通常在研究土中的冻结（融化）过程动力学时划分出诸如下述那样相继发生的过程群：达到能量和温度阈值条件时水的结构变化过程，由具有类冰结构的团块形成结晶中心的过程及包括大、小孔隙之间水分重

分布而引起水分迁移的补给在内的已形成的新相中心的生长过程。上述效应的总效果是产生骨架的温度变形、收缩应力和应变以及与未冻水膜和冰的劈裂作用相关的应力和应变,它们具有塑性和流变性。力场自身所形成的不均匀性决定了可以在相当长的时段内发生土结构 – 构造的改造。实验研究时土的这种多因素冻结(融化)过程各阶段的时间分异是极为复杂的,也很难单值地解释所得之结果。然而可以对某些时程做一定的数量级评价,例如,由于温度场的惰性较之湿度场要小得多(2 ~ 3 数量级),因此温度场在相变过程中的时间弛缓是可以忽略的。再例如,结晶时发生的温度不均匀性的弛缓时间为 1 秒量级。看来,结晶温度条件下结合水结构变化过程的惰性较小。自由水变成类冰结构的时间为 1 秒的量级。在建立表面张力平衡值时发生同样的时程(Думанский,1948)。另一方面,И. Н. Вотяков 和 С. Е. Гречищев(1971)所进行的发生温度扰动时冻土试样力场的动态研究表明,温度应力和应变可在很大的时段内(一至几十日)发生松弛。作者恰将这一积分效应(按作者的用语为“时间后效”)与结构形成过程相关。

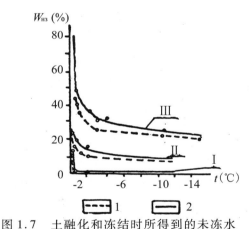

图 1.7　土融化和冻结时所得到的未冻水
含量与温度之间的关系

Ⅰ—沙土(W =5% ~14%);Ⅱ—亚黏土(W =
16% ~45%);Ⅲ—黏土(W =44% ~82%);

1—融化时(虚线);2—冻结时(实线)

(据 З. А. Нерсесова(1953)的资料)

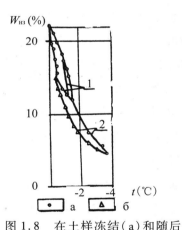

图 1.8　在土样冻结(а)和随后
融化(6)时得到的未冻水
含量与温度之间的关系

1—冻结温度达 –1.4 ℃;2—冻结温度达 –3.7 ℃

(据 П. Уильямс(1963)的资料)

Даниэлян、Яницк(1979)通过实验得到的相变固有时程的估算表明:在正冻土中为几分钟和几十分钟的量级,而在正融土中可忽略不计。有代表性的相成分松弛时间按沙土(5 min)—亚沙土(5 ~ 10 min)—亚黏土(10 ~ 20 min)—黏土(30 ~ 40 min)的序列随分散度的增加而增加。建立均衡相成分时的惰性取决于化学 – 矿物成分,并按高岭石—水云母—蒙脱石的序列增大(图 1.9)。

到目前为止,已积累了大量的实验资料,证明土中的未冻水含量取决于土的化学 - 矿物成分、分散度、组构及其他由沉积物成因和年代所决定的特征值。例如,对不同粒度成分的土的物理化学性质的比较表明:从亚沙土到黏土,矿物骨架的有效比表面积增大,土的小孔隙和毛细管体积增大,因而,总的来说,未冻水含量也是增加的(图 1.4)。随着颗粒平均尺度的减少和多分散性的增大,未冻水含量将增加,并且强相变区将有较大的扩张。

矿物成分是决定土中水的液相和固相之比的最重要的冻土特性。可用图 1.4 来研究 $0 \sim -6$ ℃负温范围内未冻水含量随矿物成分变化的规律性。从实验资料可看到:这种规律性是复杂的并与温度相关。在低温下($-2 \sim -6$ ℃),$W_{нз}$ 按高岭土—水云母土—膨润土的序列增大。在高温下($t_{зам} = -0.3 \sim -1$ ℃),液相水含量按水云母土—膨润土—高岭土序列增加。为说明这种规律性,应利用孔隙空间结构和有效比表面积的研究结果。

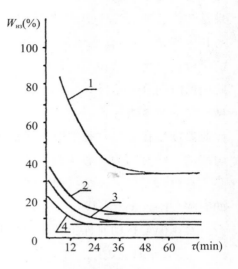

图 1.9　-10 ℃时不同矿物成分的
黏土中未冻水含量与冻结
时间之间的关系
1—蒙脱土;2—水云母 - 蒙脱土;
3—水云母土;4—高岭土
(根据 Ю. С. Даниэлян 和
П. А. Яницк(1979)的资料)

例如,对具有高分散性和小孔隙区存在亲水内底面的蒙脱土而言,微分孔隙度曲线上清楚地出现两个极大值,就是说孔隙大小的分布具有双峰性(图 1.46 曲线 6)。对应于小于 8 nm(80Å)最小孔隙的微分孔隙度曲线上的第一个极大值是由矿物晶体之间的孔隙度和粒间孔隙度决定的。对应于约为 30 nm(30Å)孔隙的第二个极大值应取决于团聚体间孔隙度。水云母土和高岭土在该区内的孔隙半径不呈双峰分布,但存在某种差异。在水云母土中小的胶体颗粒要多于高岭土,这就决定了它具有更多的小孔隙结构(图 1.46 曲线 7),尽管中等大小的高岭石颗粒更为分散。高岭土均匀的粒度成分和规则的颗粒形状使高岭土具有可比较土中最高的单孔隙度(图 1.46 曲线 8)。按照矿物成分的变化,超毛细孔隙的体积从蒙脱土的 0.30 cm³/g 变为水云母土的 0.07 cm³/g 和高岭土的 0.02 cm³/g。

矿物成分在许多情况下决定了负温下未冻水的变化进程及其含量。例如低温下高岭土含有的未冻水较之蒙脱土要低一个数量级,也明显地低于水云母土(图 1.4)。

可根据黏土 $S_{\text{уд}}$ 值和孔隙空间结构的研究来说明这种规律性,前者的实际资料也表示在图 1.4 上。从实验数据得出如下的结论:黏土按最小孔隙体积和作用的分布顺序是膨润土 > 水云母土 > 高岭土,这就决定了 $-1 \sim -6$ ℃温度下高岭土中的未冻水含量较少。

在 -1 ℃至黏土冻结温度的范围内,未冻水含量随矿物成分变化的规律性完全是另一种情况。此时,高岭土的液相数量最大,水云母土的液相数量最小,而膨润土处于中间状态。这一规律性可用孔隙空间结构来解释。高岭土约为 $100~\mu\text{m}$(1000Å)中尺度的、存在未冻水的孔隙体积较大,强相变区的有效比表面积值已经不是决定性因素了。高岭土孔隙空间结构极大的均匀性能急剧地改变温度从 -2 ℃向较高负温变化时的未冻水含量,而水云母土尤其是蒙脱土的微分孔隙度曲线上孔隙尺度分布的"模糊性"是该矿物成分黏土 $W_{\text{нз}}(t)$ 曲线平滑性的原因。

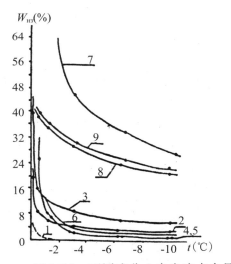

图 1.10　不同成分土中未冻水含量
与温度之间的关系

1—沙土;2—亚沙土;3—多矿物重亚黏土;
4—Na 型高岭土;5—Ca 型高岭土;6—Fe 型高岭土;
7—Na 型膨润土;8—Ca 型膨润土;9—Fe 型膨润土

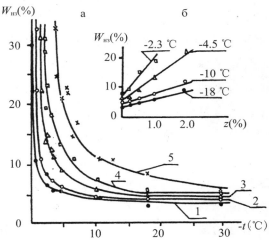

图 1.11　NaCl 盐渍型亚黏土试样的未冻水
含量与温度 t(a)和盐渍度 z(б)之间的关系
1—$z = 0$;2—$z = 0.2$;3—$z = 0.5$;4—$z = 1$;5—$z = 2\%$

交换阳离子对不同冻土类型在不同温度下的水的相成分的影响不是单解的。实际上这种影响仅出现在蒙脱石类矿物的黏土中。正如从图 1.10 所示的实验数据所看到的那样,交换阳离子在未冻水含量形成中的作用随膨润土为一价阳离子所饱和程度而增加。在 Na^+ 型膨润土中,$0 \sim -10$ ℃温度范围的未冻水量最大,而在 Fe^{3+} 和 Ca^{2+} 型膨润土中,未冻水量较小,这是因为 Na^+ 型膨润土实际上完全为胶体尺度的微团聚体。此时 Na^+ 型膨润土的高分散性决定了团聚体间孔隙尺度很小，已接近于粒间孔隙尺度。Ca^{2+} 型和 Fe^{3+} 型膨润土的高团聚度，能将孔隙度划分为团聚体间的和粒间的。温度的降低常伴随着越来越多的为矿物骨架和交换阳离子所束缚的未冻水层逐渐地发生冻结。阳离子对高岭土的结构吸附性质的影响不大，由于这些黏土的交换能力不大，其微组构实际上与阳离子类型无关。

矿物成分和分散性首先决定了土中薄膜水和毛细管水之比，然而，孔隙溶液中盐离子的存在使未冻水含量因渗透结合水而增加。这一附加量既与盐渍化程度有关，也与孔隙液中易溶盐的物质成分有关。因此，若改变孔隙溶液的盐浓度，而土没有因一系列的物理化学作用（黏粒部分的凝结作用、沙粒的分散作用等）而发生较大的结构改造的话，则盐渍冻土与非盐渍冻土的温度与相成分之间的关系之特征大体上是相同的。例如，在所规定的孔隙溶液盐离子浓度条件下，沙土—亚沙土—亚黏土—黏土序列中未冻水含量随分散性的增加而增加，而在高岭石—水云母—蒙脱石序列中随矿物成分的变化而增加。盐渍度对相成分形成的影响，因土的岩性类型和外部条件的不同，既可以不很大，也可以完全占主导地位。例如，亚黏土中的液相含量由于 $NaCl$（盐渍度 $z > 1$ 时）而在较高负温段（$-10\ ℃$ 以上）明显占优势（图 1.11）。根据图 1.11，在所规定的温度下，未冻水量与盐渍度值之间的关系接近于线性关系，并且，倾斜角正切值随温度的下降而减小。盐渍度在很大程度上决定了粗分散土的相成分，因为不大的未冻水含量依赖于其他类型的结合水。

盐分也很重要。未冻水含量按硫酸盐—碳酸盐—硝酸盐—氯化物的序列增大，这是由相应离子的活性决定的。此时，氯化物对液相含量的影响在数量上要比具有相同活性的碳酸盐、硫酸盐、硝酸盐大得多（图1.12）。对氯化物而言，W_{H3} 值随阳离子类型的不同而按 KCl—$CaCl_2$—$FeCl_3$—$NaCl$ 的序列增大。

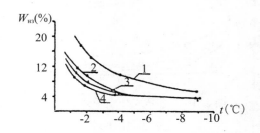

图 1.12　不同盐分盐渍化（$z = 0.5\%$）的
亚黏土的未冻水含量与温度之间的关系
1—$NaCl$；2—$NaNO_3$；
3—Na_2CO_3；4—Na_2SO_4

天然产状条件下冻土中水的相成分不仅主要取决于现代热力条件，而且也取决于岩性特点，岩性本身是在各种地质作用的影响下形成的，并且是这些地质作用的结果。

由此明白了：冻土 W_{H3} 与地质成因类型之间存在着紧密的联系。在每个**成因综合体**内，水的相成分差异完全与上述相成分与土的成分和组构之间的关系相一致。例如，海成岩中的未冻水含量最大，则与这些沉积物的高度盐渍化、分散性、离子交换综合体

成分中存在 Na^+ 及小孔隙结构相关。

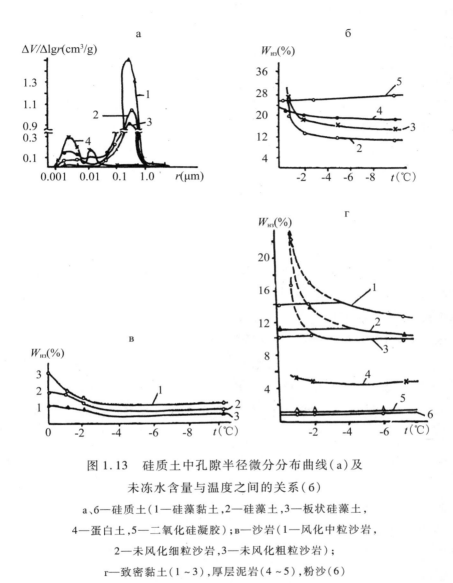

图 1.13　硅质土中孔隙半径微分分布曲线（a）及
未冻水含量与温度之间的关系（6）

a、6—硅质土（1—硅藻黏土，2—硅藻土，3—板状硅藻土，

4—蛋白土，5—二氧化硅凝胶）；в—沙岩（1—风化中粒沙岩，

2—未风化细粒沙岩，3—未风化粗粒沙岩）；

r—致密黏土（1~3），厚层泥岩（4~5），粉沙（6）

　　对于陆地沉积物而言，冲积成因和残积成因土的水相成分存在明显的差异，这显
然是由冲积土中存在大量亲水有机物及含二价阳离子、活泼的阴离子 Cl^- 的已溶化合
物所引起的。

　　以刚性结合岩石为例仔细研究了成岩改造和成岩后改造在水的相成分形成中的
作用。此时，例如硅质土，成岩改造的各个阶段清晰地反映在负温下土中水的相成分
之上及孔隙空间结构之上（图 1.13）。例如，从硅藻土转变为板状硅藻土并进一步转

变为蛋白土时,孔隙半径先呈双峰分布,然后转变为单峰的超毛细管孔隙分布,约 0.4 μm 的半径的孔隙逐渐消失。与此相对应,硅藻土在温度接近于 0 ℃时大部分水快速冻结,然而,蛋白土在温度降低时的液相数量稍有减少。看来,硅化蛋白土由于成岩作用而发生进一步改造时应发生的是:直到 - 10 ℃ 为止,其水的相成分实际上没有改变,这与小孔隙的二氧化硅凝胶的情况相同。在诸如沙岩、粉沙岩和厚层泥岩这样的具有刚性结合的未风化充水岩石中,在温度达到 - 10 ℃ 之前,可以不发生水→冰的相变,因为在高密度岩石中,孔隙的尺度很小。风化作用由于改造了岩石结构而能急剧提高冻结温度值。

§1.3 冻土成分的特点

冻土成分的特点在于:一方面其成分的组成是诸如变质作用、风化作用、成岩作用、沉积作用这样的地壳中普通地质作用的结果,另一方面,在季节冻结和融化及多年冻结和融化时,不仅发生成冰作用和冰的消失过程,而且还由于特殊的化学作用使岩石骨架本身的矿物成分、化学成分和有机成分发生改造。这些特殊化学作用发生于多年冻土区有代表性的酸 - 中性介质及具有高含量二氧化碳气体、已溶二氧化碳和富里酸的还原环境中。水的相变过程、成冰作用、冻土层中的未冻水分迁移、凝聚作用、胶溶作用、物理和物理化学风化、自生成矿作用等对冷生残积的、共生和后生冻土层的形成有着重要影响。所有这一切形成了就自身成分和组构来说只有冻土区才特有的岩石。新的造岩矿物——冰的出现是冻土成分的主要特点。冰的数量和分布取决于冻土成因和形成条件。至于冰的成分、组构和性质,由于该问题的重要性,在本著作中将分别予以研究。

在冻土剩下的部分即所谓的骨架中,通常可区分为:原生不溶于水的、次生可溶于水的、次生不溶于水的、有机的和有机矿物质的等组分。

原生组分在分散性土中是一些各种岩石和矿物的碎块,可提供骨架中的沙、粉沙和黏土质粒级部分。它们是致使火成岩、变质岩和沉积岩破碎的外生过程综合作用的结果,在化学成分和矿物成分上与这些岩石并无区别。但正是由于矿物物理性质和成分的多样性,冻土区岩石和矿物才有着自己的特点。现在我们研究其中分布最广的岩石和矿物。

石英(SiO_2)是分布最普遍的冻结分散性土骨架矿物。其成分为 46.7% 的硅和 53.3% 的氧。石英属于轻级矿物。石英与冰在结晶特点上的近似性有助于冻土中主要在石英颗粒上形成冰包体。在冻土骨架中,从自形晶体到滚圆的颗粒,都可见到石英。石英是极坚固的矿物,但石英的特征之一是存在液态和气态包体。这一性质与石英的抗拉强度比抗压强度小 2/3 共同决定了石英在冷生风化中的稳定性弱于其他矿物,首先弱于长石。石英的化学性质很稳定,实际上是不可溶的。但在冷生作用过程中石英颗粒表面有非晶化并可局部溶解。在随后的沉淀过程中可形成非晶质或隐晶质石英(蛋白石)团聚体。

长石也属于轻级骨架之列,是具有相似成分和性质的矿物群。有钾长石(例如正长石 $KAlSi_3O_8$)、钙钠长石或斜长石(例如钠长石 – 钙长石群($NaAlSi_3O_8$ – $CaAl_2Si_2O_8$))之分。这些矿物都是具有极好解理的晶体,其中斜长石尤为典型。这一性质决定了长石的机械强度不大及其组分在化学风化时的稳定性很差。但也正是这一晶体结构的特点使得长石能很好地适应于周期性的成冰作用,因而在冷生环境中,长石比石英更稳定。

云母既在轻粒级中也可在重粒级中见到。白云母($K,Al_2(Al,Si_3O_{10})(OH)_2$)和黑云母($K(Mg,Fe)Si_3Al_{10}(OH)$)是这一矿物群中的基本矿物。这些矿物具有完全解理,一般呈片状。在机械作用下强度极弱,在化学作用下稳定性差。在冷生过程中,一方面对寒冻劈裂作用极为稳定,但另一方面极易水化、分解和非晶化。

辉石和闪石类矿物主要含硅酸盐、镁、钙和铁,它们是超基性岩和基性岩破坏后的产物,属于重粒级矿物。辉石中间分布有透辉石 $CaMg(Si_2O_6)$,闪石类中间分布有普通角闪石 $Ca_2Mg_2[(OH)_2SiO_{11}]$。辉石可含有液态和气态包体,因而在冷生作用方面接近于石英。闪石类具有解理,因而在力学性质和冷生作用特点上,与其说接近于石英,不如说更接近于长石。

绿泥石是一系列含 H、Mg、Al、Fe 和 Si 的各种矿物的混合物,是长石、云母等喷出岩和变质岩矿物破坏后的产物。它们属于重粒级矿物群,在力学、化学和冷生作用下极不稳定。在冷生风化进程中被破坏并被分散。分解产物(主要为氢氧化铁和氢氧化镁)常成为将骨架颗粒结合成团聚体的胶结物。

冻土区矿物在粒状骨架中的分布、数量关系、风化程度、形态和表面的特点等方面,与南部地区有着较大的差别。北部地区,冷生风化过程起主要作用,而化学风化过程所起的作用要小得多,因此,抗非冷生风化作用性能差的矿物含量增加。

А. П. Лисицын(1966)和 В. Н. Конищев(1981)指出:与热带和温带的矿物成分的稳定性序列相比,寒冷气候条件下的矿物成分稳定性序列具有镜相反性(图 1.14、1.15、1.16)。因此,在苔原和干燥地带观测到长石含量最高,而从北向南,土中逐渐富集起抗化学风化的矿物。于是,在冻土区,与南部地区不同的是:土的矿物成分中抗化学风化性能差的矿物被保存下来,这就产生了沙和粉质粒级的复矿成分。

冻土区次生不溶于水的矿物形成于化学风化及随后的成岩改造过程中,与原生矿物一样,具有自己的特点。黏土矿物是土的主要组成部分,是在冻结前冻土有机矿物

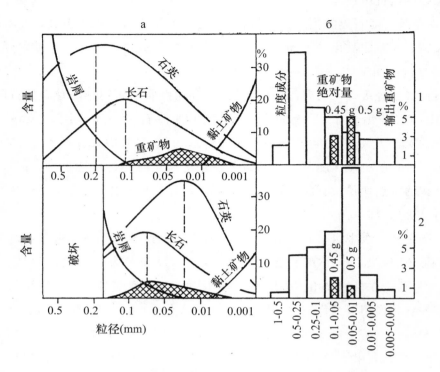

图 1.14　重建冷生作用下基本矿物参数按粒度谱的分布

a—定性示意图：1—原始沉积岩基本矿物成分含量按粒度谱的分布，2—冷生作用产物中基本矿物成分的分布；б—绝对量不变时，重矿物相对重量含量（重粒级含量）的定量重建示意图：1—沉积成因类型原始岩石重粒级含量分布，2—冷生产物中表生类型重粒级分布（据 В. Н. Конищев（1981）的资料）

质组分形成历史进程中生成的。其生成条件与长石、层状和带状硅酸盐的破坏和改造有关，一方面取决于地球化学环境（环境的 pH 和 Eh、岩石和溶液的物质交换条件和反应方向），而另一方面取决于岩石的矿物成分和接触溶液的化学成分。黏土矿物中按成分可划分为蒙脱石群、水云母群和混合层状矿物群，在冻土成分中很少见到高岭石。在冻土骨架的高分散性部分，最常见到的是水云母－蒙脱石－拜来石组分，并且大部分研究者认为：冷生作用本身并没有产生新的黏土矿物。在作为冻土骨架的黏土粒级中还见到高度分散的石英。

占据的体积小得多但而冻土中仍起重要作用的新生自生矿物，组成了次生不溶于水的矿物的第二部分。其中最常见的是铁和锰的氧化物和氢氧化物。在沉积物改造的前几个阶段，生成（尤其是共生冻结沉积物中）褐色非晶质的氢氧化铁——铁水合物（$2.5Fe_2O \cdot 4.5H_2O$）。在新沉积的沉积物中发生成冰作用而消耗水分时铁水合物就变成了褐铁矿（$FeO \cdot OH + nH_2O$）、水针铁矿（$FeO(OH) \cdot H_2O$）和针铁矿（$\alpha \cdot FeO \cdot$

OH）。这些化合物多半沿着与冰条纹接触带形成海绵状组构的合并团聚体。很少见到晶体形态的铁化合物，即纤铁矿（α·FeO·OH）、赤铁矿（Fe_2O_4）、磁赤铁矿（$Fe_2O_3·\gamma Fe_3O_3$）和磁铁矿（$FeO·Fe_2O_3$）。铁的氧化物和氢氧化物常与锰的化合物一起形成成分复杂的球状磁性结核形式的结核体，而与黏土矿物一起形成球状同心结构结核体。Зигерт（1985）认为铁的硫化物即常与史密斯矿（Fe_3S_4）和马基诺矿（Fe_9S_8）组合在一起的胶黄铁矿（$FeS·Fe_2O_3·(Fe_2SO_4)$）是典型的共生冻土层自生矿物；冻结的热融浅洼地沉积物、湖泊沉积物和牛轭湖沉积物的特点是存在蓝铁矿（$Fe_2(PO_4)_2·8H_2O$）。但其形成与冻结作用和成冰作用之间的相互关系尚未予以证实。

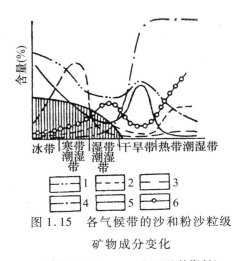

图 1.15　各气候带的沙和粉沙粒级
矿物成分变化

（据 А.П. Лисицын（1966）的资料）

1—重粒级和轻粒级综合体中一组矿物的变化；
2—重次粒级稳定矿物的含量；3—自生蛋白石含量；
4—自生 $CaCO_3$ 含量；5—长石含量；6—石英含量

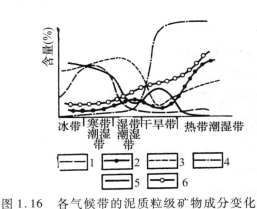

图 1.16　各气候带的泥质粒级矿物成分变化

（据 А.П. Лисицын（1966）的资料）

1—自生蛋白石；2—高岭石；3—水云母；4—自生
$CaCO_3$；5—碎屑状长石；6—碎屑状石英

可溶于水和难溶于水的次生矿物 主要有：碳酸氢钙和碳酸氢镁、硫酸钙和硫酸镁、硫酸钙和硫酸钠，以及氯化钠等化合物。众所周知，按照沉积物中盐分的溶解度，最先析出的是碳酸盐和碳酸氢盐（$CaCO_3$，$-1.5 \sim -3.5$ ℃），然后是硫酸盐（Na_2SO_4、$CaSO_4$，$-7 \sim -15$ ℃），最后是氯化物（NaCl，-21.5 ℃）。因而大部分易溶盐（氯化物）留在了溶液中，少部分呈固态，并且这一平衡可随温度而变化，而难溶盐（碳酸盐和硫酸盐）多半从沉积物中析出，形成独立的晶体、晶簇、结核体和夹层。总的来说，冻结时分散性土中富集了石膏（$CaSO_4·2H_2O$）、芒硝（$Na_2SO_4·10H_2O$）和方解石（$CaCO_3$）。

多年冻土区由于动、植物机体的生命活动和衰亡而积累起有机物质。有机物质既可构成厚地层(例如泥炭),也能以分散性土中的混入物存在,甚至形成有机矿物化合物和团聚体。多年冻土区的地球化学环境、低温及不充分的交换过程和氧化过程,有助于保存大部分动、植物残体。这里动、植物残体转变为有机物质是生物的和生物化学的反应和作用之产物,其过程相当缓慢,这就给有机的和有机矿物的化合物成分的形成赋予了独特的性质。总的来说,冻土中的有机物质呈现为分解较差的动、植物残体及其分解产物。

有机腐殖质在分散性土有机成分的形成上起最重要的作用,其数量可达到总有机物数量的 85% ~90%(Александрова,1980)。

根据分散性土中各种溶剂的比例,可划分为两个基本类型——腐殖酸和富里酸。

腐殖酸按外部形式为黑色胶状物质,而按成分属于含氢、氧、氮、碳的有机酸。腐殖酸是具有复杂的化学和物理化学性质的大分子,具有两个主功能基——羧基和羟基,两基的数量变化很大,这取决于所腐殖的残体和腐殖作用阶段。酸度首先取决于此两基的存在。腐殖酸具有很高的交换容量,极其亲水,化学性质活泼。分散性沉积物中的腐殖酸与黏土矿物表面相互作用着,像中性分子那样置换水合膜中的水。这能增加土的交换容量,促进冻结时的水交换和成冰作用。腐殖酸组构作为形成结构的因素具有很大的意义。在电子显微镜下,腐殖酸为直径 80 ~ 100 Å 的球状颗粒,呈含大量小孔穴的海绵状结构。这在很大程度上决定了腐殖酸的吸收性、持水能力和形成团聚体的趋势。在冻融交替地带,上述性质成为形成球状团聚体和环状生成物的基础。

冻土区的低温和高度过湿降低了有机物的活性和化学反应的速度,因而冻土区的腐殖酸成分具有自己的特点,这反映在:腐殖质是在非成年期形成的,因而主要形成富里酸。

天然状态的富里酸是比腐殖酸更为胶质的化合物,而按成分,它为有机酸,属于羟基羧酸,与腐殖酸不同的是:碳的含量较低,可溶于水和矿物质酸,对酸性水解能力较强(Тюрин,1965)。总的来说,富里酸具有更大的交换容量、流动性和化学活性。由于富里酸的高酸度,对矿物起着较大的破坏性作用,易分解闪石类和云母以及像石英、铁和钛的氧化物这样较稳定的矿物。富里酸对黏土矿物的作用尤其显著。根据 Г. С. Зверева 和 И. В. Игнатенко(1983)的资料,溶于水的有机物质能从黏土矿物表面除去铁和铝氢氧化物膜,浸析出 Ca、Mg、Na、K、Fe、Si 等元素,将有机物质吸附在外表面上,而蒙脱石还吸附在内表面上。

腐殖质与矿物部分的相互作用形成了有机矿物化合物。按照 И. Н. Антипов - Каратаев 的意见,有机矿物化合物包括:(1) 低分子量有机酸盐(醋酸盐、草酸盐等);(2) 腐殖酸盐和富里酸盐;(3) 络合物和内络合物(螯合物);(4) 吸附有机矿物化合物("厚层泥岩")。

多年冻土区土中的有机物在土的触变性形成中起重要作用。被有机物质的非晶质膜所吸附的大颗粒表面变得相当亲水,彼此之间能够凝结在一起。黏土矿物、非晶质和有机物质共同作用时,建立起结合大量水的多孔的网。该骨架在机械作用下可被破坏,而撤去荷载时,由于类似于布朗运动的运动而得以恢复。

多年冻土区广泛分布着沼泽植物在过湿和缺氧的条件下衰亡和分解时形成的泥炭层。干的泥炭物质由腐殖质、未分解的植物残体和沙、粉土、黏土的矿物包体构成。因而泥炭可视为由有机部分、矿物质部分和水组成的系统,水的重量含量可达到85% ~95% ,而干的矿物质部分可达到总重量的一半。泥炭性质首先不是取决于其植物组成,而是取决于分解程度。分解程度($R(\%)$)表示泥炭中的原始植物体分解产物和最小的植物体组织碎片组成的非晶质含量。按分解程度可将泥炭划分为弱分解(R =5% ~20%)、中等分解、良分解和强分解($R > 40\%$)泥炭。

冻土区泥炭的特殊性表现在两个重要性质上。一个性质是泥炭的热物理性质,首先是导热系数。正温下泥炭的导热系数为$0.4 \sim 0.5$ W/m·K,而在冻结状态下增加到$1.5 \sim 2$ 倍。这使得泥炭和泥炭化土发生强烈的聚冰作用。第二个性质是:构成泥炭的有机分子具有类似于水分子键的自由氢键。因此,泥炭和泥炭化土中孔隙胶结冰和基底胶结冰占优势。而团聚析冰作用发生于沙土或黏土夹层中。

通常按照地形部位、含水量和植物体组成将泥炭划分为低位泥炭和高位泥炭。低位泥炭形成于排水不良因而更为潮湿的低地形处,含有较多的腐殖物质、较多的灰分,环境的酸度不大。

沼泽化和动、植物组织的分解有助于形成含氢成分的各种气体:甲烷(CH_4)、硫化氢(H_2S)等。冻结时,这些气体能为冰所俘获,生成横径为十分之几毫米至 1 mm 尺度的气泡形式的包体。

§1.4　冻土骨架的分散性

冻土的分散性与其矿物成分一样具有自己的特征。冻土区的分散性范围相当宽(从粗碎屑组分到细黏土质粒级),它取决于土的成因特点和风化、搬运、沉积的条件。

在山区发生着强烈的冷生劈裂物理过程。其结果是岩石发生破碎。此时,在平缓的分水岭带形成大块石、碎石的粗碎屑堆积物,它在重力过程作用下能沿山坡迁移,形成岩屑堆、库鲁姆、粗碎屑坡积物。根据曾在高山地区研究了致密变质岩和火成岩冷生风化壳形成的 Ш. Ш. Гасанов、В. С. Суходровский、В. Г. Чигир、Н. А. Шило、Ю. В. Шумилов 的资料,风化壳由含不多的、为冰胶结的细粒土的大块石、大块石 – 碎石和碎石组成。在低山和平原地区,冷生残积物中碎石粒级占优势,而细粒土含量可达到 15% ~20%。冻土区坚硬岩石和粗碎屑岩上残积层的特点之一是冷生分选,地表上隆起的大块石和碎石物质以石环和多边形的形式分布在这里。有一个粗分散性物质的特例:极地多冰海域厚层后生冻土中存在巨砾、卵石和细砾等包体(А. И. Попов、И. Д. Данилов、Г. И. Дубиков、В. В. Баулин 等)。

冻土的最大特殊性表现在粗分散性部分的成分上(沙和粉沙颗粒),粗分散性组分占主导地位,许多成因类型冻土骨架中可含 90% ~95% 的粗分散性组分。若研究较破碎部分的比重的话,则粉沙粒级占显著优势。多年冻土区土的粉质化是 Н. А. Цытович(1947)、А. И. Попов(1958)、А. В. Минервин(1959)、И. А. Тютюнов (1960)、В. Н. Конищев(1962)等著作中所指出的目前众所周知的一个事实。从理论上和实验中查明了冻、融交替和周期性成冰作用进程中粗粉沙粒级(0.01 ~ 0.05 mm)颗粒的堆积规律性,并且,无论是大直径还是小直径的颗粒都是不稳定的。这种物质的分析表明:沉积物冻结 - 融化交替的条件、分散性和矿物成分之间存在一定的相互关系。它最清晰地表现在各种一定粒级的矿物堆积中。例如,云母的堆积粒级为 0.1 ~ 0.25 mm,长石为 0.05 ~ 0.1 mm,石英、闪石类、辉石为 0.005 ~ 0.1 mm。В. Н. Конищев(1981)在大量实验和野外分析的基础上查明了冷生破碎界限及冻土区矿物的稳定性序列。根据这一序列,冷生风化时矿物的稳定性按下述顺序排列:绿泥石 < 石榴石 < 石英 < 磷灰石 < 石灰石 < 磁铁矿 < 褐铁矿 < 钠长石 < 黑云母 < 白云母。他和 А. В. Минервин(1982)先后得到的结论是石英比长石的冷生稳定性差这一事实,这是冷生破坏有别于炎热潮湿条件下风化作用的主要标志。

多年冻土区黄土状沉积物颗粒表面的形状和特征是继承原生沉积物和新生冷生过程的特点而形成的。颗粒的滚圆度及出现海洋沉积物、冲积物和冰川沉积物所固有的表面微形状应属于原生沉积物的特点,破坏颗粒原生形状的新鲜断裂、裂开的空泡、放射状裂缝、表面侵蚀带、新生成壳等应属于冷生过程的特点。它们的分化性也应是多年冻土区黄土状土粗分散粒级的特点。例如,常在黄土状土中观测到孔隙中沿裂缝和分凝冰夹层集中分布的沙粒和粉粒带和凝结物。另一部分沙和粉沙集中于环状结构(直径 0.1 ~ 0.3 mm)和微多边形结构中。

但冻土的粗分散粒级也可能是其他成因的、与冷生作用无关的沉积物颗粒,尤其涉及后生冻土层时。海洋沉积物和冰海沉积物粗分散骨架粒级的特点是既存在沙粒大小也存在粉粒大小的颗粒。它们在纵剖面各层的含量是不一样的,并随面积而变化。其矿物成分反映海盆四周沿岸陆源矿物区的成分。在这种情况下,石英和长石占优势,其中石英总是数量很大。颗粒的形状通常呈等轴状和滚圆状,颗粒表面有在海水中化学侵蚀的痕迹。

按冲积物的粒度容易区分出冲积物相。冲积物中主要有河床相、河漫滩相和牛轭湖相,它们的沙粒含量不断地减少,更细的分散性颗粒含量在不断地增加。它们的矿物成分不同,表明形成各组分的基岩成分多变。由于多年冻土区冲积物形成温度低,几乎抑制了所有的化学过程,因而甚至最细的各种冲积物几乎都不含黏土矿物。这种尺度的颗粒形状通常呈等轴状,具有从微弱至中等程度的滚圆度。部分颗粒表面可能有冷生作用的痕迹——断口和裂缝。而泥粒上通常覆盖着氢氧化物和有机矿物质化合物。冲积物的分异性首先反映在倾斜状分层(河床相)和水平状分层之上,但在某些类型沉积物(例如东北地区的冰综合体冲积层)中观测到类似于黄土状沉积物的环状分异作用。

斜坡堆积物(坡积物和融冻泥流堆积物)的粗分散性部分具有混杂矿物成分、等轴状和尖角状颗粒形状及无分选的特点。但在许多情况下,坡积物和融冻泥流堆积物继承了冷生残积物的成分,在这种情况下它们就具有相同的粉屑成分及 0.01 ~ 0.05 mm 粒级的石英与长石的冷生比率。

在研究冻土有机矿物质骨架的特殊性质时,与分析粗分散性组分的特殊性同时提出了要研究骨架细分散性黏粒部分的问题。低温和水相变条件下黏土性状的问题早就引起了冻土学家、土质学家和土壤学家的注意。近 10 年来,进行了一系列关于冻融循环过程中主要黏土矿物性状的实验研究。在这种情况下,许多研究者(Макдовелл,1960;Таргульян,1971;Тютюнов,1973;Конищев,1981;Ершов,1982)都认为:黏土在冷生过程中发生着胶液化、非晶形化、交换综合体成分的变化以及矿物组分的凝结和团聚现象。其他研究者(Дидова、Круглова,1970;Усков,1973;Зверева、Игнатенко,1983;Зигерт,1985)认为:除了上述成分变化之外,在温度 0 ℃附近的波动带和相变带中可能产生新的黏土矿物。这种新形成的黏土矿物可以是蒙脱石、水云母、缘泥石。周期性的成冰作用也同样反映在黏土的微结构上:高岭土中颗粒的团聚体被打碎,孔隙尺度减小,相反地,蒙脱土尤其是水云母土团聚体尺度在急剧增大,由于有赖于较多的大孔隙而使孔隙度总体上是增加的。

第二章　岩石的冷生构造

冻土的冷生构造指由不同形状、大小、排列方向、空间位置的冰包体和冰夹层组成的冰格架的构成,在这种构成下,矿物骨架的结构被冰条纹(厚度 < 0.5 m)分离成结构性节理。冻土构造的概念有别于冷生构造,它不仅研究冰夹层的构造特点,而且还研究有机矿物部分的构造。大多在目测描述时研究粗碎屑冻土的冷生构造和结构,而在显微镜下研究冻土的微构造和微结构,它能判断冻土的组构。在粗分散性土中、在沙土和亚沙土中,宏观研究最为重要,而在以较细矿物颗粒为主要成分的亚黏土和黏土中,微观研究最为重要。将细分散性土的构造划分为石化前形成的构造和石化后形成的构造。不同冻结方式(共生方式——沉积物冷生改造成岩与沉积物的堆积同时进行——和石化土的后生冻结方式)及土的化学 – 矿物成分和相的可变性影响冷生构造的特征。土的冷生构造和结构与冻结前的构造和结构有着重要的联系。因而了解土的原生(未冻)结构和构造是很重要的。在最初的未冻土中存在的构造标志(层理、裂隙、排列方向的不均一性等)将成为继承性冷生构造的标志。成分和组构均一的分散性土在冻结和融化过程中形成重叠冷生构造。

按照冰的形状及其在冻土中的埋藏条件可以划分出相当多的各种几何构形的冷生构造,其中最为普遍的示于表 2.1 中。

20 世纪 А. И. Лопатин 的一些著作中,首次描述了冻土中冰包体的分布,而第一个细分散性沉积物冷生构造的分类方案是 Кекконен 在 1926 年提出的。在我国,从 20 世纪 40 ~ 50 年代开始,П. А. Шумский、Е. А. 和 Б. И. Втюрин、Е. М. Катасонов、Т. Н. Жесткова、А. Н. Пчелинцев、А. И. Попов、Э. Д. Ершов、Ю. П. Лебеденко、В. В. Рогов、Г. М. Фельдман 等对分散性土的冷生构造进行了广泛而全面的研究(无论在野外还是实验室条件下)。在 Ф. Г. Бакулин、В. В. Баулин、Ш. Ш. Гасанов、А. Н. Горбунов、Г. Ф. Гравис、И. Д. Данилов、Г. И. Дубиков、Т. Н. Каплина、В. Н. Конищев、Н. Ф. Кривоногова、В. И. Соломатин、В. Т. Трофимов、Н. В. Тумель 等人的著作中描述了多年冻土分布区各地不同地质成因类型沉积物的冷生构造。此时,Е. М. Катасонов 的著作(1972)起了特殊的作用,他主要根据所揭示的最典型的"指导性"的共生冻土冷生构造提出了冻土相分析方法。

表 2.1　松散沉积物最典型的冷生构造

素描示意图	冷生构造名称		冷生构造描述	冻结方式	沉积物成分
	整体状冷生构造		胶结冰(接触胶结冰和薄膜胶结冰),没有可见的冰包体	后生和共生	沙土、分散性黏土类
	壳状冷生构造		冰在大碎屑周围形成壳和透镜体,充填物中有胶结冰和很少的不大的冰条纹		含沙土、亚沙土、亚黏土充填物的粗碎屑土
	斑状冷生构造		在整体状构造的背景上浸散着巢状冰和大冰晶		无大碎屑包体的沙土、亚沙土、亚黏土和泥炭层
	基底状冷生构造		构造冰像是拨开矿物团聚体、颗粒和碎屑,含冰量大于融化状态土的孔隙度	后生	沙土和粗碎屑沉积物
	角砾斑杂状冷生构造		土团聚体悬浮在冰体中,冻土中冰在体积上占优势	共生	分散性沉积物
	层状冷生构造	透镜状冷生构造	冰条纹呈各种形状、厚度和大小的透镜体和夹层	后生和共生	所有的分散性沉积物和泥炭,沙土较少
		条带状冷生构造		后生	
		波状冷生构造		后生和共生	
		斜向冷生构造		共生	
		褶皱状冷生构造		共生	
	网状冷生构造	蜂窝状冷生构造	相互交叉的水平状、垂向、斜向冰条纹和冰夹层、冰透镜体系统,这些冰构成各种几何形状的空间格架	后生和共生	均质的亚沙土 – 亚黏土沉积物和黏土
		篱笆状冷生构造		共生	
		鳞状冷生构造			
		板状冷生构造			
		块状冷生构造			
	复杂带状冷生构造			共生	

§2.1　冷生构造的形成

在自然界所遇到的各种各样的冷生构造是由不同的冷生构造形成机制造成的,其中主要的有迁移分凝机制、承压迁移机制、侵入机制和正交各向异性压缩机制。按照上述的成冰作用,可以产生构造成因(孔隙水原地冻结)、迁移分凝成因、侵入分凝成因、凝华成因等冰种。松散沉积物中分布最广泛的冷生构造形成机制是迁移分凝机制。

迁移分凝冷生构造形成的**热物理和物理力学条件**实际上使得正冻土(或正融土)在复杂的热质交换作用、物理化学作用和力学作用下发育不同方向、频次和厚度的冰夹层。例如,因土融化部分的脱水作用(水分向土的冻结部分迁移)而强烈地发育土颗粒的凝结、团聚和重新排列的作用(《冻土学原理》第一册第 6 ~ 8 章)。此时形成大小和形状各异的土团聚体,从而在团聚体边缘产生各种区域,随后在正冻土中发育收缩和膨胀 – 冻胀时,这些区域可成为较大的应力集中区。应力产生于正冻土的已经融化的正在脱水的部分。在已经形成的极限应力区内的结合水经受着较大的拉应力,因而应具有低热力势。这导致水分沿着这些水平区、垂向区和倾斜区方向运动。结果,水分在土已融和正冻区内的迁移已经不仅取决于温度梯度,而且还取决于 P_{yc} 和 $P_{\text{наб-pacп}}$ 梯度,即 $\mu_{\text{w}} = f(t, P_{\text{yc}}, P_{\text{наб-pacп}})$。

只有在土孔隙完全被水充填前,在团聚体结构形成时的边界应力集中区内的含水量才能增加。显然,随后含水量的增加只有在土因形成局部微裂隙而克服内聚力的情况下才有可能。此时原来的应力集中区内的水一下子快速(突变)变成冰(水势代数值急剧增大)。由于水的体积增加 9% ,还产生了一种力——冰的结晶压力。因而,冻结锋面附近冻结区内沿着应力集中区开始突跃式地形成不连续的微冰夹层(这为正冻土冻胀变形发展的不连续性和短时段内的突变性所证实)。随后,冰夹层加厚,并彼此汇合在一起,形成一个线状延伸的分凝冰夹层,实验中清楚地记录到此冰夹层已经不在冻结锋面附近,而是在土的正冻结区内了(图 2.1)。因此,正冻土中发育的收缩和膨胀 – 冻胀作用,一方面产生了三向梯度应力,另一方面在某种程度上决定了未来冷生构造的轮廓或类型。

显然,在揭示分凝析冰机制和运动时,了解正冻土中热交换和水分迁移规律性是必要的和必需的。但此时应充分考虑物理化学和物理力学过程在冷生构造形成中的作用。在这种观点之下,热物理条件(热量交换和物质交换)是产生分凝冰夹层的必要条件,但不是充分条件。此时的充分条件是物理力学条件,它决定了克服土的局部强度(不发生张开的裂缝)而产生微冰夹层的条件。

图 2.1　正在冻结的高岭石成分黏土中不同时刻分凝冰条纹的发生和生长

Ⅰ、Ⅱ、Ⅲ—分别为已冻、正冻、已融区条纹

目前,与物理力学条件的研究相比,正冻土中冷生构造形成的**热物理条件**的研究更为详细和充分。在前几章中已经阐明了关于正冻土中热量迁量和水分迁移及聚冰作用的基本概念。我们在这里仅要谈的是保证冰夹层生长以及决定土融化部分和冻结部分热流关系的热物理条件的总的研究情况。因为分散性土冻结时分凝冰夹层的形成和生长不仅发生于冻结边界附近,而且也发生于负温段,所以,一般情况下条纹状析冰作用可由下述形式来描述:

$$Q_{\text{м}} - Q_{\text{т}} = \Delta Q = Q_{\text{ф}}^{\text{лц}} + Q_{\text{ф}}^{\text{лм}} \tag{2.1}$$

式中 $Q_{\text{м}}$ 和 $Q_{\text{т}}$ 分别为经由土的冷却面进入正冻区和从融化区进入冻结区的热量;$Q_{\text{ф}}^{\text{лц}}$ 和 $Q_{\text{ф}}^{\text{лм}}$ 分别为由就地冻结过程中水分形成胶结冰时和形成分凝冰夹层时或正冻土已冻部分因水分迁移而形成胶结冰时所释放的相变热。

显然,当 $\Delta Q > 0$ 时土将发生冻结,并形成冷生构造。当 $\Delta Q = Q_{\text{ф}}^{\text{лц}}$ 时,正冻土仅形成整体状冷生构造。若 $\Delta Q > Q_{\text{ф}}^{\text{лц}}$,则将发生水分迁移并可能因水分迁移而形成分凝冰夹层或胶结冰($Q_{\text{ф}}^{\text{лм}} > 0$ 时)。能以相类似的但不太复杂的方式来描述正融土已冻区内分凝冰夹层生长的热量条件。

根据评价冰夹层厚度的实验资料,能提出下述平行于($h_{\parallel}$)和垂直于($h_{\perp}$)冻结锋面的冰夹层厚度的一般表达式:

$$h_{\parallel} = f\left(\frac{I_{\parallel}}{v_{\text{пр}}}\Delta x_{\parallel}\right), \quad h_{\perp} = f\left(\frac{I_{\perp}}{v_{\text{пр}}}\Delta x_{\perp}\right) \tag{2.2}$$

式中 $h_{\parallel}$、$h_{\perp}$ 分别为向平行于和垂直于冻结锋面的冰夹层迁移的水流密度,它是土已冻部分 $\text{grad}P$ 和 $\text{grad}t$ 的函数;$\Delta x_{\parallel}$ 和 $\Delta x_{\perp}$ 分别为这些冰夹层的生长区间距,它只有根据分凝析冰作用的物理力学条件的研究结果才能求得(就像下面所指出的那样);$v_{\text{пр}}$ 为冻结速度。

显然,微冰夹层的发生从冻结锋面附近开始,达到最大发展是在变形方向转换界线附近(图 2.2),这里通常记录到强烈析冰作用的起点(图 2.1)。这一界线实际上是收缩与膨胀 – 冻胀应力值相等的界线,它随时间而变化,取决于土的成分、组构和冻结

条件,一般出现于从 $-0.2\ ℃$ 到 $-3\sim-4\ ℃$ 的负温范围内。

平行于冻结锋面的冰夹层是因土中发育水平应力集中区而产生的。后者取决于土脱水层和膨胀层变形方向不同时所产生的剪应力 $P_{ck}=P_{yc}+P_{наб-расп}$。土变形方向（符号）转换界面 $(\xi_д)$ 上的水平剪应力自然就达到最大值（图 2.2）。在整个正冻区内均可直接观测到这些应力的发展情况。在土的已冻区和已融化脱水部分,这些应力不是直接地而是通过土的上、下层间接地表现出来的。这种相互作用的结果首先作为沿平行于冻结锋面的缺陷区（成为土块和团聚体的界面）的水平剪应力而出现。这样就产生了土的水平应力集中区。当剪应力和薄膜水劈裂压力 $P_р^{пл}$ 进一步增大时,应力集中区能够转变为土的局部破坏区。在下述条件下,由于克服了土的局部内聚力（抗剪强度 $P_{сцл}^{сд}$）,这是有可能发生的:

$$P_{ck}+P_р^{пл}=(P_{yc}+P_{наб-расп})+P_р^{пл}>P_{сцл}^{сд}+P_{быт} \tag{2.3}$$

式中 $P_{быт}$ 为外压力（包括常压）沿正冻土厚度的分布。满足这一条件意味着水平应力集中区内的水分不再处于应力状态,而跃变为冰,于是就产生了冰的水平微条纹。

土满足水平分凝析冰作用条件（2.2）的 $\Delta x_{\parallel}$ 区是平行于冻结锋面的冰夹层同时发生和生长的潜在可能区,按照图 2.2,它由曲线 $P_{ck}+P_р^{пл}=f(x)$ 和曲线 $P_{сцл}^{сд}+P_{быт}=f(x)$ 的交点来确定。正冻区上部和已冻区内还能发生新的水平冰条纹,即次生和后一代的冰条纹。但这主要有赖于未冻水薄膜急剧增强的劈裂作用（$P_р^{пл}$）,因为剪应力在减小（图2.2）。

在相当低的负温下,正冻土的已冻区内已经发生的微冰夹层也能够生长。这不仅是因为薄膜水的劈裂作用急剧增强,而且是因为冰生长边界上需要克服的不是土的局部抗剪强度（$P_{сцл}^{сд}$）,而是数值上小得多的冰夹层与冻土的内聚力（$P_{сцл}^{г-л}<P_{сцл}^{сд}$）。当 P_{ck}

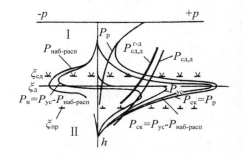

图 2.2　正冻土中收缩应力 P_{yc}、膨胀应力 $P_{наб}$、冻胀应力 $P_{расп}$、水平剪切（P_{ck}）和三向梯度的法向（$P_н$）应力以及薄膜水的劈裂压力（$P_р^{пл}$）、局部内聚力 $P_{сцп}$、土 - 冰夹层界面内聚力 $P_{сцп}^{г-л}$ 的发展过程

$\xi_{пр}$、$\xi_{сл}$、$\xi_д$—分别为试样中的冻结界面、肉眼可见的分凝析冰作用界面、变形方向转换界面；Ⅰ、Ⅱ—分别为土的已冻部分和已融部分

$+P_р^{пл}>P_{сцл}+P_{быт}$ 这一条件不被满足时,水平冰夹层的产生和生长就像下面列举的情况那样停止了。

（1）土以极快的速度冻结的情况,此时实际上不发生水分迁移,土中也不发育三向梯度应力；

（2）强黏结土冻结的情况，靠三向梯度应力不能克服这种土的强度。

（3）在极大的外压力下（例如上覆土层很大的常压下）冻结的情况，在这一情况下，水分迁移仅发生于土孔隙完全被冰所充填之前，之后由于薄膜水缺乏自由空间，甚至在存在 $\mathrm{grad}\mu_{\mathrm{w}}$ 或 $\mathrm{grad}P_{\mathrm{p}}^{\mathrm{пл}} = f(\mathrm{grad}t)$ 时也不发生水分迁移。

正冻土中**垂向冰条纹**与土正冻区融化部分（抵达变形作用符号改变深度 $\xi_{\mathrm{д}}$ 之前）发育的拉（法向）应力（表现为收缩变形沿厚度的不均匀性）有关。在正冻土中脱水部分之上存在阻碍收缩变形的膨胀－冻胀冻结部分。因而冻结时三向梯度拉（法向）应力 $P_{\mathrm{н}}$ 将等于收缩应力与膨胀－冻胀应力之差。在这种观点之下，所假定的"自由"土表面（这里的法向应力等于 0，即 $P_{\mathrm{н}} = P_{\mathrm{yc}} + P_{\mathrm{наб-расп}} = 0$）是变形方向转换界面 $\xi_{\mathrm{д}}$，在这界面之下分布着最大法向拉应力（图 2.2）。

土在水平方向的拉应力 $P_{\mathrm{н}}$ 将首先影响垂向和倾斜的缺陷区，这种缺陷区就是在土的融化和正冻部分脱水时的结构形成过程中产生的大团聚体和块体的侧界面，于是就形成了垂向的应力集中区。这些区中的水处于拉应力状态，保证了水分在 $P_{\mathrm{н}}$ 梯度作用之下进入这里，并克服（当法向拉应力进一步发展时）土的局部抗断强度 $P_{\mathrm{сцл}}^{\mathrm{p}}$。结果产生了垂向微层冰。可能发生垂向微层冰 $\Delta x_{\perp}$ 的区域是由曲线 $P_{\mathrm{н}} = f(x)$ 和曲线 $P_{\mathrm{сцл}}^{\mathrm{p}} = f(x)$ 的交点确定的，而垂向分凝冰夹层的发生条件可以表示为下面的形式：

$$P_{\mathrm{н}} = P_{\mathrm{yc}} - P_{\mathrm{наб-расп}} > P_{\mathrm{сцл}}^{\mathrm{p}} \tag{2.4}$$

条件（2.4）没有排除在正冻土融化部分发生垂向微裂隙和裂缝的可能性（当冻结过程到一定时候）。

与水平冰条纹不同的是当垂向冰条纹发生和生长时在 $W_{\mathrm{нз}}$ 梯度下迁移的薄膜水的劈裂作用没有参与，这是因为水分向垂向应力集中区的运动不是在引起 $\mathrm{grad}P_{\mathrm{p}}^{\mathrm{пл}}$ 的 $\mathrm{grad}t$ 的作用下而是仅在 $\mathrm{grad}P_{\mathrm{н}}$ 的作用下发生的。在自然条件下经常可以观测到垂向厚冰夹层要少于水平冰夹层，这显然与上述现象有关。

在对比水平冰夹层与垂向冰夹层的发生条件时，应指出下述几点。第一，平行于冻结锋面的冰夹层的发生和生长概率较大，因为此时起作用的是应力 $P_{\mathrm{ск}}$ 与薄膜水壁裂压力 $P_{\mathrm{p}}^{\mathrm{пл}}$ 之和。与此相反，垂直于冻结锋面的冰条纹的形成取决于应力之差 $P_{\mathrm{н}}$。第二，沿正冻土深度的水平冰夹层的发生和生长区较大，因而其形成时间就较长。因此它们比垂向冰条纹的厚度大，在剖面上也更常见。第三，垂向冰夹层总是发生在较低的负温条件下，并进一步向下呈楔形生长，创造了更有利于自身快速向冻结界面挺进的条件。因此在实验中通常可目测到垂向冰夹层和垂向裂隙在土融化区的生长要胜过水平冰夹层和水平裂隙的生长。

土冻结（融化）时垂向和水平冰夹层的形成机制和规律性能解释不同类型冷生构

造发生和生长的特点（表 2.2）。例如，在不遵守分凝析冰作用的物理力学条件时，或者本来就不满足冷生构造形成的热物理条件时，则形成整体状冷生构造。分散性土冻结时若遵守形成平行于冻结锋面的分凝冰夹层的热物理和物理力学条件，则形成**层状冷生构造**。此时不满足垂向冰条纹的形成条件。正冻土中强制遵守形成水平和垂向冰夹层的热物理条件，同时又满足物理力学条件（条件（2.3）—（2.4））时，则形成**网状冷生构造**。在具有不同的成分、结构 - 构造特点和强度特征值的正冻土中，随着法向应力与剪应力之比值的不同而能够形成块状冷生构造（柱形、平行六面体形、立方形等）和大小各异的种类最丰富的网状冷生构造。分布频次或水平（$l_{\parallel}$）、垂向（$l_{\perp}$）冰夹层之间的间距由下述关系式确定（表 2.3）：

$$l_{\parallel} = f(1/\mathrm{grad}P_{\text{ск}})$$
$$l_{\perp} = f(1/\mathrm{grad}P_{\text{н}})$$

应特别强调的是：冻结速度增大最终将因土融化部分不大的脱水和正冻区的膨胀而导致剪应力和法向应力值减小，并使垂向和水平冰夹层的发生和生长区大大减小。这有助于（因冰条纹形成时间短）形成发育不充分的冷生构造（发育不充分的网状、发育不充分的层状、不连续角棱状冷生构造）。与此同时，冻结速率增大时，可建立不再形成垂向冰条纹的条件。此时一般形成薄的（但经常是）不连续层状（不连续透镜状、鳞片状等）冷生构造。

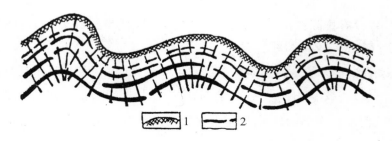

图 2.3　在土的不平整冻结界面条件下形成的重叠冷生构造
1—地表；2—冰条纹

显然，所形成的冷生构造类型不可能仅取决于冻结条件，还与正冻沉积物的岩性有着重要的联系。作为块状冷生构造变种的**蜂窝状冷生构造**说明了这一点。在形成特点上，它有别于网状和层状冷生构造，主要为膨润土所固有。例如，在膨润土中冻结锋面附近马上可发现清晰的、以冰格架为缘壁的土蜂窝，蜂窝呈形状不规则的多边形。膨润土中蜂窝状冷生构造的形成完全取决于其特殊的微构造和微结构，这些微构造和微结构使得土融化脱水部分以小网孔或蜂窝的形式形成结构性节理。

应强调的是：在自然条件下，常存在不平整的冻结面（倾斜于表面的、波状的、角棱状的,等等)。考虑到冰条纹主要是平行于和垂直于冻结－融化锋面而发生和生长,因此可以假定:甚至对于重叠冷生构造也存在形状复杂的冰条纹系统(波状的、放射状的、环状的、菱形的,等等),它们都取决于冻结或融化界面的不平整性(图 2.3)。

表 2.2　正冻分散性土冷生构造按其形成条件的分类表

(据 Э. Д. Ершов(1979)的资料)

土的岩性	冷生构造形成的热物理条件 $Q_{\text{м}} - Q_{\text{т}} = Q_{\text{ф}}^{\text{лц}} + Q_{\text{ф}}^{\text{лм}}$	形成冷生构造的物理力学条件		冷生构造类型
		平行于冻结锋面的冰条纹形成条件 $(P_{\text{ск}} + P_{\text{р}}^{\text{пл}}) > (P_{\text{сцл}}^{\text{сл}} + P_{\text{быт}})$	垂直于冻结锋面的冰条纹形成条件 $P_{\text{н}} = P_{\text{ус}} - P_{\text{наб－расп}} > P_{\text{сцл}}$	
成分、结构、构造和性质各异的分散性土	不满足	由于不遵守热物理条件而不满足		整体状(接触、薄膜胶结冰)
	满足	不满足		整体状(孔隙、基底胶结冰)
成分、结构、构造和性质均一的细分散性土	满足并保障水分向正冻土已冻部分的迁移	不经常满足		斑状
		仅开始满足保证形成发育不充分的冰条纹的条件	不满足	断续不充分层状
			不经常满足	不充分层状、斑状
	满足	仅开始满足保证形成发育不充分的冰条纹的条件		不充分网状
				含不连续垂向冰条纹的层状
			满足	网状
			不满足	层状

正冻土中极广泛地分布着**继承性冷生构造**,其不同世代的形成是世代与松散沉积物的不均匀岩性和缺陷联系在一起的。继承性冷生构造的主要成因类型与缺陷强度区、接触应力区以及存在异类包体有关。它们的形成与成分、组构和性质均一的土所具有的重叠冷生构造一样(见以上所述),应遵守分凝析冰作用的热物理和物理力学的必要条件。

分散性土结构缺陷区的继承性冷生构造(缺陷强度类型构造)赋存于机械挤压和剪切区、滑移面,以及土结构和构造中的封闭裂隙等缺陷中。此时冰条纹的形状仿照着存在于正冻土中的作为强度衰减区的结构缺陷的形状。当正冻土中发育结构形成作用和收缩－膨胀变形作用时,首先沿着这些区域产生局部破坏土的极限允许应力。

表 2.3　　冷生构造亚类(以网状类型冷生构造为例)

平行于与垂直于冻结锋面的冰条纹之间的间距

$$l_{\parallel},l_{\perp}=f\left(\frac{1}{\mathrm{grad}P_{\mathrm{ck}}},\frac{1}{\mathrm{grad}P_{\mathrm{H}}}\right)$$

按下式确定的平行和垂向冰条纹的厚度

$$h_{\parallel},h_{\perp}=f\left(\frac{J_{\parallel}}{v}\Delta x_{\parallel},\frac{J_{\perp}}{v}\Delta x_{\perp}\right)$$

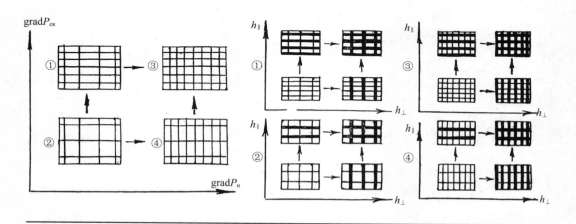

图例:P_{ck} 和 P_{H}—分别为平行于冻结锋面的剪应力和垂直于冻结锋面的法向应力;

　　　　$l_{\parallel}$、$l_{\perp}$ 和 $h_{\parallel}$、$h_{\perp}$—分别为平行和垂直方向冰条纹之间的间距及其厚度;

　　　　$J_{\parallel}$、$J_{\perp}$—分别为向平行和垂直方向冰条纹迁移的水流密度;

　　　　$\Delta x_{\parallel}$、$\Delta x_{\perp}$—分别为平行和垂直方向冰条纹可能生长区的厚度;

　　　　v—分散性土的冻结速度。

　　不同类型土接触处应力集中区的继承性冷生构造(接触应力构造)与缺陷强度冷生构造不同,它不是沿着土的薄弱区而是沿着热质交换和收缩－膨胀性质不同的分散性土的接触区发育的。此时接触部位在很大程度上承受着不同的收缩和膨胀变形,从而首先沿这些接触部位产生极限允许应力(应力集中区)。结果正是在这里首先克服土的内聚力而发生冰条纹。例如,层状土冻结时在层与层接触处通常生成延伸性分凝冰条纹,这些冰条纹完全继承了细分散性松散土的原生层理(水平、垂向、斜向或弯曲层理)。

　　由正冻分散性土存在异类包体决定的继承性冷生构造具有下述特点:异类包体外(离其若干距离上)冰条纹的几何形状再现着包体自身的形状,即再现着移动冻结界面的特点,而这种特点本身取决于土中存在导热系数不同的包体。

　　土融化时存在温度梯度的已冻部分仍可能发生迁移－分凝聚冰作用并形成冷生

构造(图2.4)。实验研究表明,正融土冻结区冷生构造的发育具有与土冻结时相同的一般规律性。此时既可以形成重叠冷生构造亚类,也可以形成继承性冷生构造亚类,其中冰条纹的发生、生长和形状取决于分散性土最初的成分和组构及其融化条件。这些构造的形成与土融化过程中条纹析冰作用必须遵守的热物理和物理力学条件紧密地相关(Ершов,1979)。

根据上述概念按照发生和发育条件编制了冷生构造成因分类表(表2.2和表2.3),此分类表考虑并合理地组合了几乎所有目前已知的冷生构造类型和亚类(Ершов,1979)。

不详细解释上述分类表,应特别指出的仅仅是下述几点。所划分的每一种构造类型都可按冰条纹的产生频率和厚度细分为冷生构造亚类(表2.3)。每一类型内按冰条纹分布频率划分的构造亚类的数目可以是不同的,而按条纹之间的间距 l 划分的多样性在自然条件下既取决于正冻土或正融土的岩性,也取决于与应力梯度($\mathrm{grad}P_{\mathrm{ck}}$ 和 $\mathrm{grad}P_{\mathrm{H}}$)的发育有关的外部热力条件。在上述冷生构造分类方案中,较精确地说,仅考虑了水平和垂向冰条纹在 $\mathrm{grad}P_{\mathrm{ck}}$ 和 $\mathrm{grad}P_{\mathrm{H}}$ 下的形成规律性(变化方向性)的极限方案。可进一步对每一个方案按冰夹层厚度研究四个极限构造亚类,其中还存在许多方案和变化(表2.3)。实际上显然应讨论一些亚类平稳地、逐渐地转变为另一些亚类的问题。

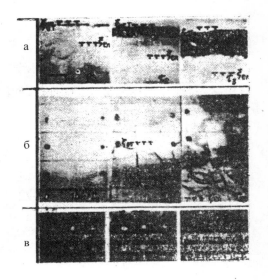

图 2.4　正在从上而下融化的土的冻结部分中分凝条纹冰的发生和生长(重叠冷生构造)

a—层状构造(缓慢融化);б—具有原生整体性冷生构造的高岭土中的块状构造(快速融化);в—具有原生条纹状冷生构造的亚黏土在融化

大含水量、弱石化土中的冷生构造形成机制与以自由水冻结为主和选择性正交各向异性成冰作用有关,这是因为淤泥和弱石化高分散性多孔土通常具有方阵结构,其中大部分水分处于自由(未结合)状态,而土粒之间不能活跃地相互作用。水的冻结形成冰格架(块状格架冷生构造),其中垂向和斜向冰夹层比水平横向冰夹层发育得早并快得多。冰晶在自身生长方向上挤开矿物颗粒,使矿物颗粒聚集在冻结锋面之下和块体之内,即冰格架壁之间的空间为土潮湿的矿物部分所充填。正冻土的矿物部分随着冰格架壁的生长(变厚、变长)而脱水,并发生密实过程。这一冷生构造形成机制被称为**正交各向异性压缩机制**(Ершов,1986)。

　　上述概念与人工制备的沉积物冻结过程的实验研究结果完全吻合。例如,试样在开敞系统条件下冻结时,可按剖面上的冷生构造类型分为5层。第1层厚度不大于几毫米,具有整体状冷生构造(图2.5第1层),可用起始时刻较大的冻结速度及土中自由水质子移变结晶阶段析冰作用的特殊性来说明这一构造的形成。冻结沉积物的矿物骨架是被基底类型胶结冰所分隔的各个团聚体。下伏第2层冻结沉积物具有斜格状冷生构造,是由未固结沉积物中剩余自由水正交各向异性结晶阶段的发展而形成的(图2.5第2层)。此时斜向冰夹层因其周围的自由水或未冻水的冻结而得以生长。矿物颗粒受到生长的冰夹层的排斥被挤到四侧和向下。土封闭孔周围的冰夹层随后的加厚使封闭孔受压,即导致土的压密。结果,部分结合水(尚未冻结的水)可转变为自由状态,被挤向冰格架而冻结,滋育着现有的冰夹层。

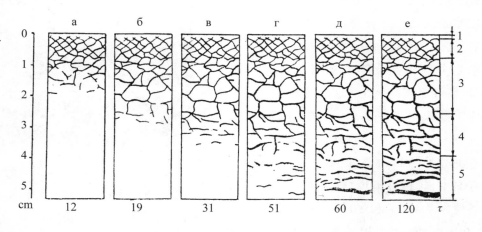

图2.5　单向(自上而下)冻结的亚黏土质沉积物中冷生构造的形成动态
1~5—各时段具有不同冷生构造的试样各层

　　大部分斜向冰条纹向深处尖灭,斜格状冷生构造起初转变为不规则网状构造,然后转变为不充分网状构造。这种转变是由该区的沉积物密度较大以及冻结速度急剧变缓而引起的。此时冰条纹之间的厚度和间距有了较大的增加。

　　在形成格状冷生构造时,矿物颗粒被生长着的冰晶和冰夹层挤向冻结锋面移动方向,这导致冻结沉积物头3层含水量有较大的增加(与起始含水量相比),并相应地减小了土冻结部分的密度(图2.6)。应再一次强调:该情况下含水量的这一变化不是取决于水分向试样冻结部分的迁移(就像形成冰夹层的迁移-分凝机制所表现的那样),而是由于正冻未固结沉积物矿物组分向下迁移而得以实现的。并且,在形成平行波形格状冷生构造和锥形格状冷生构造时记录到由于压密而从正冻区流出的水流,以及尚未冻结的下伏土层骨架密度增加到1.5倍。

土样下部(图2.5第4层和第5层)在冻结时来得及压密和脱水,就是说由于冻结,试样经历了特殊的成岩阶段——冻结成岩阶段。结果,土在改造区建立了形成冷生构造的、典型的迁移分凝析冰作用机制的条件。在被详细分析的试样中,最初形成不充分网状重叠冷生构造,然后形成水平层状(波状)重叠冷生构造,其中冰夹层之间的间距及冰夹层的厚度从上往下地增大。对水分的动态观测结果表明:在迁移分凝冰夹层形成时段内没有看到水分从试样中流出,而是看到水分向冻结部分迁移。在第4、5层中形成迁移分凝成因冷生构造的同时,第2、3层中已经形成的正交各向异性压缩成因的冰夹层在继续增大并产生了第二代新的冰条纹。

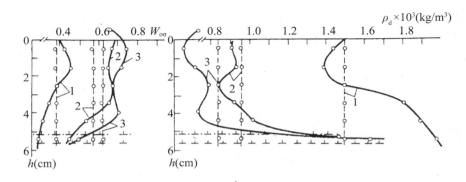

图 2.6　亚沙土(1)、亚黏土(2)和黏土(3)试样在冻结开始前(虚线)和冻结后(实线)
的体积含水量 W_{o6} 和密度(ρ_d)沿深度的分布

应指出:由于土的成分、分散性和冻结条件(冻结速度、正冻土向上冻胀的可能与否、存在开敞的或封闭的水分交换系统等等)的缘故,在剖面上不能完全追踪到前面所描述的冷生构造的所有5个亚类。

新制备的试样的多次冻结和融化,不仅一个循环接着一个循环地改造着冷生构造,而且最终使正交各向异性压缩析冰机制转变为迁移分凝析冰机制。这是因为在冻融循环过程中,发现土在逐渐压密和脱水。过剩水和每一后继循环中冰夹层融化时出现的水从试样或者下泄和向下挤出(开敞水分交换系统情况下),或者被向上挤出(在封闭水分交换系统情况下)。例如,亚黏土试样经15个冻融循环后,其下部的含水量(W_{o6})从68%减少到27%。而骨架密度(ρ_d)从940 kg/cm³增加到1500 kg/cm³。在此情况下,清楚地表现出冻结成因的成岩作用,其结果是沉积物被改造为压密的岩石。对冷生构造变化的观测结果表明:亚黏土到第15个冻融循环时,在以前存在正交各向异性压缩成因的重叠格状冷生构造的区域,形成了迁移分凝成因的小蜂窝状冷生构造。

根据新沉积物多次冻融循环的模拟结果,应接受这一点:所形成的正交各向异性压缩成因的冷生构造在后生冻结层中应有更大的发展。在共生形成的冻结沉积物中，新沉积物通常经历了数百次到数万次冻融循环，在冻土类型成岩作用过程中沉积物转变为岩石，一般形成迁移分凝成因的继承性和重叠性冷生构造。

　　有机成因正冻土中热质迁移和冷生构造形成过程的发育机制和动态既与水分从融化区向冻结区的迁移有关，也与正冻区和已冻区内的水分局部重分布有关，这种相关性随着热量交换条件的不同而有不同程度的表现。在热量交换强度不大的条件下，起主导作用的是从有机成因土融化区向已冻区的水分迁移，随后被迁移的水分以分凝冰夹层(迁移分凝析冰作用机制)的形式发生冻结。在强烈的热量交换条件下，当冻结速度很大时，水分的局部重分布表现得最为明显，这是有机矿物骨架脱水过程和土的有机组分凝聚过程的结果，它可称之为析冰作用的**凝聚–分凝机制**。

　　正冻腐泥冷生结构–构造的形成，在质量迁移机制为主的冻结进程中，每一阶段都发生相应的变化。冻结开始时的构造形成过程取决于自由水质子移变结晶规律。在下一阶段，当冻结速度快时，由连生冰晶形成格架，此冰晶在正交各向异性生长过程中呈垂向条纹状，引起有机矿物骨架的体积变形并使其密实。骨架在密实的同时发生脱水作用，使有机矿物组分团聚和凝结，从而导致有机矿物团聚体更大深度上的脱水，因凝聚–分凝析冰作用机制而在团聚体周边发生水分的局部迁移和冻结。构造形成的第三阶段的特点是：迁移–分凝的物质转移机制占了优势，形成平行于冻结锋面的第二代分凝冰条纹。

　　上述物质迁移和析冰作用机制在冷生结构–构造形成过程中的贡献取决于冻结状态(图 2.7)和有机成因土的性质。冻结速度越

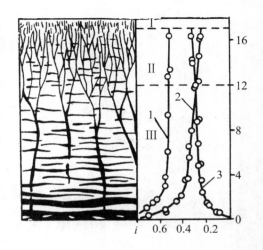

图 2.7　冷生构造、各种条纹冰含量和主要析冰作用机制随碳酸盐腐泥冻结状态而变化的特点

（ $W_{нач} = 183\%$ ， $\rho_d = 0.42 \ g/cm$ ）

　　Ⅰ—质子移变结晶区；Ⅱ—主要凝聚–分凝析冰作用区；Ⅲ—以迁移–分凝析冰为主的作用区；1—总条纹冰含量；2—水平条纹冰含量；3—垂向条纹冰含量

快、冻结区的温度梯度越大、腐泥灰分越低，则凝聚–分凝机制的表现就越强烈、迁移–分凝机制所起的作用就越小。这两个物质迁移机制之间的关系及其相互作用的持续时间最终决定了腐泥冷生组构的改造程度。在《冻土学原理》第一册第 7 章中较详细地研究了正冻有机成因土中冷生结构–构造形成的问题。

　　在实际条件下还常需要与冰夹层的**侵入－分凝形成机制**打交道。只有当侵入水的静压力大于土的结构性结合强度时，才有可能形成侵入－分凝冷生构造和复成（迁移－压力）冷生构造。在高压下甚至冻土都可能发生水力压裂现象，瞬时侵入水形成较厚的侵入冰夹层和透镜体。当动水压不超过土的长期极限强度时，则发生薄膜水的长期侵入和压力－迁移析冰作用，在《冻土学原理》第一册第4、6、7章中详细研究了这一问题。

　　冻结时形成的冷生构造并不是保持不变的，而是在负温梯度、机械应力、孔隙溶液浓度等外部场作用下冻土持续地发生变形。此时，无论在后生、共生多年冻土层中还是在季节冻结－融化层中都能观测到已经存在的冰夹层厚度增大，还产生了新的冰条纹，而在个别情况下，冰条纹会消失，就是说，从长期的观点来看，分散性土的冷生组构可缓慢地发生改造。

　　沉积物以**共生方式冻结**时冷生构造的形成过程值得特别地进行研究。共生冻结沉积物是在一定量的沉积物堆积过程（主要在一年的暖期）和一年冷期的冻结过程不断地交替中形成的。因而，在季节融化层厚度不变时，多年冻土的上表面每年都会上升，其上升高度在数量上等于每年堆积物的厚度（考虑转变为冻结状态时的冻胀作用）。在季节融化层下部形成的，然后被埋藏（被保存）并逐渐（按上面沉积物的堆积程度）转变为多年冻结状态的冷生构造既可以发生于自下而上或自上而下的冻结过程中，也可以发生于冻结沉积物的夏季融化过程中。在自然环境中，上述冷生构造形成模式因冻结条件和沉积物堆积条件（首先是融化深度与每年堆积的沉积物厚度之比）的不同而有不同的组合。应特别指出，到目前为止，专注于共生冻土层冷生构造形成问题的研究中实际上没有注意到季节融化时多年冻土上部冷生构造的形成过程。但最近，正融土冻结部分的迁移－分凝析冰作用不仅在实验室研究中（Ершов、Чеверев、Лебеденко，1976），而且在野外研究中（Ершов，1979；Пармузин，1978；Петров，1980；等）都获得了令人信服的证据。曾经发现了冻土融化锋面附近有一个窄带的析冰作用。这种情况下一般形成厚度不大但富冰的区域，该窄带经常为连续的含许多矿物包体的冰夹层，或者常分布着平行延伸的冰透镜体（带状冷生构造）。由于这一形成于正融土冻结区的具有冷生构造的窄带的特殊性，因而能在冻结时所形成的冷生构造背景上很好地判释这一窄带。

　　亚黏土"季节融化层"下部通过自上而下、自下而上的轮番冻结和在"季节融化层"冻结沉积物的融化过程中形成冷生构造的实验室模拟结果是相当有意思的。并且在该实验中，沉积物被快速埋藏起来（转变为"多年冻结"状态），在这种状态下，土实际上来不及改造成固结的岩石。在实验过程中"季节融化层"厚度实际上保持不变（2～2.5 cm）。每个冻融循环之后在试样上部增加2 cm的沉积层。结果形成了厚

3 cm的"共生"冻结层。

　　现在我们研究冷生构造形成过程的动态(图2.8)。在第一个冻融循环的融化过程中在4.6～5.0 cm区间形成具有带状冷生构造的含冰层。这里的冰夹层厚度为零点几毫米。土夹层(蜂窝状)长2～7 mm,厚约1 mm。在随后"季节融化层"从上而下地冻结时,形成含个别斜条纹冰的整体状冷生构造。在第二个循环的融化过程中"埋藏"了约厚1 cm的"季节融化层"下部,其冷生构造是在自上而下冻结时形成的。而在这一已冻层的上部在5.6～5.8 cm区间形成约厚1 mm的不连续水平冰夹层,冰夹层被带状冷生构造所围绕。在"季节融化层"第二个循环中自上而下和自下而上地发生冻结。自下而上地冻结时形成含有厚零点几毫米、长1～3 mm的短冰条纹的水平波状不连续冷生构造。无论在第一个循环还是在第二个循环时,自下而上的正冻结层中产生的冷生构造都是如此之模糊,显然是由于尚未固结的沉积物的冻结过程较快的缘故。第二个循环时自上而下的冻结在亚黏土中形成约厚1 mm的斜条纹冰。在第三个循环时,"季节融化层"融化过程中再次埋藏了厚约2 cm的一层,从上而下地记录了其融化时和从上而下、从下而上冻结时所形成的冷生构造。

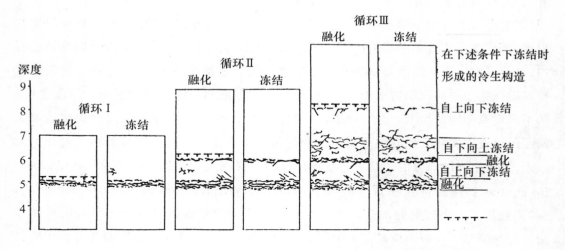

图2.8　亚黏土质沉积物共生方式冻结时冷生构造的形成动态
l— 融化深度

　　自然条件下这种多次循环的结果形成由一组冻土层或循环冻土层组成的相当厚的富冰共生冻土层。总的来说,当含冰量沿剖面均匀分布时,这些共生冻土层具有特殊的冷生组构。在每一组冻土层内均可观测到下述类型的冷生构造有规律地重复更替:厚层不连续水平或斜向冰夹层(在融化中形成)和块状(网状)冷生构造(有时与水平冰夹层或角砾斑杂状冷生构造互层,形成于季节融化层自下而上的冻结过程中)。

分散性土中冷生构造的形成首先取决于成分、组构和冻结－融化条件。实践中一般按冰夹层的排列方向及空间位置,将冷生构造划分为若干基本类型:整体状、层状、块状(或网状)和蜂窝状。按冰夹层的尺度和冰夹层之间的间距将冷生构造划分为不同的亚类(表2.4)。

表2.4　冷生构造分类表

(据 Е. А. Втюрина 和 Б. И. Втюрин(1970)的资料)

大类 (按构造 冰的 分布)	类 (按冰条纹的排列和 冰胶结的特点)	亚类 (按冰条纹的排列方 向)	种 (按冰条纹之间的间 距:稀层状和大网 状 > 100 mm;中层状 和中网状 10 ~ 10 mm; 密层状和小网状— 1 ~ 10 mm;微层状和 微网状 < 1 mm)	亚种 (按冰条纹的厚度: 粗条纹 > 10 mm;中 条纹—5 ~ 10 mm;细 条纹—1 ~ 5 mm;微 条纹 < 1 mm)
条纹	层状	水平层状、斜层状、 垂向层状	稀层状、中层状、密 层状、微层状	粗条纹　　中条纹 细条纹　　微条纹
	网 - 层状		中层状、密层状、微 网 - 层状	
	网状	水平网状、斜网层、 垂直网状、不规则 网状	大网状、中网状、小 网状、微网状	
	蜂窝状		大蜂窝状、中蜂窝 状、小蜂窝状	
	角砾斑杂状	—	—	—
	假条纹状(以层状为 主)	水平层状、斜层状、 垂向层状	微层状、密层状	细 - 微条纹

水分迁移是决定迁移－分凝构造的类和亚类的多样性的基本作用之一。迁移水流的密度及其作用时间决定分凝冰夹层的厚度,而收缩应力和应变的发育强度决定分凝冰夹层的频率和排列方向。水流密度值随土的分散度的增大而增大。因此,粗条纹冷生构造常见于黏性土中。土的分散度的变化主要影响冷生构造的亚类即冰夹层的排列频率及其厚度,对冷生构造类的影响程度较小。冷生构造的类在很大程度上取决

于土的矿物成分。例如,当黏土中蒙脱石类矿物的含量增大时(与高岭石相比较),冷生构造从水平层状变为蜂窝状。水流密度和冰夹层厚度随土中蒙脱石类矿物的增多而减小,相反地,当土中高岭石类矿物增多时,水流密度和冰夹层厚度增大。

土的原始结构和构造对冷生构造形成的影响特别大,这就形成了上面所研究的各种继承性冷生构造。

当冻结速度快时,主要形成整体状冷生构造,并且土的分散度越小,形成整体状冷生构造所要求的冻结速度就越慢。例如,在轻亚沙土和沙土中,整体状冷生构造可形成于几乎在零以上的很宽的冻结速度范围。而在黏土中情况正相反,只有在很高的冻结速度下才能形成整体状冷生构造。随着冻结速度的降低,黏土从整体状冷生构造变为条纹状冷生构造。并且,冻结速度越慢,冰夹层生长时间越长,其厚度越大。迁移水流密度及收缩、膨胀和冻胀过程的强度随温度梯度的增大而增大,而较高的应力梯度决定了大厚度冰夹层的排列较密集。含水层(对季节融化层而言,为上层滞水)在冷生构造形成过程中的作用首先反映在迁移水流密度的增大之上和所形成的冷生构造中分凝冰夹层的厚度增大之上。在开敞系统条件下,当地下水埋藏不深时,就建立了有利于水平层状厚条纹冷生构造形成的条件。

§2.2　坚硬岩层的冷生构造

坚硬岩层的冷生构造主要取决于它的裂隙及裂隙被水分充填的特点,一般为继承性冷生构造。岩石中冰夹层的尺度、排列方向、空间位置与裂隙的几何形状是一致的。在岩浆喷发岩(花岗岩、闪长岩、安山岩等)中形成裂隙状和裂隙－脉状冷生构造。裂隙中冰呈薄膜状、壳状、疏松充填物的胶结冰形式,仅局部充填孔隙。裂隙－脉状冷生构造的特点是裂隙完全被冰所充填,裂隙呈空间上很稳定的脉状。

在沉积胶结岩石中可划分出层状－裂隙类型、层状－裂隙－孔隙类型、层状－裂隙－喀斯特类型的冷生构造(表2.5)。继承性冷生构造中冰夹层的尺度取决于裂隙的开度,可在零点几毫米到几十厘米之间变化。按冰的厚度,可划分出薄裂隙、中裂隙、厚裂隙冷生构造和裂隙－脉状冷生构造。

表 2.5　多年冻结坚硬岩层冷生构造分类表

冷生构造	冷生构造的描述	岩石的基本类型
裂隙冷生构造	冰沿裂隙呈薄膜状,沿裂隙壁呈壳状或在裂隙充填物中呈胶结状和条纹状	岩浆岩:花岗岩、辉绿岩、安山岩、玄武岩
裂隙－脉状冷生构造	冰充填了整个裂隙,形成冰脉	变质岩:角岩、石英岩、结晶片岩、石膏
层状－裂隙冷生构造	层理裂隙的冰脉勾画了冷生构造的基本面貌;其他含冰裂隙系统具有次要意义	沉积岩:白云岩、石灰岩、泥灰岩、粉沙岩、厚层泥岩
层状－裂隙－孔隙冷生构造	层理裂隙的冰脉和孔隙中的胶结冰;其他含冰裂隙系统处于从属地位	沉积岩:沙岩、泥页岩、泥灰岩
层状－裂隙－喀斯特冷生构造	层理裂隙和淋蚀、溶解孔隙的冰脉勾画了冷生构造的基本面貌;其他含冰裂隙系统处于从属地位	沉积岩:石灰岩、白云岩(喀斯特化)、石膏、岩盐

按空间排列方向和位置可划分出规则网状和不规则网状冷生构造。不规则网状冷生构造通常赋存于构造破碎带和强烈风化带,而规则网状冷生构造赋存于破碎带和强烈风化带之外。坚硬岩层继承性构造冰的成分和组构上的差异首先是由于不同的成冰作用机制所致。坚硬岩层中迁移－分凝类型的冰仅在裂隙的细分散性饱水充填物中见到。岩石继承性构造冰的成冰作用机制可划分为下述几种:

渗透机制,取决于地下水和地表水的渗透作用。冰的特点是:多粒度性,晶体(他形－粒状)方向无序,不同裂隙区的结构空间变化不均匀。

侵入机制,取决于水在水力作用下侵入裂隙及水在裂隙中冻结。侵入成冰作用通常导致裂隙的冷生扩张,使坚硬岩石形成大量裂隙。大裂隙中的侵入冰大多是透明的,而构造本身称为继承－扩张性构造。

胶结机制,是在地下水位以下冻结的含裂隙的岩体和季节融化层充水岩石典型的成冰作用机制。

凝华(升华)机制,由于较大裂隙中来自地表或其他补给源的气态水的冻结所致。

§2.3　疏松沉积物的冷生构造

粗碎屑土和细分散性土的冷生构造有许多与松散堆积物冷生成因无关的特殊性质。如成分均一的砾－卵石土和沙土层冻结时可形成同样的整体状、整体－孔隙状和整体－隆起状冷生构造。在完全饱水土中,冻结前过剩水被向下压出。若土层中存在隔水沉积物透镜体,或者下伏有隔水层,则在土层冻结过程中地下水能产生冷生水头,这将导致碎屑土形成基底状冷生构造,侵入冰条纹和冰层。冰条纹常继承土的原始层理。当均匀的分散性土层(黏土、亚黏土、亚沙土、粉沙土)冻结时,冷生组构的特点与土表面温度、土的石化程度、含水量沿剖面的分布和数量等的变化特点有着较密切的关系。融化层冻结时一般没有外来地下水,即产生"封闭"系统。此时则形成各种冷生构造:从整体状和斑状到复合的层－网状和角砾斑杂状冷生构造。并且,疏松分散性堆积物的相特点及其冻结条件(共生冻结、后生冻结和成岩作用)在很大程度上决定了所形成的冷生构造的面貌。

疏松沉积物后生冻结层的冷生构造和结构是经过石化作用阶段形成的岩石在冻结过程中生成的。因此,松散沉积物堆积的相条件与冻结条件不一致。后生冻结过程中产生了厚薄不一(有时达数百米)、或多或少经受过成岩作用的松散沉积层。人们相当广泛地研究了后生冻土层,并详细地研究了后生冻土层的冷生组构,尤其涉及俄罗斯欧洲部分的东北部、西西伯利亚北部、东西伯利亚和远东的某些地区各种成因的厚层沉积层类型。决定后生冻结沉积物冷生构造的基本因素是:成因、成分、结构、冻结前组构、起始含水量及其沿深度的分布、含水层的存在与否和土层冻结条件(温度梯度、冻结作用的持续时间和变化特点)。后生冻结层的特点是构造冰含量各异,有时其含量很大;冷生构造可以附加其他类型的冰(包括层状冰和侵入冰等),并因此而复杂化。

В. А. Кудрявцев 指出:当地表温度变化具有谐波性质时,由一定周期和振幅的温度变化而形成的冻土层上部约 1/3 范围内的含冰量沿深度逐渐增大。在约等于 1/3 厚度的深度上,含冰量达到最大值,而往下含冰量沿剖面逐渐减小(图 2.9)。这取决于下述条件的组合。冻结速度随深度而减小,这就创造了成冰作用的最佳条件,因为来自下伏沉积物的相当数量的水分能集结到冻结锋面。但土中的热量周转量几乎随深度呈几何级数地减少,这就导致正在形成的冻结层下部的析冰作用的可能性急剧减小。

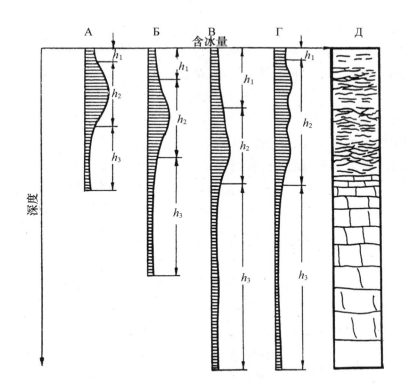

图 2.9　多年冻结的均匀分散性沉积层含冰量分布与地表温度
变化周期(T)之间的关系示意图

A—在具有 T_1 周期的温度变化条件下；Б—在具有 T_2 周期的温度变化条件下；В—在具有

T_3 周期的温度变化条件下($T_1 < T_2 < T_3$)；Г—上述周期温度变化叠加时；Д—冷生构造示意图；

h_1—含冰量约等于起始含冰量的土层；h_2—含冰量大于起始含冰量的土层；

h_3—含冰量小于起始含冰量的土层

Т. Н. Жесткова(1966)研究了正冻岩层表面温度发生突跃式变化情况下均匀黏土
质土层的含冰量分布和冷生组构的变化。当土中含水量最初呈均匀分布时,聚冰作用
(在无水流向系统的冻结条件下)总是发生于正冻层上部 1/2 ~ 2/3 处。此时土层下部
的含水量就减小了。在冻结层形成期内地表温度发生急剧变化时能形成高含冰量层
与低高含量层互层的土层。此时,具有整体状和稀层状细冰条纹冷生构造的低含冰量
层与地表温度下降阶段相对应(图 2.10a)。具有层 - 网状和网状冷生构造的高含冰
量土层形成于正冻土体表面温度上升时(图 2.10б),此时冻层中的温度梯度减小,来
自下伏土层的水分能向冻结锋面迁移。

西西伯利亚北部成分相近但年代不同的后生冻结海相沉积层的研究证实了:较古

老的强石化土的含冰量少于较年青的、弱石化土的含冰量(Дубиков,1967;Баулин 等,1967)。

处于不同成岩阶段的分散性沉积物冻结时沉积物冷生成岩作用发生变化。沉积物脱水,节理系统上的冰条纹被破坏,节理中的土被压密。压密、石化作用越弱,沉积物被水饱和的程度越大,则其原生结构、层理等对冷生构造产生的影响就越大。在随后土融化时,过剩水从土层中流出,岩体整个被压密,同时保存了冷生后层理。

到新的后生冻结阶段,土已经具有相当低的含水量和相当高的密度了。而土体中存在沿成岩裂隙和冷生后裂隙的弱化带。此时正冻结土的结构对冷生构造的形成具有较大意义。冰条纹常继承裂隙和沉积层之间的弱化带。正冻土被压密得越厉害,则重新形成的冷生构造的继承性就越大。

根据 В. Т. Трофимов、Ю. Б. Бад 和 Г. И. Дубиков (1980)的资料,将后生冻土层(例如西西伯利亚的后生冻土层)上部剖面细分为三种类型(图2.11)。第一种类型剖面的含冰量沿剖面有规律地减小,并且冰条纹随着深度的增大,在间距增大的同时,其厚度也增大。这种类型分布最广,被认为是后生冻土的"典型"剖面。当剖面上无含水层或含水层对成冰作用的影响不大时,对于主要为海洋和海冰成因(少数为泻湖、湖泊或冲积成因)相当均质的厚层亚沙土-亚黏土质和黏土质沉积物来说,第一种类型是最为典型的。在这一类剖面上部5~7 m处,可观测到很高的含冰量(达整个剖面的35%~40%),并且以层-网状和层状冷生构造为

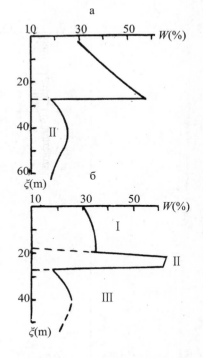

图 2.10   已冻结沉积层中的含水量分布

(据 Т. Н. Жесткова (1966)的资料)

a—地表温度从 -1.5 ℃ 到 -5.0 ℃ 的一次性突跃式变化时;6—地表温度从 -4.0 ℃ 到 -1.5 ℃ 和从 -1.5 ℃ 到 -5.0 ℃ 的两次突跃式变化时

主,其冰条纹长几毫米到2~3 cm,冰条纹之间的间距不大于4~5 cm。其下至20~30 m 深度上的含冰量减小,冷生构造变为:水平冰条纹变厚,达6~10 cm,而垂直冰条纹变得较细;水平冰条纹之间的间距增加到15~20 cm。

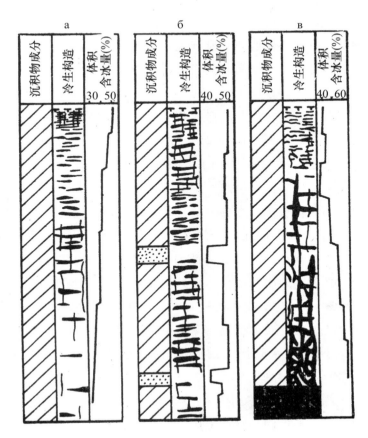

图 2.11　后生冻结黏土质土层剖面上部 10 ~ 30 m 部分最常遇到的
冷生组构和含冰量分布类型

后生冻土层中冰在剖面上的分布特点表明:上部的强烈析冰作用取决于由土中水分向冻结锋面迁移而引起的水分重分布,而构造特点与土冻结前的含水量和冻结速度相关。

第二种剖面类型的特点是冰沿整个深度的分布增大并且在一定程度上是均匀的。对于土层内或土层下存在含水层而保证有很多水流入("开敞"系统冻结)的松散沉积层来说,这一类型是极普遍的。含水层一般赋存于亚沙土和沙土夹层中。这种剖面上的含冰量可达 50% ~ 60%;冷生构造主要为层状和层 - 网状,并且,冰条纹不随深度而稀散,而冰条纹的密集和稀散取决于含水层的状况。冰条纹的厚度在 1 ~ 1.5 mm 至4 ~ 50 mm 之间变化,在细分散性土与沙质土接触处,冰透镜体常厚达 0.2 ~ 0.5 m。

Г. И. Дубиков 对西西伯利亚沉积层所划分的第三种剖面类型与下伏后生冻结松散沉积层中主要呈层状的地下冰有关。其特点是含冰量随深度而增大。冷生构造主要呈层－网状,到剖面下部转变为块状,这里以垂向和斜向的厚冰夹层(8~10 cm)为主,在与层状冰的接触处常见角砾斑杂状冷生构造。

　　俄罗斯欧洲部分的北部和西西伯利亚北部的厚层冰海沉积物是后生冻土层中研究得最为详细的。罗戈夫组中晚第四纪沉积物广泛地分布于小地苔原和大地苔原地区,是由亚黏土－亚沙土有规律地构成的"灰色"地层。剖面上没有厚层粗碎屑沉积物,能清楚地观测到后生冻土冷生构造的规律性:剖面上部 10~12 m 极其富冰(达45%),剖面下部含冰量减少到 20%~25%,还清楚地观测到冰条纹增厚和变稀的趋势。上层冷生构造多半为由 1~5 mm 的冰条纹形成的小网状,并逐渐过渡为冰条纹厚度达 2~6 cm 的层状和似透镜－层状。随着深度抵达 20~30 m,冰条纹厚度达 10 cm 的块状冷生构造开始占优势。在亚黏土层与水平粗粒物质的接触处,相反地可看到揉碎的薄层黏土有厚达 10~15 cm 的大冰透镜体。

　　在广泛地分布于西西伯利亚北部的萨列哈尔德组沉积层剖面上存在后生冻土层的所有三类剖面。在亚马尔半岛和格达半岛北部,萨列哈尔德组亚黏土－黏土沉积层含冰量最高(达 70%~80%)。冷生构造的特点是细、中冰条纹网状冷生构造占优势,在 8~10 m 的深度之上,冰条纹间距从 1~2 mm 稀散到 8~10 cm。中亚马尔地区沉积层的特点是含冰量小,且含冰量沿剖面的分布较均匀,以薄－中层状(0.2~2 cm)冷生构造占优势,网状冷生构造和厚度从 2~3 cm 到 4~6 cm 的具有整体状冷生构造的矿物夹层较少。后生冻土层"经典"的冷生组构类型发育于亚马尔半岛、塔兹半岛的南部和鄂毕河－叶尼塞河河间广阔的平原地区。这里层状冷生构造占优势,其厚 1~4 cm(有时达 8 cm)的冰夹层沿深度变稀。该地区的卡赞采夫组沉积层的冷生构造与萨列哈尔德组冷生构造较类似,这是由这些沉积物岩性相似所决定的。冷生构造以网状为主,冰条纹厚度从 1 cm 增加到 4 cm,网的尺度从 1 m 增加到 20~30 m。总含冰量高达45%~55%。在较南的地区,冷生构造呈多样化,可遇到透镜状、层状和网状冷生构造。这里在小含冰量(20%~30%)且往下厚 0.1~2 cm 的冰夹层系统稀散的背景上观测到由沉积物粒度变粗而产生的整体状冷生构造以及较少的微层状冷生构造(泥炭化沙土中)。

　　海成阶地的晚第四纪和全新世沉积物、泻湖－海洋沉积物、湖泊沉积物、冲积物、冰水沉积物和湖泊－沼泽沉积物在冻土区的分布相当广泛。泻湖－海洋沉积物中主要为细粒和粉沙土和亚沙土,尽管它们的含冰量很高(40%~45%),仍主要具有整体状冷生构造,剖面上较分散的泥炭化部分,增添有细冰条纹、稀层状冷生构造。分布不广的亚黏土和黏土质泻湖－海洋沉积层有较粗的冰条纹,由冰条纹厚度从 1 mm 增加到 8 mm 及冰条纹间距从 5 cm 增加到 12 cm 形成层状和不连续层状冷生构造。主要成分为亚沙土－亚黏土的海成阶地沉积物的特点是细－中冰条纹的层状和层－网状冷生构造和很高的含冰量(达 40% ~50%)。湖泊沉积物以及热喀斯特湖泊沉积物的含冰量由于形成条件而大多很高(达 60%,有时达 80%),并且大部分是分凝冰。其冷生构造的特点随这些沉积物的任何一种相成分的性质和冻结条件而变化。在湖泊沉积物剖面上部主要形成细冰条纹(1 ~5 mm)的层状、层 - 网状和透镜状 - 篱笆状冷生构造。尤其在小湖盆的边缘部分观测到斜向构造和斜网状构造。剖面上部的含冰层可能是因泥炭或植被腐屑而形成的。剖面的主要部分一般具有中冰条纹层状和层 - 网状冷生构造,剖面的下部可能具有富冰角砾斑杂状冷生构造。

具有韵律的湖泊沉积物类型是后生冻土区分布极广泛的沉积物类型,它们吸引着冻土学家的注意力,因此研究得最为详细的是沿冰川湖泊水域的带层状沉积物(Пчелинцев,1964;Данилов,1965;Жесткова,1966,1974;Рогов,1985;等)。这种沉积物中淡色的沙、粉沙夹层与深色的较分散的黏土夹层互层;韵律重复层的厚度在 2 ~3 mm 到 5 ~10 mm 之间变化。冻结带状黏土具有很高的含冰量(达 50% ~60%),并且几乎所有的含冰量都与分凝冰有关。这些具有韵律的沉积物冷生构造大体上服从后生冻土层组构的规律性即分凝冰条纹增厚和稀散规律性。随着冰条纹从 1 cm 增厚到10 ~15 cm(有时达 20 cm),冷生构造从层状变为层 - 网状。此时,水平层按照沉积物韵律的层理分布,而垂直层切割并垂直于(或以很大的角度)水平层,呈楔状或脉状。其结果是带状黏土被分成一些块体(平行六面体),并且块体中的沉积层理保存不变。大网状冷生构造在某些高含冰量剖面中变成基底状冷生构造,块体发生位移,有时几乎呈垂直分布,即构造获得了角砾状特征。黏土的高含冰量和大厚度的冰条纹使许多研究者得出如下的结论:在冷生构造形成过程中,可在产生分凝冰的同时产生侵入成因的冰。

在大能通量下形成的沉积物(河床冲积物和冰水沉积物)的冷生构造,由于物质粗糙和含水量不大,主要为含有孔隙胶结冰和基底胶结冰的整体状构造。因此沉积物的含冰量不大(20% 以下),在卵石和砾石土中主要呈壳状冷生构造,有时呈基底状冷生构造,在沙土中主要呈整体状冷生构造,有时呈与岩石斜层理一致的斜透镜状冷生构造。

河谷剖面上超河漫滩阶地的湖泊淤积物和冲积物的冷生构造极其多样化。其中部分为河床相和滨河床相的沙质和亚沙质沉积物,因而其含冰量不高(达 30%),而主要的冷生构造类型是有胶结冰的整体状冷生构造。阶地沉积物剖面上的亚沙土 - 亚黏土和黏土有很高的含冰量,当冰夹层厚度为 5 mm ~5 cm、分布间距为 2 ~10 cm 时,主要呈层状和网 - 层状冷生构造,而且保持着后生冻土冷生构造的基本规律性(尽管这是在小范围内)。

冰水沉积物一般是含卵、砾石等混入物的沙土,主要为含各种胶结冰包体的整体状冷生构造,胶结冰包体在与卵、砾石包体接触处呈巢状和壳状。

由漂砾、卵石、砾石构成的冰碛物和细分散性变体具有多种冷生构造。这种冷生构造的基础是厚 1 mm ~ 2 cm 的分凝冰夹层,它们形成层状和层 – 网状冷生构造,并整体上保持着高含冰量(达 50%)。这种构造中除分凝冰外还有壳状(漂砾和卵石表面上)、小透镜状、细脉状冰和其他侵入冰、脉冰和埋藏冰残体的包体。

在所有的多年冻土区都广泛分布着年青的晚第四纪和全新世的湖沼沉积物和沼泽沉积物。沉积物中有大量的泥炭和植物残体,导致沉积物的高含冰量(后生冻土类型沉积物的最大含冰量可达 80% ~ 90%)及厚度很大的分凝冰条纹。总的来说这种成因的沉积物中层状、层 – 网状、网状和角砾斑杂状冷生构造占优势。冰条纹的厚度不等,变化范围很大(从零点几毫米到 5 ~ 10 cm),在起伏不大的泥炭土中可变成厚层地下冰。除此之外,泥炭化湖沼和沼泽沉积物中的冷生构造与共生冻结沉积物的冷生构造相类似,因此,并不总是都能识别沉积物的冻结方式(后生冻结或共生冻结)。

在东西伯利亚、沿海低地和丘科奇等若干地区的新生代沉积物剖面中可看到的古风化壳堆积物,一般为细分散性黏土质岩,有时为含褐煤夹层的层状细分散性黏土质岩。它们有相当大的含冰量(达 40% ~ 50%)及中、厚层状和不规则网状冷生构造。

尤其应区分出发育于温度季节波动区即季节冻结 – 融化层的冷生构造,或者按 А. И. Попов 的说法,发育于不连续冷生成岩区的冷生构造。这里冷生构造的特点是形成较快,存在时间(冬季)相当短,只有几个月。这就在季节冻结 – 融化层的冷生构造特征上打上了某种烙印,因为水相成分的季节变化影响着土在成分和性质上的许多特征。已相当充分地研究了季节冻结 – 融化层的冷生组构,在研究者之中应首推 E. A. Втюрин,他详细地研究了俄罗斯的欧洲部分、雅库特、楚科奇的季节冻结沉积物的冷生组构。因土和形成条件的多样性而决定了季节冻结 – 融化层土的冷生构造的差异性,因而应将它们划分为季节冻结层冷生构造和季节融化层冷生构造,分别予以研究。

季节冻结层的冷生构造形成于冬季土壤为负温的广阔陆地地区。冰包体可以因分散性、含水量和温度梯度的不同而从有茎状冰的针状晶体(Карагодина,1964)变成分凝冰充分发育的透镜状和层状构造。在含水量大于最大分子含水量的亚黏土 – 黏土中,季节冻结土的冷生构造得到最大的发展:可观测到微透镜状、小透镜状、层状冷生构造,并且最大含水量是在剖面上部观测到的。强过湿土中含冰量呈另一种分布状况。此时,大部分冰一般聚集在对应于土壤剖面下部的潜育层。

下伏的多年冻土层或浅埋的多年冻土层对季节融化层土中冷生构造的形成起极大的作用。一方面,这层多年冻土是隔水的,因而在季节融化层剖面下部形成了高含水量层。另一方面,在大多数情况下,这层多年冻土是融土发生自下而上冻结作用的原因所在。因此,季节融化层的冷生构造剖面分成三层最为典型:上、下两层为多冰层,中间为少冰层。剖面上层一般有微透镜状、小透镜状、层状冷生构造,下层有层状、网状(冰条纹厚 1~3 mm)冷生构造,有时为角砾斑杂状冷生构造。中层有整体状冷生构造,有时为斑状冷生构造;在许多情况下,中层被上层的垂直长冰条纹所切割。在多年冻土分布区严寒的北极条件下可遇到含冰量最高(达 60%~70%)而厚度极小(20~40 cm 以下)的季节融化层冷生构造剖面类型。它的上部有薄层状和小网状冷生构造,到下部逐渐转变为角砾斑杂状冷生构造。在含水量不大的粗分散性沉积物为主的季节融化层剖面上形成了含少量分凝冰小透镜体的整体状冷生构造。

许多研究者(Э. Д. Ершов、В. Н. Конищев、А. В. Минервин、Н. Р. Локтев、А. И. Попов、Е. М. Сергеев 等)指出:季节冻结 – 融化土的成分和组构与冷生风化过程的程度相关。在俄罗斯的欧洲部分和西西伯利亚的北部及东西伯利亚的某些地区广泛分布的黄土状盖层亚黏土,是可观测到被冷生风化作用改造的最后阶段状况的松散沉积物的实例。这种土的冷生组构大体上接近于季节融化层组构的规律性,但由于剖面极为均质,因而表现更为清晰。最常见的剖面类型是三层剖面类型:上层(0.2~0.4 m)在冬季有含厚 1~5 mm 少数为 10 mm 冰条纹的水平层状冷生构造及很高的含冰量(达 50%);中层(0.4~0.8 m)的特点是含冰量低,主要发育整体状冷生构造,少数为微透镜状冷生构造,常与多年冻土上限相衔接的下层含冰量重新增大(达 40%~60%),有厚 2~8 mm 的冰条纹的水平层状和透镜状冷生构造;剖面底部冰条纹能聚积在一起,形成厚达 15 cm 的冰层。剖面上存在卵、砾石包体,能形成胶结冰类型的巢和壳而加入到分凝冰夹层构造中。

许多研究者注意到:在紧挨着季节融化层下 1~1.5 m 的亚沙土 – 亚黏土成分的冻结沉积物中常记录到很高的含冰量,有时分凝冰层厚度达 20~50 cm。一些研究者认为这种分凝冰层的形成与季节融化层达到多年(几百年)最大厚度后逐渐减薄相关(Белопухова,1972)。土的季节融化深度的减小既可能与气候变冷和土的 t_{cp} 温度下降有关,也可能与因形成苔藓植被和沼泽地等而使得这一层土的含水量增加有关。当季节融化层厚度减小时,从多年冻结土体向上冻结的、具有高含冰量和共生冻结所固有的冷生构造的土转变为多年冻结状态。季节融化过程中分散性土冻结部分存在水分迁移;季节融化层夏季未能融化的部分和下伏的多年冻结层中发生自上向下的水分迁移,即从温度 0 ℃正在融化层底部向温度较低的土层迁移,这些也能说明黏土中季节融化层下部之所以出现高含冰量层的原因。冻土层的上部因此而发生聚冰作用。

在沉积作用与冻结作用同时(在地质意义上的同时性)发生的条件下所形成的**共生冻土层的冷生构造和结构**与后生冻土层的有较大的差别。因为共生冻结只有在现有冻土保持不变的条件下才能实现,所以共生冻土层的年代只能是第四纪或全新世的。

共生冻土层广泛分布于多年冻土区各地的河谷中,湖泊和海洋滨岸区的共生冻土较少。但在阿尔丹－奥列涅克低地、亚诺－因迪吉尔卡低地和科雷马低地、中雅库特平原、新西伯利亚群岛,共生冻土层的分布最为广泛。早在 19 世纪(1876 年)И. A. Лопатин 就首先表达了共生冻结的思想,但冻土层共生理论最终是在 20 世纪 50 ~ 60 年代由 А. И. Попов(1953,1967)、Е. М. Катасонов(1954,1961)、Б. И. Втюрин(1959, 1964)、Ш. Ш. Гасанов(1969)、Г. Р. Гравис(1969)等建立的。共生冻土层的冷生构造形成于有规律地转变为多年冻结状态的季节融化层。这既有赖于自上而下的冻结作用(共生冻土层形成的南部类型)也有赖于自上而下和自下而上地共同发生的冻结作用(北部最严寒的类型)。转变为多年冻结状态是通过过渡层进行的。过渡层沉积物不是每年都融化,这是因为不同年份土的最大季节融化值是不同的,过渡层之上堆积的沉积物越多,它发生融化的年份就越少。正是在这一过渡层中形成了决定共生冻土层面貌的冷生构造(图 2.12)。

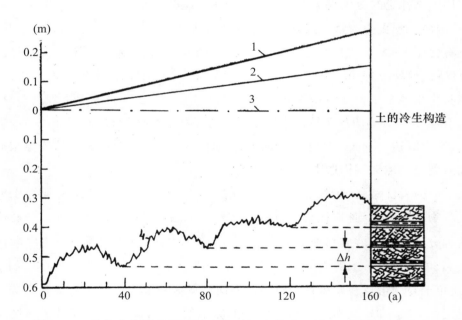

图 2.12　季节融化深度周期性变化时沉积物共生堆积和冻结的示意图

(变化周期为 40 年,沉积物堆积速度为 1 mm/a)

1—由沉积物堆积和分凝成冰作用而引起的地表面的总变化;2—由沉积作用引起的地面标高的变化;

3—起始地表面;4—扣除地表变化量的季节融化深度;Δh —40 年内堆积层的厚度

(据 А. И. Попов(1976)、Н. Н. Романовский(1978)的资料)

共生冻土层剖面冷生构造的主要特点是几乎不变的高含冰量和清楚地将构造分成具有相同组构的一系列沉积层的韵律性。这种有规律地构成的沉积层之中就包括粗冰条纹(达 3 ~ 10 cm)及其相邻的厚度不大的平行层状细冰条纹,这些细冰条纹被小透镜状包体或小网状包体所分隔。早就有人讨论过这种规律性的形成问题,在 A.
И. Попов(1967)之后,许多研究者也认为这些有规律的沉积层是共生冻土层自身断续
形成的证据。

　　共生冻土层冷生构造的另一重要特点在于沉积层自身的组构。Е. М. Катасонов
将这种沉积层构造称为复成构造,他注意到大而长的冰夹层("条带")及将它们彼此
连接起来的薄冰夹层的不同厚度和构形。认为"条带"是土层共生冻结的重要证据,但
最后并没有弄清产生"条带"的原因。部分研究者认为它们是从与多年冻土上限接触
处自下向上冻结的结果,另一部分研究者认为是该接触处过湿和自上而下地冻结之结
果,第三部分研究者认为是冬季自下而上地冻结和夏季自上而下地融化过程中相继形
成的结果。

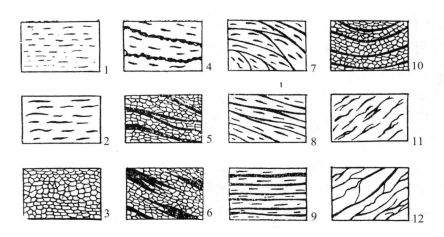

图 2.13　第四纪共生冻结沉积物的主要冷生构造

(据 Е. М. Катасонов 的资料,并加以补充)

　　陆地冻结沉积物的主要冷生构造:1—薄透镜状冷生构造(北极结构融冻泥流覆盖层相);2—透镜
状冷生构造(弱充水坡积斜坡相);3—网状冷生构造(亚北极融冻泥流阶地、水流、泥流覆盖层相)。
近地面冻结沉积物的复成冷生构造:4—波 – 带状、透镜状冷生构造(强烈充水的中泰加林堆积斜坡相
和亚北极结构融冻泥流覆盖层相);5—斜层状、网状冷生构造(强烈充水的北泰加林坡积斜坡相和亚
极地坡积 – 结构融冻泥流覆盖层相);6—不连续层状、网状冷生构造(坡积 – 融冻泥流覆盖层相);7—
大波状、透镜状冷生构造(亚北极融冻泥流阶地、水流、覆盖层相);8—扇 – 层状、透镜状冷生构造(冲
积锥相);9—平行水平层状、透镜状冷生构造(中河漫滩相);10—平行凹层状、网状冷生构造(具有多
边形微地形的高河漫滩相)。**水下冻结沉积物的冷生构造**:11—锥透镜状冷生构造(牛轭湖淤积沉积
物相);12—斜层状冷生构造(牛轭湖淤积层相)

　　相条件对共生冻土冷生构造的形成具有很大的意义。Е. М. Катасонов(1954)首
先提出了相条件,他划分出有规律地对应于某种相条件及相本身的"指导性"冷生构造

综合体。因此,尽管存在一般特征,不同相的沉积物冷生构造均有着自己特殊的特征(图2.13)。局部泥炭化是另一些决定冷生构造特征的共生冻土层特性之一,泥炭层包体有时厚达1~1.5 m。并且包括多边形脉冰在内的其他成因类型地下冰的存在,使共生冻土层具有大得罕见的含冰量(有时达90%)。

当土的负温不大时(从−0.1~−0.3℃至−3℃),只有季节融化层最下部发生自下而上的冻结,其上为季节融化层双向冻结过程中脱水层并具有整体状冷生构造的土层。在共生冻土一个增量韵律中,既包含富冰夹层(自下而上冻结时形成的),也包含少冰夹层(自上而下冻结时形成的)。以这种方式构成的不同相的共生冻结层可被归于高温(南方)类型。在低温冻土层条件下(低于−3~−5℃),大部分季节融化层土(与一个韵律的冻土层增量同时测量厚度)发生自下而上的冻结,并具有高含冰量。富冰沉积层属于低温(北方)类型。

在俄罗斯北部和中雅库特的沿海低地及西西伯利亚的某些地区广泛发育着所谓的"冰综合体",这种冰综合体的冷生构造在冰的尺度、形状和数量上给人留下了极强烈的印象。人们早就开始研究冰综合体沉积层的分布、埋藏和冷生组构的特点,从而积累了大量的资料(А. А. Архангелов、Е. М. Катасонов、Ю. А. Лаврушин、Т. Н. Каплина、А. И. Попов、Н. Н. Романовский、В. И. Соломатин、С. В. Томирдиаро、Н. А. Шило 等)。这种沉积层的特点是粒度成分的均一性(粗粉粒达75%)、高孔隙度、不很清晰的水平层理、强烈泥炭化和大含水量。这些特点清楚地反映了北极地区大河下游高河漫滩现代多边形－埂状地形条件下的沉积相环境。因此,大多数学者认为这种土层是河漫滩成因的沉积层,另一部分学者忽视现实主义原则,将它们归于其他成因(包括风力成因)的沉积层。

冰综合体沉积层的冷生构造呈韵律循环,在整个剖面上(达30~40 m,有时达60~80 m)几乎没有变化地延续着;一个循环的厚度为0.5~1.5 m。

由厚(3~6 m,有时达10 m)冰夹层("条带")完成一个循环,冰夹层使循环具有层理性;有时可观测到条带向下变厚。一个循环不仅沿垂向而且沿走向都受到限制,因为有厚冰脉(3~4 m,有时达5~8 m)劈分冰综合体沉积层,并且在接触带附近可观测到"条带"褶曲。褶曲可能是较为平直的,稍有弯曲,勉强可见,或者呈半径为0.5~0.7 m的弧状,而在许多情况下,褶曲幅度也可能很大,例如接触带附近的冰条纹部分几乎能保持垂直。迄今为止尚未揭示土层褶曲的原因:一些研究者认为它们是岩性层理的产物,另一些研究者认为是沿平行于多边形内小湖底面的等温面的析冰作用产物,第三部分研究者认为是生长着的冰脉发生动力弯曲的结果。条带冰含有空气泡和土包体,并且条带的上界面平坦,而下界面以不大的角度楔入下伏层中。条带之间的空间具有高含冰量(60%~70%),这里的冰可呈微网状、小网状、密层状冷生构造,有时呈角砾斑杂状冷生构造。它们的位置再现着条带的构形。

60～80 年代在亚诺－因迪吉尔卡低地对冰综合体沉积层进行的详细研究结果表明:与"经典"富冰类型的沉积层冷生组构同时存在的还有另一种对亚沙土成分沉积层来说有代表性的冷生组构类型。大量的粗分散性物质、不大的含水量和弱泥炭化总体上使这种冰综合体具有不大的含冰量和厚度不大的分凝冰夹层。在科雷马河和因迪吉尔卡河流域由沙岩变成的粉沙剖面中,几乎没有清晰的厚冰条纹或角砾斑杂状构造的富冰层。一般有薄的(0.3～0.5 cm)几乎呈水平状的冰夹层,这种冰夹层常常是不连续的,并转变为薄透镜状冰夹层。冰夹层之间的间距为 10～15 cm,有时为 40 cm。在与冰脉(尺度很小)接触处,冰夹层几乎不发生弯曲。水平冰条纹之间的空间充填着极小的、几乎看不出来的小冰透镜体,形成微透镜状冷生构造。在亚沙质沉积层中,构造的韵律性表现很弱,或完全缺乏韵律性。

由于冷生相分析方法的发展和实际资料的积累,已能够做出下述结论:冰综合体沉积层具有各种冷生组构,它们与细分散性沉积物相的属性有关。根据 E. H. Катасонов、А. А. Архангелов、Г. Э. Розенбаум 的资料,滨河床天然堤相主要具有整体状冷生构造,滨河床浅滩相的特点是大含冰量和小透镜体(冰条纹厚度不到 1 mm)状稠密层理,随河床的远近斜层理变为水平层理。河漫滩的近河地带具有小透镜体状、薄层状、透镜体状－篱笆状冷生构造,中河漫滩相有代表性的是水平层状和水平透镜体状冷生构造,充水多边形相的特点是具有小网状和小透镜体状冷生构造的冰"带"有规律地交替着。丛生多边形相具有含"条带"、网状区和角砾斑杂状区的富冰冷生构造。

在西西伯利亚北部、亚马尔半岛、格达半岛和塔兹半岛的淤积物剖面上揭示了类似于东北地区冰综合体沉积层的共生冻土层。这种冻土层具有细、中条纹的中层状冷生构造,构造中的冰条纹厚度为 0.5～0.7 cm,少数达 3 cm,以 5～7 cm 的间距分布着,中冰条纹之间含有细冰条纹(0.1～0.5 mm),形成层状和层－网状冷生构造。

共生冻土层中广泛分布着厚度不大的各种相的晚第四纪和全新世冻结沉积物。通常,这种冻结沉积物具有细冰条纹的层状或透镜体状冷生构造。

粒度成分极复杂的斜坡堆积物所具有的冷生构造反映它形成时自下而上的冻结过程和土顺坡而下的运动过程。细分散性斜坡堆积物尤其在剖面下部含冰量很高,具有斜透镜体状、波－带状、交错网状冷生构造。在剖面中常观测到水平冰条纹断面,而在坡度突变区观测到斜向的、垂直的冰条纹和斑状冰包体。在强烈充水的斜坡堆积物中冰条纹可聚积成条带(Гравис,1969)。

冷生岩化沉积层的冷生构造。正如以上所指出的那样,新沉积物(淤泥)和未固结过湿沉积层冻结时的冷生构造形成机制和规律性具有许多特殊性(与已经历成岩改造阶段的土相比)。在自然条件下作为一次冻结的过湿土可以是海洋沉积物、湖泊沉积物、牛轭湖沉积物和热融浅洼地(阿拉斯)沉积物。这种成因系列的沉积层独特的冷生构造使得 E. M. Катасонов(1960,1962)将它们归于特殊的水下冻结沉积层冷生构造组。在俄罗斯东北地区和中雅库特地区的晚第四纪和全新世沉积层中,可列举出这种构造(冷生岩化类型)之许多实例。这些冷生构造是厚度从零点几毫米到头几厘米的冰夹层并常以 1 cm 到几厘米的间距交错的斜向折断或凹下的冰夹层互层。在许多地区的未固结、过湿沉积层中也观测到这种构造。И. Д. Данилов(1967)描述了叶尼塞河右岸构成卡尔金阶地的海成亚黏土中的这种冷生构造。在这种沉积物中冰条纹形成由大倾角(40°~50°)的、平行冰夹层组成的大格架,冰夹层厚 3~5 cm,以 50~70 cm 的间距分布着,并以细冰脉几乎呈直角地横穿同样厚度。在该大格架内观测到平行于较大冰条纹的、较细且不太规则的、常常是断续的细冰脉网。В. В. Рогов(1988,1989)根据冷生结构的连接方式分析了未固结沉积物的冷生构造。他描述了科雷马低地地区深水相热融浅洼地(阿拉斯)沉积物的冷生构造。冷生构造的冰条纹呈锐角相交,厚 4~5 cm,组成斜角网,在此背景上发育由厚 1~5 mm 的冰夹层组成的最低级的网。А. И. Попов 在湖泊沉积层和泻湖沉积层上部发现了类型相接近的冷生构造,这里在强烈充水的条件下形成不连续透镜体状、斜网状冷生构造。А. И. Попов 在指出它们的特殊性的同时将它们称为透镜状－篱笆状冷生构造。不同的作者对未固结、强烈充水的沉积物特殊性做了不同的解释,例如:E. M. Катасонов 和 И. Д. Данилов 认为它们是侧向和自下而上冻结的结果;В. В. Рогов 认为它们是为水的悬浮体而不是冻结方向所固有的特殊类型的微组构,这已为实验研究结果所证实(Ершов,1987)。

对主要成分为沙－粉沙并含有更细分散的、有时弱盐渍化的沉积物夹层的海洋和泻湖－海洋冷生岩化沉积层的冷生组构,尚研究得不够。这种沉积层大多发生不清晰的析冰作用,并以由细冰条纹(0.1~0.2 mm)形成的稀层状、中层状和皱纹状冷生构造为主。亚黏土质沉积层剖面具有含 2~5 mm 厚冰条纹的层－网状冷生构造。在盐渍土中,尽管含水量很大,但分凝析冰作用很弱,并通常发育含水平细冰条纹或微斜冰条纹的整体状冷生构造。

湖泊沉积层特别是由泥炭化亚黏土构成的湖泊沉积层,具有很大的含冰量以及细冰条纹、中冰条纹的水平状和波状冷生构造。

湖沼和沼泽沉积层一般为泥炭化亚黏土和泥炭。通常含冰量很高,常具有细冰条纹的透镜状－篱笆状冷生构造。在强泥炭化剖面部分可见到厚冰夹层(达 10~15 cm),有时在泥炭田中转变为厚层地下冰体。

热喀斯特小水体相和泻湖相沉积层的特点是细冰条纹的斜向冷生构造、斜网状冷生构造以及"折断"的细冰脉和斜冰条纹。

第三章　冻土的微组构

冻土的微组构指分辨率 <0.1 mm 的所研究构成要素的空间组合。微组构与宏组构(即可目测组构特征)之间的界线是渐进的并在一定程度上是相对的。冻土微组构决定于冻土的微结构和微构造。微结构由冻土各组分的大小、形状、表面特征、数量关系以及各组分相互结合的特点决定。微构造乃是相同微结构区的空间排列。总的来说,冻土微组构研究包括下述的大量综合问题:

(1) 各组分的分析:大小、形状和表面特征,沙－粉沙、黏土颗粒粒级、有机物和新生物颗粒的矿物成分;冰晶的大小、形状和结晶方向;未冻水和气体包体的大小和形状。(2) 冻土各组分空间组织的分析:骨架颗粒、颗粒团聚体和冰包体的特征及它们之间的空间关系,冰晶的分布和冰晶之间相互关系的特征,以及结构连接的强度和几何形态。(3) 综合所获得的资料以便解决在冻结成岩或冷生风化过程中的冻土成因、冻结条件、改造、冻土层进一步发展的性质与预报等问题。

П. А. Шумский(1954)奠定了冻土微组构研究的基础,他指出:冻土微组构清楚地反映冻结层形成和改造过程的结果。后来,由于造岩冰结构的研究(Коннова,1957;Пчелинцев,1964;Рогов,1972;Жесткова,1982)、冻土骨架微结构及其形成过程的研究(Кошелева,1958;Фаустова,1973;Рогов,1972,1979;Кумай,1973;Зигерт,1978;Чувилин,1984;Язынин,1986)、土的物理化学改造性质和特点的研究(Максимяк,1968;Савельев,1971;Конищев,1981;Ершов、Лебеденко、Чувилин,1989),而积累了该领域的资料。

1988 年,Э. Д. Ершов、Ю. П. Лебеденко、Е. М. Чувилин、О. М. Язынин 和、В. В. Рогов 出版了综述该问题的第一部专著:《冻土的微组构》。

§3.1　形成冻土微组构的因素

微组构的形成取决于由成因和冻结条件决定的各种结构形成因素的综合影响。这些因素中有粒度成分和矿物成分、含水量和密度、水化学性质、结构特点、温度、压力以及冻结类型。

粒度成分是冻土微组构形成的决定性因素。分散性决定着析冰作用的量和类型,这是早就众所周知的了。例如,粗分散性土仅形成胶结冰,当细分散性颗粒数量增加时,出现并加强了形成分凝冰夹层的趋势。除此之外还知道:团聚体形成过程随着分散性的增大而加强。因此,沙质土和黏性土的微组构特征是完全不同的,前者的特点是可精确地分离各颗粒,胶结冰或者存在于孔隙中,或者存在于颗粒周围;后者的特点是存在团聚体、形成骨架的格架及分凝冰和胶结冰包体的组合。

矿物成分的影响是与分散性结合在一起的。粗分散性土的矿物成分的影响首先表现在颗粒形状上,而颗粒形状本身影响胶结冰包体的形状。细分散性土的颗粒矿物成分的影响主要通过黏土矿物的性质表现出来。

在蒙脱石成分的黏性土中常形成网状冷生微构造。冰包体之间的土块由中心的骨架团聚体和与冰包体接触处的带状疏松团聚体组成。

水云母成分的冻土有疏松团聚体,团聚体中的水云母片位于不同的平面上,孔隙呈楔状,部分或完全为冰所充填。

高岭石成分的冻土由不同形状的团聚体构成,而团聚体由聚集在定向排列微土块中的高岭石颗粒组成。观测到平行于微土块层理的分凝冰微透镜体,此外在团聚体内还观测到胶结冰巢。

含水量的影响可根据骨架团聚体和孔隙冰包体形状和大小之变化来判断。粗分散性土冻结时的含水量不仅决定了含冰量的大小而且还决定了胶结冰的类型。根据含水量可划分出基底类型、孔隙类型、薄膜类型和接触类型的胶结冰。一些研究者(Рогов,1972;Жесткова,1985)还划分出对应于这一系列中湿度最小土的针状胶结冰的类型。在细分散性土中,微组构与含水量之间的关系较为复杂。这一关系不仅反映在含冰量和胶结冰类型的变化之上,而且还反映在团聚体和孔隙的大小和形状之上。可看到:当土的含水量减少时,团聚体的尺度变小,而孔隙的尺度相应地增大。

分散性土的密度也与含水量有着紧密的联系。例如,饱水黏性土密度增大和含水量相应减小时,将形成较小的胶结冰晶,这些冰晶常由于其生长的约束条件而具有不规则的轮廓。在不太密实的土中,情况却相反,胶结冰晶较大,冰晶的形状较为规则。此外,出现冰透镜体和冰夹层的可能性也增大了。

冻土的水化学性质通过盐渍度、交换阳离子成分、介质酸度等表现于微组构上。

实验中曾发现:在为 0.1 当量浓度 NaCl 所盐渍化的高岭土中,团聚体的数量和大小以及胶结冰巢和分凝冰微夹层的尺度与未盐渍化土相比都急剧地减小了,微组构具有混合特征。当土的盐渍度较大时,密实的大团聚体(达 2 mm)占优势,而在孔隙中出现盐华,同时胶结冰包体横径 <0.1 mm,并相当的稀少。

大体上可以说:冻土盐渍化浓度不大时,将引起土的分散作用,水分迁移减少并形成较均匀的微组构。当盐渍化浓度增大时,最终将重新产生团聚作用,但已经是大得多的团聚作用了。其结果是形成极不均匀的微结构。

被溶解盐的成分也很重要。众所周知,多价阳离子 Al^{3+}、Fe^{3+}、Ca^{2+}、Mg^{2+} 能促进土的团聚作用和分凝析冰作用,而一价阳离子 Na^+、K^+、H^+ 能促进分散作用并形成胶结冰。

研究介质酸度(pH 值)对微组构的影响是很有意义的,但遗憾的是实际上还没有这种资料,显然应重视 B. И. Осипов(1979)关于未冻土的资料,这些资料表明:随着酸性介质中 pH 值的减小会产生较有利于颗粒凝结和团聚的条件。关于含高岭石的饱水黏性泥剂冻结的初步实验资料也指出了这一点。泥剂的起始 pH 值从 7 变化到 13 时,矿物骨架团聚作用增强,冰夹层厚度增加。

有机组分对冻土微组构的主要影响表现在含冰量随土中有机物数量的增加而增大。例如,强烈泥炭化土的微组构取决于植物残体凝块、腐殖质、沙和黏土的未团聚颗粒、不大的黏粒团聚体等的不均匀分布。其中,胶结冰一般为基底类型的。应指出:土中稀少的生物残余物包体内及其边缘上存在冰包体。

原生结构以原生层理、颗粒和团聚体的分布、成岩裂隙等形式清晰地反映于后生冻结层中。在经历过多次冻结－融化过程的土中,尤其在共生多冰土中,原生结构仅局部被保存下来,或者已不复存在。

冻结温度是形成冻土微组构的最重要因素之一。并且其表现是各种各样的和多解的。众所周知,冻结速度随地表温度的下降和温度梯度的增大而增大,这就减少了水分的重分布,并将水分固定在原地。从微组构的观点来看,这反映在土中析冰作用减弱以及整体状冷生构造和胶结冰占优势之上。例如,根据 T. H. Жесткова(1982)的资料,当冻结速度 >4 ~ 5 cm/s(在黏性土中 >5 ~ 8 cm/s)时,没有观测到分凝析冰作用,并且土中胶结冰占优势。然而,冻结速度的变化不仅决定析冰作用类型,而且还决定某种类型冰不同的结构特征。冻结速度因素也反映在骨架结构特征之上:所形成的骨架团聚体的尺度随着速度的增大而减小。在这种情况下,微组构的变化与脱水过程、水分迁移、收缩、膨胀等物理化学过程的显示时间相关,并且,在其他条件相同时,冻结速度对蒙脱石成分的分散性土的微组构的影响最大(Чувилин,1984)。

外压力对正冻土微组构的形成有着很大的影响。正冻土在开敞系统条件下压缩力的增大将减少水分的重分布,抑制分凝析冰作用,主要促进胶结冰的形成。当外部水源存在静水压力差时,情况则相反,将加强冰条纹的形成,土骨架随着矿物块和夹层的形成而发生变形。

最近,证实了负温下冻土中水分和含冰量的重分布的可能性。可以由冻土负温的变化以及由水侵入冻土时所产生的温度梯度、压力梯度和化学元素浓度梯度而引起这种重分布(Ершов,1986)。例如,温度梯度的方向和数量的变化可引起冰包体的重分布;温度的降低可导致未冻水的冻结、胶体的凝结和由于骨架的温度收缩而出现的裂隙。

§3.2　冻土组分微组构的特点

气体作为冻土组成部分之一通常是大气层的空气和生物成因的气体(见第一章)。大部分气体充填于骨架颗粒之间的孔隙和裂隙,由于颗粒的形状和大小与气态组分无关,因此气体不能视为微组构的要素。同时,在分凝冰夹层和胶结冰夹层内形成的气体包体产生于冻结过程,因此这种包体常被用作判断标志。冰中的气体包体呈大小、形状和分布特征各异的气泡的形式。气泡的横径从零点几毫米到头几毫米。

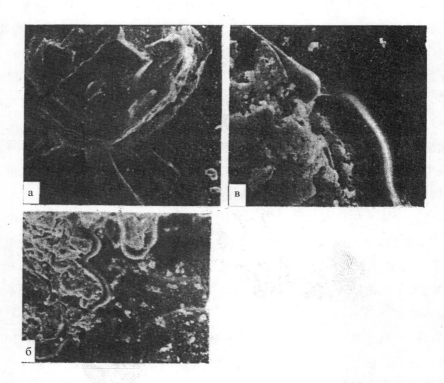

图 3.1　高负温条件下冻结沙(a)和多冰粉沙岩(б)以及含 0.1 当量浓度 NaCl 溶液
(t = − 1.5 ℃)的冻结黏土(в)中未冻水的分布特征
a—放大 800 倍;б—放大 300 倍;в—1000 倍

未冻水是微组构的一个要素。正如已知的那样,未冻水在冻土组分中所占的数量比率极小,但在许多情况下它决定了冻土的物理和物理化学性质。长期以来对这一冻土组分进行了详细研究,从而已十分熟悉未冻水的性质及其存在规律性,但是,未冻水的分布、与其他组分(冰、骨架和气体包体)的相互位置,在许多情况下是不清楚的。究其原因首先在于研究所使用的技术手段十分复杂。大部分未冻水包体的几何尺度(薄膜厚度为几埃和几十埃)很小,因而不可能直接观测它们。近年来,首次出现了能判断大的未冻水包体分布特征的资料(图3.1)。这些资料表明:在零摄氏度附近,沙土中的未冻水以薄膜的形式包围着沙粒,薄膜在凸处变薄(图3.1a)。未冻水与胶结冰的接触是渐变接触——借助最小的冰晶逐渐凝聚而与孔隙中心的主晶相接触。

在冻结盐渍土中,未冻水可以单独以蜂窝或薄膜的形式聚集。这在冰包体中或冰-矿物骨架的界面上可清楚地观测到(图3.1в),其厚度可达到几个微米以上。还在富冰有机成因土中发现未冻水:以薄膜的形式分布于与冰的微透镜体接触处以及团聚体内和有机物包体内。但在大多数情况下,未冻水体积如此之小以至于只能推测其分布特征,因而在评述微组构时一般不涉及未冻水的分布。

胶结冰是冻土稳定存在的最重要的要素。胶结冰包体的形状和大小各异。П. А. Шумский(1957)提出了胶结冰的第一个分类方案。其他作者(Пчелинцев,1964;Жесткова,1982;Втюрина,1987)实际上仅仅是细化П. А. Шумский的分类方案,同时予以补充和扩展。胶结冰微组构的主要特征是胶结冰的结构(即指其包体的形状和大小及冰晶的大小、形状和光学排列方向)和组分。

粗分散性土中冰包体的大小和形状与土孔隙的大小和形状及其含水量有关(图3.2)。例如,当沙完全饱水时,冰包体呈基底状和孔隙胶结冰状。这些包体位于骨架孔隙中,局部或完全充满孔隙,冻结时由于水的体积增大而使孔隙体积增大。冰包体的形状取决于骨架颗粒的形状,当骨架为一些单个沙粒时,则冰包体呈具有扁平顶面的多面体。当骨架为片状颗粒时,冰包体呈楔形柱。冰晶的大小各异,1个孔隙中可以有1个或几个冰晶。最常见的冰晶光轴排列方向是水平-垂直方向,在快速冻结时(20~25 cm/d),主要为水平方向。

在较干燥的沙中($g < 0.5$)一般可同时见到孔隙、薄膜、接触和针状胶结冰。胶结冰的形状取决于它所在骨架粒子的矿物成分:在石英上形成的胶结冰呈六边形片状,在方解石上呈长针状。可能为升华冰的成因及其存在寿命短是它与其他种类的胶结冰的不同之处(Жесткова,1982;Рогов,1989)。薄膜、接触和针状胶结冰的光学排列方向特点至今仍研究得不多。

细分散性土中胶结冰多半为基底和斑状(孔隙冰的亚种)这两种。由于水分结晶和水的局部迁移土孔隙体积增大时形成了斑状胶结冰。发现了斑状胶结冰比例随分散性的增大和含水量的减小而增大的趋势。

黏土与粗分散性土不同,其矿物成分对冰包体形状和大小的影响最大。这种影响不仅与黏粒和团聚体的表面形状有关,而且还与所发育的特殊的结构形成过程有关。

黏土中的斑状胶结冰包体通常为单晶,而基底类型的包体几乎总是为多晶的。分散性土中胶结冰晶的排列方向具有相同的规律性:最常见到水平－垂直方向,在快速冻结条件下最常见到的是水平方向,而在缓慢冻结条件下,最常见到的是垂直方向。

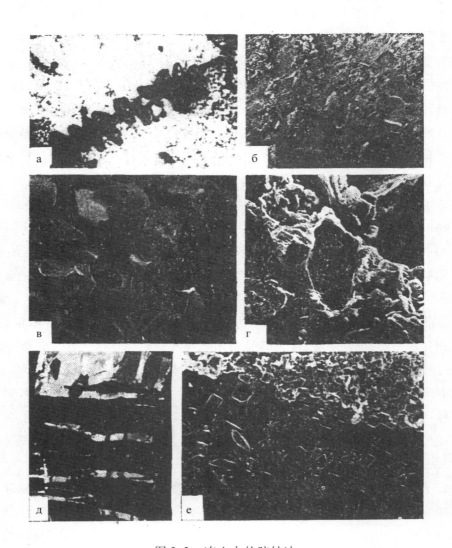

图 3.2 　冻土中的胶结冰

　　a—方解石颗粒表面的针状胶结冰(放大 200 倍);б—科雷马低地多冰粉沙的基底胶结冰(放大 150 倍);в—勒拿河河床沙的孔隙胶结冰(放大 75 倍);г—亚马尔半岛卡赞采夫组亚黏土的斑状胶结冰(放大 2000 倍);д—大地苔地区原表层亚黏土的分凝冰结构(放大 10 倍);е—沿海低地多冰粉沙的分凝冰结构(放大 140 倍)

　　骨架是冻土微组构的组成部分。骨架一般是冻土微组构体积最大的要素。但骨架作为组成部分的重要性不仅取决于其数量,而且还取决于它的定性特点,首先是分散性。

骨架的粗分散性部分为砾石、沙、粉沙尺度的岩石和矿物碎屑。其大小、形状和表面形态特点是粗分散性颗粒最重要的特征。它们是在破坏基岩的外生过程——风化、搬运和松散物质的再堆积——中形成的,结果,松散土的成因类型具有自己的特征(图3.3)。

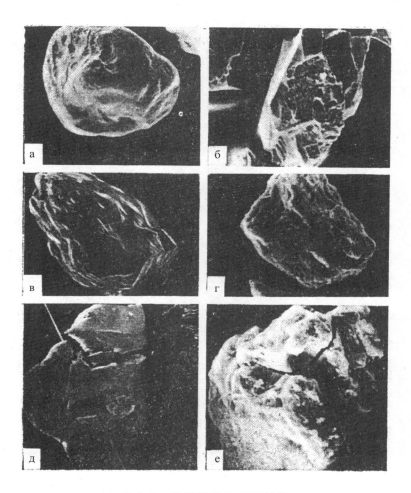

图 3.3　沙粒形状和表面特征

a—扬河的河床冲积物(放大 200 倍);6—亚北极含细粒冰碛的冰川(放大 300 倍);в—科雷马

低地坡积物(放大 120 倍);г—莫斯科省萨季诺村土壤层(放大 250 倍);д、e—冻结和

融化循环中分散性物质开裂的特征(分别放大 270 倍和 1000 倍)

残积物和风化壳的沙粒边缘呈锐利状,具有贝壳状断口,沙粒形状为等轴状,边界弯曲。海成沙具有极圆的或椭圆的形状,表面相当光滑,U 形坑是海成沙的特征,许多研究者将 U 形坑的形成与海水溶解作用以及硅藻和有孔虫类骨架碎片的溶解联系在

一起。风成沙颗粒具有很好的滚圆度,粗糙的表面,在电子显微镜下表面微下切,弧形微凹地和长而曲折的高地交替着。平原河流的冲积沙形状各异:由于滚圆度的不同,在表面上可观测到平展的阶梯、冲击痕、波状区与平坦区的交替。冰川沉积物中的沙未经磨圆,表面很粗糙,有急变的阶梯、断口、擦痕和裂隙。在来自土壤层的沙粒表面上可见到弯曲并分出支槽的腐蚀槽、淋溶坑、物质从土壤溶液中沉淀时形成的薄膜、球状体和微团聚体。

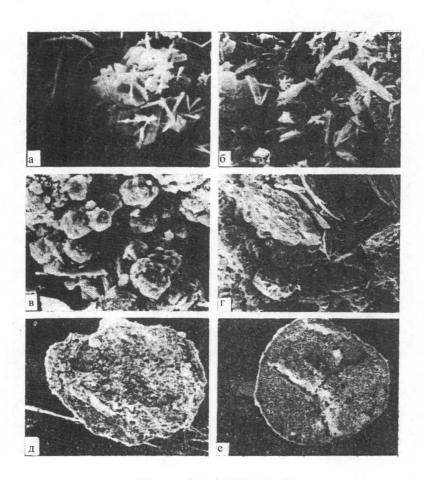

图 3.4　冻土中的新生物质

中雅库特的多冰粉沙:a—针铁矿(放大 3000 倍);б—赤铁矿(放大 3000 倍);

в—硫复铁矿(放大 1000 倍);г—碳酸盐(放大 100 倍,Х. Т. Зигерт 鉴定)。

科雷马低地多冰粉沙:д—铁泥结核剖面(放大 50 倍);е—铁锰结核剖面(放大 100 倍)

经历过冻结作用的土中沙粒,首先是冷生残积物和共生冻结沉积物系列的沙粒,在继承形状、大小和表面形态特征的同时,还具有冷生结构要素的作用,即具有含有打开气－液包体孔穴的平坦或阶状缺口、张开的裂缝、溶液冻结时沉淀各种新生晶体的区域。颗粒的形状清晰地表明了为冷生劈裂作用所破坏的痕迹,例如磨圆区与锐角区的组合。

细分散(黏土质)级颗粒微结构的特征已为大家所熟知:高岭土有被清楚地磨出棱角的等轴淤泥颗粒、微碎屑和团聚体,它们的横径为 5 ~ 50 μm;形状以六面柱和六边形片和角柱为主。蒙脱土通常为形状古怪、横径达 100 ~ 500 μm 的膨胀单体形式的团聚体。水云母土一般具有不均一组构,形成大小和形状各异的颗粒和团聚体。小而扁长的刨花状粒子是最分散的部分,横径达 150 ~ 500 μm 的多枝团聚体是最粗大的部分。与一次冻结、主要与多次的冻结有关的冷生作用反映在:高岭石颗粒的缺口及其团聚体的分裂、蒙脱石团聚体的破碎、水云母颗粒的化学改造和破坏。

新生物质尽管体积小却是重要的骨架部分。它们的存在是冻土层形成条件最重要的判断标志之一。此外,作为成岩和成冰作用之结果的新生物质在微组构形成中起着主导作用。它们参与团聚体、薄膜和各种形状的结核的形成,将骨架颗粒连成一个整体(图 3.4)。

由铁化合物组成的新生物质分布最广。氢氧化铁呈海绵状团聚体、结晶包体和圆结核,常与黏粒成分相互作用而形成铁泥结核,呈沿冰夹层的条带、疏松的云－水团聚体及球状结核等形式。

冻土中碳酸盐和硫化物等化合物在冰包体与骨架颗粒的接触处及骨架中呈单晶、晶簇、结核等形式。

新生矿物也可以在含易溶盐离子的盐渍土冻结时形成。此时形成典型的(水合物的)冷生矿物:水石盐($NaCl \cdot 2H_2O$)、芒硝($Na_2SO_4 \cdot 10H_2O$)等。例如,实验中(Чувилин,1990),在被不同浓度的 Na_2SO_4 溶液所盐渍化的高岭土试样冻结时,发现 5 ~ 40 μm 的柱状芒硝晶体,它生成于冰包体中、冰－土接触处及土体内。

许多冻土新生物质与冻土中的植物残体等有机物有着紧密的联系。这些新生物质首先是蓝铁矿树枝状晶簇、具有齿状表面的球状和小草丘状硫化铁结核以及胶结在团聚体骨架颗粒表面上的壳状和薄膜状有机矿物化合物。

§3.3　各种冷生岩石类型的冻土微组构的形成规律性

直至前不久在现代冷生成岩学中对冻土成因、形成条件、冻结和冷生成岩作用的研究还是用传统方式进行的:研究区域的地质、地层和地貌,分析温度状况、冰在土中的分布及从各方面(粒度成分、矿物成分和化学成分等)分析骨架的物质成分。更早的时候,冻土微组构在整个研究系统中属于不予研究的冻土层其他特征之列。冻土微组构研究的任务是分析冻土各组分的空间关系,即骨架、冰包体、未冻水、气体、各种新生物质的边界和团聚体,因为正如研究所表明的那样,它们的空间分布不是无序的聚集,而是有规律的排列,而这种排列取决于冻土层的成因、形成条件及随后的改造。

冻土的微组构是极其多样的,它反映在结构要素的组成、形态、大小、相互位置、彼此之间的连接特点等之上。这种多样性一方面取决于沉积物的堆积条件和沉积物的改造,另一方面取决于冻结条件及随后土以冻结状态的存在。因此,土的成因和冻结条件是微组构形成的决定性因素。遗憾的是,目前尚无充足数量的资料来详细描述现有冻土成因类型的多样性并且编制它们的分类表。因此,不同成因冻土的微组构研究最好在三个基本成因类型(后生冻结、共生冻结和冷生残积)的框架内和各类型内进行,并且研究众所周知的、在文献中已有详细描述从而拥有微结构资料的冻土层的微组构。这种土层就是西西伯利亚北部的海冰含漂砾亚黏土和冰川－海洋黏土、东北地区的冰综合体沉积层(叶多姆、热融或洼地(阿拉斯)沉积层、河漫滩沉积层)及俄罗斯欧洲部分北部的表层生成物。

后生类型冻土的微组构

正如所知的那样,后生冷生类型冻土必须是已经历过沉积作用和某种程度的长期成岩作用的沉积层冻结而形成的。俄罗斯欧洲部分北部和西西伯利亚北部的许多业已进行过详细研究的冻土层比较符合这一条件。

主要由中第四纪(II^{2-4})灰色非分选含漂砾亚黏土组成的厚地层(40～60 m)是俄罗斯欧洲部分东北地区分布最广泛的第四纪沉积物的组成部分。文献中,这一厚地层被称为"灰地层""灰色层""漂砾亚黏土"(Данилов,1962,1978;Попов,1964,1967)。

近年来,作为最大海进期的海冰沉积物综合体的灰色沉积层的概念是使用最普遍的概念(Данилов,1978),它建立在包括地质、岩石,主要是微体动物化石群研究在内的大量资料之上。

灰色综合体沉积层的成分相当复杂,有亚沙土、弱分选的亚黏土、无层理的黏土,有时为含漂砾和砾石包体的沙土。

灰色层中存在各种冷生构造:基底的、整体状的、网状的和块状的。基底冷生构造仅在以碎屑物质的堆积为主的上层记录到。埋藏于深处的亚沙土－亚黏土沉积层具有层状、网状或整体状冷生构造,随着深度的加大(400～500 m 以下)而转变为块状冷生构造。灰色沉积层中除稳定的冰夹层之外还可见到不成任何系统地分布于土中的细小冰条纹。正如 Т. Н. Жесткова(1966)所指出的那样,含漂砾亚黏土层在冻结过程开始时就已经强烈脱水和密实了。透明的冰条纹包含垂向分布的链状小气泡包体。

灰色海冰沉积层的微组构相当复杂。这一特点主要与粒度成分的变化有关。沙质夹层一般由粗、中、细分散性沙组成。等轴的、具有从好至差的滚圆度的颗粒主要是石英。粉沙和黏土质物质很少,大部分分布于团聚体中的较粗颗粒的接触处。不同地段土的含冰量在具有基底胶结冰的高含冰量与具有接触胶结冰不能完全充填孔隙之间变化。

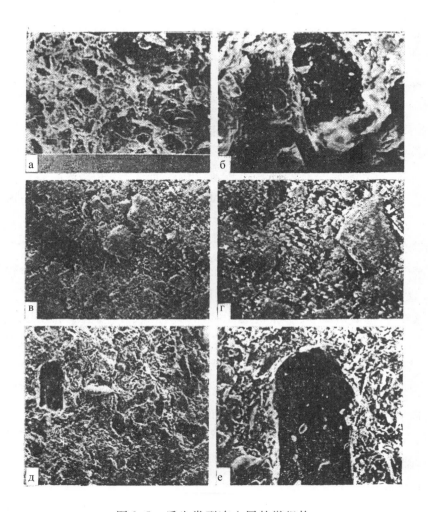

图 3.5　后生类型冻土层的微组构

海冰沉积层(灰色地层):a—总貌(放大 100 倍);6—斑状胶结冰包体(放大 400 倍);в—分凝冰微夹层(放大 300 倍);г—粉沙和黏土粒级颗粒相互位置的特征(放大 1000 倍)。

萨列哈尔德地层的海冰黏土质沉积物:д—总貌(放大 400 倍);e—斑状胶结冰包体(放大 1000 倍)

　　灰色地层沉积物大部分是亚沙土和亚黏土,它们具有方阵微结构(Осипов,1979),即在弱团聚化的相当好地混合在一起的黏土质和粉质物质中存在滚圆度通常较差的沙粒包体(图 3.5a,6,в,г)。沙粒滚圆度差,常伴有表面的起伏,在表面上可观测到断裂痕、擦痕、U 形下切和台阶,这表明沙粒的风化程度差。沙粒的矿物成分主要为石英和长石；可看到长石沿解理有特殊的缺口。

粉沙和黏土粒级的角闪石、绿泥石、云母等为带棱角的、有时为扁长的颗粒和薄片，常具有破坏的痕迹：边缘折断、散开和变形。沙粒表面附近的黏土质粒子以基面形式分布，黏土质颗粒之间按"基面－基面"类型接触，然后在某个间距上，黏土质颗粒才无序地分布着。在后一情况下，接触面变成"基面－缺口"和"缺口－基面"类型。可观测到某种粉质－黏土物质的团聚作用。

冰既以分凝冰微夹层的形式出现，也以胶结冰等轴包体的形式出现。分凝冰微夹层的分析结果表明：冰晶细小、等轴状、横径为 2～3 mm，大部分的排列方向或者是垂直的，或者是斜向的。胶结冰以 0.01～0.05 mm 的、等轴而微长的斑点形式出现。胶结冰包体接触处的黏性物质明显得密实了，就像受挤推（可能由于水结晶时体积增大）而形成的。这个带很薄，只有零点零几毫米。与此同时，与冰包体接触处的某个距离上一般存在不为冰饱和的土孔隙。冰还以大沙粒、小碎石和砾石表面上的冰壳的形式存在。

众所周知的西西伯利亚北部称之为"萨列哈尔德地层"（II^{2-4}）的中－上第四系沉积层是另一经典的后生冻土层。它常为亚沙土与黏土互层。土骨架是不均质的，由含少量沙粒的粉－黏物质组成。沙粒的滚圆度差，呈灰色，有时凝结在一起。

粉－黏物质呈微团聚体化，黏土的微结构为基质状的。观测到蓝铁矿包体斑点。沙－黏土团聚体之间以及与沙粒接触处，可见到孔隙。在黏土质最大的地层上部观测到斑点形式和直径达 0.3 mm 结核形式的铁化现象。

黏土中的胶结冰在团聚体内通常呈斑状，以横径为 1 mm 的椭圆形等轴包体的形式出现。而团聚体之间的冰具有比较复杂的形状和较大的尺度。在沙化地段观测到胶结冰团。

冻结的萨列哈尔德地层的微组构与俄罗斯欧洲部分东北地区灰色沉积层的微组构相类似（图 3.5д，e）。

亚沙土层中土骨架是不均质的：少数沙粒包裹在由粉－黏粒组成的物质中。主要为石英成分的沙粒滚圆度差，有时凝结在一起。粉－黏物质的团聚性差，颗粒分布无序，形成高孔隙度，而且大部分孔隙位于黏粒之间，呈楔形或扁长形，但有时孔隙度取决于沙粒和大粉粒周围空间的形状。还观测到宽 0.001～0.01 mm 的切割骨架的垂直细裂隙。有微动物化石群包体。

黏土夹层中骨架的微结构是均一的，主要由分布均匀的水云母和蒙脱石颗粒形成。几乎没有团聚体。颗粒按"基面－缺口"和"缺口－缺口"类型分布，因此土含有大量三角形或多角形的孔隙，其尺度 <0.001 mm。

冷生微结构取决于胶结冰包体，但在一些地段见到含厚 0.005～0.1 mm 夹层并且以垂直夹层为主的网状分凝冰微构造。沙化夹层中的胶结冰包体是孔隙类型的,完全占据着沙粒之间的空间。在基本的亚沙土－亚黏土的物质中,胶结冰为斑状包体,呈等轴状或微长状,尺度为 0.001～0.1 mm。胶结冰包体接触处的黏土明显变密实了,这是由于冰形成时孔隙体积增大而使之受推挤的结果。此带很薄,只有零点零几毫米,并逐渐过渡到未扰动组构区。黏土颗粒以基面分布于接触带与冰包体表面相切且彼此平行。可将萨列哈尔德海冰亚黏土的上述微结构归于基质状微结构。

现在我们研究几个其他后生冻结沉积层。首先是湖泊沉积层的实例。叶尼塞河阶地上第四纪湖泊－冰川沉积层就属于这一类型众所周知的且经详细研究过的沉积层,它们是灰色薄层状(带状)黏土和亚黏土,厚约 30～40 m(Пчелинцев,1964;Жесткова,1983;Кузнецова,1989)。

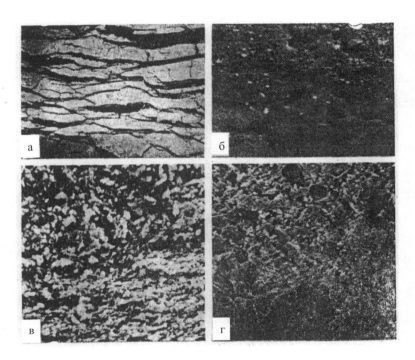

图 3.6　带状黏土的微组构

a—冷生构造(缩小到 1/10);б、в—层与层的接触特征(分别放大 30 倍和 3000 倍);
г—与分凝冰夹层的接触处(放大 10000 倍)

带状黏土的冷生构造为层状构造,分凝冰条纹厚度从几毫米到 30 cm(以 6～8 mm为主)。冰是透明的,含气泡和矿物颗粒包体。分凝冰晶的横径为 2～16 mm,且随条纹厚度的增加而增大。冰晶形状复杂,边缘十分曲折,排列方向为水平－垂直方向。

带状黏土微组构的分析结果清楚地表明了分散性物质韵律夹层内分散性的变化

以及从一个夹层过渡为另一个夹层(图 3.6)。骨架由形状复杂的团聚体组成,而团聚体由粉 – 黏粒级的粒子组成。团聚体相当松散,内有孔隙,孔隙形状弯曲,尺度 <0.1 μm。团聚体彼此之间在形成水平层理的一个镂空系统内连接在一起,在这一背景上可观测到斜角网形式的大结构。水平夹层内可见到椭球状结核,这种结核是被碳酸盐质胶结物所浸染的粉沙 – 黏土质团聚体。

这种沉积层中的胶结冰是独立的包体,呈等轴状,横径为 $10 \sim 10^3$ μm,通常与孔隙的几何形态无关,因为包体的尺度几乎大于孔隙尺度 1 个数量级,包体分布是不连续的,且不随水平层理分布。分凝冰夹层附近的胶结冰包体数量增加,在胶结冰包体边缘可观测到微晶簇和微结核形式的盐华。按 В. И. Осипов(1979)的分类表,带状黏土的微结构应属于薄层状微结构。

深水相的热融浅洼地(阿拉斯)沉积层接近于后生冻土。在这种沉积物的微组构中可观测到与未冻、微压密的海洋和湖泊沉积物的许多共同点:结构的多孔性及沙 – 粉粒经由黏土质"小桥"而相接触。这种土在未冻状态会被快速压密并改变自身的微组构(Осипов,1979)。上述土的冻结使融化状态的微组构快速地固定下来,此时,没有观测到胶结冰包体周围的压密作用。有可能的是,这种土还具有相当的可塑性,因此,其微结构是通过某种"适合"于所形成的冰晶的骨架而形成的。

深水相沉积层中的冰条纹是由自由水形成的,这就决定了冰晶生长于自由水结晶的正交各向异性阶段以及形成冰包体斜层理构造。

共生冻土层的微组构

沉积作用与冻结作用同时进行的松散沉积层属于共生类型冻土层,因而沉积层的成岩过程在许多方面取决于冷生过程。现在我们也以俄罗斯东北地区众所周知的、在某种意义上是经典的共生冰综合体沉积层(Попов,1953;Катасонов,1959;等)为例来研究这一类型冻土的微组构特征。

按岩石成分,沉积物属于粉质亚黏土和亚沙土,这种土在不同程度上被泥炭化,呈浅灰 – 灰色和褐色,有潜育的痕迹和泥炭夹层,植物腐屑含量很高。

由于高含冰量和众多的地下冰类型,冰综合体沉积层的冷生组构是多种多样的。仅包裹分凝构造冰的土体的含冰量极大(占土层体积的 30% ~ 70%)。冰包体在土中的分布首先与土的冻结条件及其相特征有关,它表现在:最高的含冰量被赋予最分散的或含泥炭的沉积层,最低的含冰量被赋予沙土和亚沙土类型。一般来说,高含冰量是与冰脉接触的土体部分的特征。

叶多姆沉积层的冷生构造极其多样,主要呈水平厚冰条纹(达 5 ~ 7 cm)的交替,厚冰条纹之间观测到薄层和中层冷生构造及小网状和中网状冷生构造。

现在我们以亚沙土和典型的含植物残体的粉沙土这两类土为例来研究冰综合体

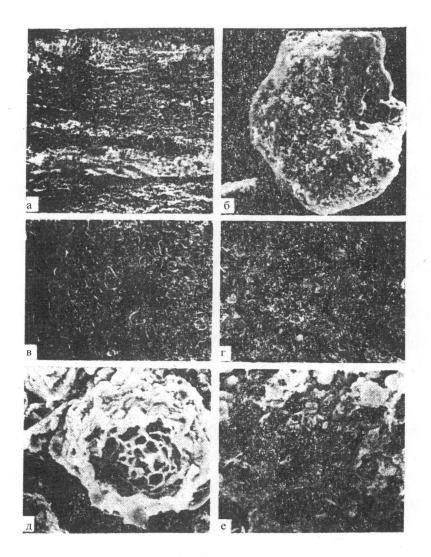

图 3.7　共生类型冻土的微组构

科雷马低地的多冰粉沙：a—分凝冰微夹层（放大 15 倍）；6—沙粒的冷生破坏（放大 75 倍）；

в—亚沙土夹层的微组构（放大 100 倍）；г—亚黏土夹层的微组构（放大 75 倍）；

д—铁锰结核（放大 750 倍）；e—硅藻属 *Navitula*（放大 1200 倍）

沉积层的冷生组构（图 3.7）。冰综合体亚沙土相沉积层的微组构以均质的、微团聚化的地层为特征。具有中等和良好滚圆度的细沙和粗沙部分的骨架颗粒呈等轴状和微扁长状，主要是长石和石英。较细的颗粒呈圆形、等轴状。它们与较粗的粒子黏在一起形成小团聚体。0.001～0.005 mm 的细分散性粒级是未团聚的物质，分布于团聚体之间或胶结冰包体之中。

　　包体的基本形式是基底类型的胶结冰,有时可见到次水平方向的小冰透镜体。在微冰透镜体附近的土中有孔隙,孔隙呈楔状,横径尺度可与颗粒尺度相比较(0.01 ~ 0.05 mm)。在存在生物残体的地方,团聚体就大得多,且包裹着许多细分散性粒子、植物小根和细腐屑,基底胶结冰将团聚体彼此分开。冰包体由在一定程度上形状相同、横径为 0.25 ~ 0.5 mm 的冰晶组成,冰包体的排列方向是随机的。

　　细粉沙粒级沉积层的微组构的组织方式较复杂。土骨架的滚圆度较差和中等的石英和长石颗粒与团聚体中较细(从 0.2 ~ 0.3 mm 至 0.5 ~ 2.0 mm)的颗粒结合在一起。团聚体中颗粒的堆积不紧密,存在不同横径的孔隙:从零点几到零点零几毫米不等。由有机体、黏性矿物和氢氧化铁组成的分散性物质将颗粒结合在一起。存在根、茎、叶小碎片形式的植物残体。由于氢氧化铁壳而呈棕褐色,其中部分植物残体黏满了骨架颗粒。

　　可见到包围骨架颗粒团聚体的基底胶结冰、透镜体、厚 0.1 ~ 0.2 mm 的夹层等形式的冰包体;晶轴方向接近于垂直方向。

　　分凝冰微包体以厚 1.0 ~ 5.0 mm 的斜弧形(由柱状和针状结构的晶体组成)形式存在,其光轴方向接近于夹层走向的垂线方向。

　　由于冰综合体粉沙的成因和微组构的形成尚未查明,因此最好研究一下现代河漫滩沉积层。这是大、小河流的细分散性沉积物(厚 5 ~ 7 m)。从颗粒成分来看,属粉质亚黏土,粉沙粒级的数量为 40% ~ 50%。

　　河漫滩沉积层的冷生构造为薄层状和中层状,由厚 0.2 ~ 0.5 cm,偶尔厚 3 ~ 4 cm 的水平条纹构成。河漫滩沉积层自身有厚达 2 ~ 3 cm 的冰脉。

　　河漫滩沉积层的微组构等同于宏组构。土的骨架由微团聚化物质组成,主要由沙 - 粉沙粒级以及黏土矿物组成。粒子的滚圆度良好或中等,大多是石英和长石。粒子聚集成扁长和透镜状疏松团聚体,团聚体被分凝冰夹层所隔开。

　　于是就形成层状冷生构造。在许多情况下,骨架夹层就是由一个颗粒组成的层。夹层具有较大的含冰量(通常,所有的孔隙都充填了胶结冰)和基底胶结冰区域。

　　骨架颗粒夹层被厚 0.1 ~ 0.3 mm 的分凝冰所分隔,这种分凝冰与更厚的(3 ~ 5 mm)的、具有 20 ~ 25 mm 固定间距的分凝冰互层。薄冰夹层由从 0.1 ~ 0.3 mm 至 0.5 ~ 1.0 mm 尺度、正垂直方向排列的片状晶体所组成。

　　皮亚西诺湖的底部冻结沉积物具有类似的冷生微组构特征。这种沉积物是一些粉沙质、黏土 - 粉质和粉沙 - 黏土质淤泥,淤泥有着含量极高的不同分解程度的植物残体。总的来看,淤泥的含冰量很大(40% ~ 90%),有机矿物骨架呈微团聚体化。黏土 - 粉沙质淤泥的特点是具有透镜状 - 层状冷生构造,呈弯曲状且常常间断,冰条纹厚度一般从 0.1 ~ 0.5 mm 到 1 ~ 2 cm。详细研究的结果表明:冰条纹之间的空间能被更细密的、水平的、弯曲的冰条纹所充填,形成含孔隙胶结冰的透镜 - 层状冷生微构造。这种冰条纹长度可达 2 mm,厚 0.01 ~ 0.1 mm。粉沙 - 黏土质淤泥具有特殊的不完全网状冷生构造,这种冷生构造是由厚 2 ~ 3 mm 的弯曲的水平冰条纹与更细的高度倾斜的和垂直的冰条的组合而形成的。此时各个团聚体和土矿物骨架块可以被冰所分隔。

较粗的分散性粉沙质淤泥为沙 - 粉沙质沉积物,其主要的冷生构造类型为整体状的,体积含冰量不大于 60%。冻结粉沙质淤泥中的胶结冰主要为孔隙胶结冰,少数为基底胶结冰。有时可见到单独的 1 ~ 2 mm 的等轴状的冰巢。

冷生残积层的微组构

在有基岩和松散沉积层的冷生残积物及雪蚀和冰碛细粒土参与的冷生残积类型土当中,表层生成物是最令人感兴趣的。

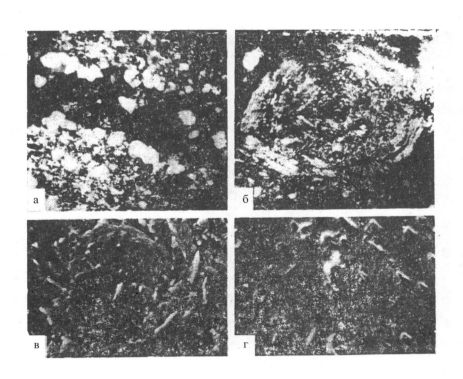

图 3.8　冷生残积类型土的微组构

a—顺着冰夹层的沙 - 粉粒的分异作用(放大 50 倍);б、в—分别为黏粒和粉粒周围的环状黏土
物质(放大 100 倍);г—石英颗粒表面上的 V 形小坑(放大 2500 倍)

在大地苔原阶地东部广泛分布着特殊的亚黏土和亚沙土成分的土及具有覆盖产状的含少量砾石和卵石的粉质土。许多作者都认为它们是冷生表生作用的产物,它们的组构反映着大领域的冷生过程(Попов,1964;Конищев,1981)。这种土的特点是:

粉粒含量高,缺乏有机物,并逐渐向下伏土过渡。冷生组构可分为三层:剖面上、下部含分凝冰夹层的较饱冰层以及上、下层之间少冰的"脱水层"。

表层亚黏土的微组构极为特殊(图 3.8)。其骨架既是沙－粉沙粒级的,也有黏土质的。沙和粉沙颗粒具有差的和中等的滚圆度,表面上为平坦区(缺口)和强切割区相间。环状黏土质和粉质颗粒是球状含铁质黏土团聚体的组成部分。剖面下部可最清晰地观测到环状结构的特征,往上这种特征消失。在剖面下部的强烈析冰带中观测到碎片状微团聚体,这种团聚体由被黏性物质和氢氧化铁连接起来的沙－粉沙颗粒组成。

表层亚黏土中的冰为胶结冰和分凝冰。胶结冰分布于 10 μm ~ 0.5 mm 的骨架孔隙中,在后者中冰变得肉眼可见。胶结冰晶的结晶方向是交错的。胶结冰还是不同尺度的团聚体的成分。表层亚黏土中的分凝冰为一些垂直冰条纹和水平冰条纹,冰条纹厚 3 ~ 5 mm,形成层状和网状冷生构造。颗粒缺口有破坏痕迹:阶梯、贝状断口、开口的气－液包体洞穴和裂隙。切割形态区有经化学处理的痕迹。此外,表面出现海洋成因沉积物颗粒所固有的继承要素——U 形凹陷。

上述沉积物的含沙淤泥部分的颗粒具有空间分异特征。这表现在沙－粉沙颗粒形成的凝块、堆积和环之上以及沿着冰条纹和带状分选之上。黏土质物质的定向性也是很特殊的:观测到黏粒呈环状和同心圆状分布。黏粒环既可以形成于石英沙粒的周围,也可以没有沙粒。在后一情况下,在冻结状态的黏粒环内则可观测到胶结冰包体。

表层生成物的微组构特征大多数取决于周期性冻结和融化时所发生的特殊过程,即首先取决于冻结时的锋面局部水分迁移、融化时水分的重分布以及冻结状态土的存在期。在这一方面,对亚马尔半岛中央部分季节融化层的野外研究所获得的资料是很有意义的(Чувилин,1984)。从不同地表热量交换条件、不同土成分的五个小区所获得的资料表明:冷生微组构的形成大多取决于冻结速度和沿季节融化层深度温度梯度的变化动态,并揭示了在自上而下正冻结的沉积层中,冷生宏、微构造类型发生从整体状变为水平－网状和又重新变成整体状;而在自下而上冻结的沉积层中,从水平－层状变为网状和整体状的有规律变化。在冻结速度和温度梯度极为不同的地段,其微组构的差别最大。当冻结速度沿剖面单调减小时,可发现矿物骨架的团聚性增强,胶结冰类型从基底类型变为孔隙类型。这种差异随着分散性的增大而增大。

曾发现季节融化层冻结状态土的微组构在负温变化和存在温度梯度条件下发生改造,这种改造表现在改变含冰量和矿物骨架的构成特点之上,总的来说,证实了实验室的实验结果。

在季节融化层土融化过程中也发现了复杂的物质交换过程和结构形成过程。

与冻结过程不同的是:在季节融化层融化过程中发现土的冷生微组构改造规律性

更为清晰。这种规律性与融化速度和温度梯度随深度而单向、单调地变化有关。在融化锋面前,土因水分从它迁移出而发生局部脱水。这使土变得密实,土团聚体变得粗大,冰的尺度和数量变小。其下分离出发生强烈的宏、微析冰作用的一层,在这一层中观测到强烈发育膨胀和冻胀过程,老冰夹层在成长并形成新的冰夹层。

总的来说,这些过程的多次出现导致季节冻结和融化层(包括表生生成物)形成特殊的宏、微组构。

表 3.1　冻土微组构特征

微组构	沉积物					
	海冰沉积物	带状黏土	多冰粉沙	热融浅洼地沉积物	河漫滩沉积物	表层沉积物
骨架						
沙-粉粒表面要素的成因:						
风成	0	0	0	0	0	0
冲积	0	0	+ +	+	+ +	0
海成	+ +	0	0	0	0	+
坡积	0	0	+	+	0	0
冷生	0	0	+ +	+	0	+ +
团聚度	+	+	+ +	+ +	+	+ +
团聚体的胶结:						
碳酸盐-氯化物胶结	+	+ +	0	0	0	0
铁-碳酸盐胶结	0	0	+	+	0	+
氢氧化铁胶结	0	0	+ +	+ +	+ +	+ +
颗粒分异:						
层状	0	0	0	0	+ +	0
条纹状	0	0	+	+	0	+ +
环状	0	0	+ +	+	0	+ +
接触压密带	+ +	+	0	0	0	0
新生物质:						
氢氧化物	0	0	+ +	+ +	+ +	+ +
硫化物	0	0	+ +	+ +	+	0
碳酸盐和硫酸盐	+	+ +	+	+	0	+
孔隙度	+ +	+ +	0	0	0	+

续表 3.1

微组构	沉积物					
	海冰沉积物	带状黏土	多冰粉沙	热融浅洼地沉积物	河漫滩沉积物	表层沉积物
骨　架						
结构特色的继承性	+ +	+ +	+	+	+	+
冰						
胶结冰类型:						
基底	0	0	+ +	+ +	+ +	0
孔隙	+ +	0	+ +	+ +	+ +	+ +
薄膜	+	0	0	0	0	0
接触	+	0	0	0	0	0
针状	+	0	0	0	0	+
斑状	+ +	+ +	+	+	0	
分凝冰:						
层状	+ +	+	+ +	+ +	+ +	+
柱状	0	0	0	0	0	0
立体状	+ +	+ +	+ +	+ +	+ +	+ +
冰晶方向:						
水平	0	0	0	0	0	0
垂直	0	0	0	0	+ +	0
交错	+ +	+ +	+ +	+ +	0	+ +
孔隙度:						
冰中的气泡	+	+ +	+ +	+ +	+ +	+
连　接						
以胶结冰连接为主	+ +	+	+ +	+ +	+ +	+ +
以冷生固结连接为主	+ +	+ +	+	+	+	+ +
以骨架连接为主	+	+ +	+	+	0	+ +

注：＋＋—表现强烈；＋—表现微弱；0—缺失

　　表 3.1 综合了上述沉积物综合体的微组构要素特征及其组合。它们可作为结构形成过程的判释标志,从而有可能深入认识冻土形成的一般规律性。众所周知,后生冻土在冻结前曾经历了沉积和岩化阶段,在冻结时微组构中出现了这些阶段的特征。例如,萨列哈尔德地层和灰色地层以及湖泊沉积层就具有成因和成分相同的未冻土所

固有的基本组构特征。这表明,后生冻结不改变松散沉积层微组构的一般特征。此外,研究结果还指出了不是未冻土所固有的一系列微组构特征——斑状胶结冰和分凝冰的包体,与这些包体的接触带等。

同时,湖相和热融洼地深水相的实例表明了较强烈的物理化学改造过程。破坏成岩作用物理化学环境之平衡的成冰作用使得含铁和硫化物的溶液氧化,析出氢氧化铁和硫化铁,从而导致颗粒之间的结构连接因凝聚性接触改造为结晶接触而得以进一步加强。由此应得出下述结论:在微石化的充水沉积物冻结时,沉积物中的成冰作用在微组构的形成中所起的作用要大于经历过长期岩化阶段的土。

共生冻土层微组构的冷生改造过程要活跃得多。共生冻结作用改变了沉积物的原生层理,增大了遭冷生破坏的骨架颗粒的分散性,加剧了所有骨架组成部分的化学改造,使粗分散性物质发生特殊的分异作用。在新堆积的、低温前富含有机物的沉积物周期性的冻结过程中,成冰作用的结果是增大了被溶解组分的浓度,使它们在沉积物中析出,这反映在产生许多自生物质之上。共生冷生成岩过程中沉积物改造的最后阶段是团聚体脱水、被压密并形成凝聚性结构连接。

在冷生残积土形成冷生微结构过程中也存在改造作用。这种改造作用与共生冻结土中的改造过程相类似,即粗分散性物质发生破碎和分异以及形成自生新生物质和团聚体,差异仅在于土壤冷生作用在其微组构形成中的意义较小而已。

第四章　冻土的性质

§4.1　冻土的物理性质

含水量、含冰量、密度和孔隙度是表征冻土工程地质性质的基本物理指标。

冻土的含水量指土中可在 100 ~ 150 ℃温度时因烤干而失去的固定质量水的含量。它可分为总含水量、普通含水量和体积含水量。冻土总含水量 W_c 是冻土中含有的各种固态和液态水的质量与冻土骨架质量之比,而在盐渍土中,是与土骨架质量和冻土中所含有的盐分质量之比(%,或小数单位)。普通含水量是各类水的质量与冻土质量之比;体积含水量是固相和液相水的体积与冻土体积之比。可以用分布在冰包体之间的矿物夹层(矿物团聚体)的含水量,或具有整体状冷生构造的土的含水量这样的指标来表征冻土的含水量。冻土的总含水量与未冻土不同的是:它可以比饱和容水量大得多。

在土的成因类型中,水下 – 陆地型土及径流终端水体湖泊和泻湖沉积物的最大特点是具有最高的含水量。最低的含水量通常为冰川沉积物所固有。土的冷生成因也强烈影响着含水量。水下类型共生层的总含水量,在粉沙土中可以达到 40% ~ 50% ,泥炭化亚沙土中可以达到 60% ~ 70% ,粉沙亚黏土中可以达到 90% ~ 100% ,而在弱分解泥炭中可以达到 800% 甚至 1500% 。由后生层组成的冻土的平均总含水量要比塑限含水量小得多。

含冰量(Π)是表征冻土中地下冰总含量的指标(%,或小数单位)。用总含冰量来评价土有赖于构造冰的含冰量。按照定量表示含冰量的方式,含冰量可以是所有冰的质量与干土质量之比——重量含冰量;重量含冰量与总含水量之比——相对含冰量;所有冰(胶结冰和冰包体)的体积与冻土体积之比——体积含冰量。按照含冰量的大小可将土细分为:富冰土(含冰量 > 50%),少冰土(含冰量 < 25%)和多冰土(含冰量为 25% ~ 50%)。

为了表征土的物理状态和评价土颗粒被冰黏结的强度常应用诸如冻土孔隙的冰和未冻水充填度这样的分类指标。

冻土的总密度 ρ (容重(g/cm^3))是指具有条纹冷生构造的冻土质量与结构未扰动冻土体积之比;**冻土的骨架密度**是指土骨架质量与结构未扰动的具有条纹构造的冻土

体积之比。冻土固体矿物组分密度的平均值(单位重量)在近似计算中一般可取为:沙质土——2.65 g/cm³,亚黏土——2.70 ~ 2.73 g/cm³,黏土——2.75 g/cm³。冻土的骨架密度平均为 0.62 ~ 2.0 g/cm³。冻土密度的变化可始于 1.0 g/cm³,具有角砾斑杂状冷生构造的富冰、饱冰土密度较低(达 2.73 g/cm³),具有整体状冷生构造的强胶结泥粉沙土和沙岩的密度较高。

骨架孔隙度是未冻土结构(据此可判断土的可压缩性)的基本物理指标之一,也就是单位体积土所有孔隙的总体积,它与这些孔隙的数量及其充填程度无关。冻土中,孔隙不仅可被未冻水、气体包体充填,而且可以被形成各种冷生构造的胶结冰和大的冰包体所充填,因此可将孔隙度划分为:冻土孔隙度(或空隙度,为不被未冻水和冰所占有的所有孔隙体积与冻土体积之比)和冻土矿物骨架孔隙度(为不被矿物骨架所占有的所有孔隙空间体积与冻土体积之比)。孔隙度常表示为孔隙体积与土固态组分体积之比,因此称为折算孔隙度或孔隙比。若在未冻土中孔隙比一般不大于 1.5 ~ 2.0,则在冻土中,尤其在富冰土中,常达到 3 ~ 3.5,并随着含冰量的增大成若干倍地增加。未冻分散性土的孔隙度一般为 20% ~ 40%,而冻土矿物骨架孔隙度可以达到 60%,甚至 90%。

冻土的可冲刷性是一个表征被冲刷能力的冻土性质,即由于流水的热过程和力学过程的同时作用而赋予流水带走团聚体和基本粒子的能力。这一冻土性质与水作用动态一起决定了土体遭受水流侵蚀的冲刷类型。冲刷冻土的过程既取决于径流的水力参数和热物理参数,也取决于冻土和正融土的性质和构造特点。

用下述指标来表征冻土的可冲刷性:

(1)不冲刷的允许水流速度 $v_н$。它是土颗粒和团聚体开始脱离并为水流牵引的平均水流速度,或是可按 $E = \dfrac{\rho g v^2}{2}$ (J/cm)式确定的水流动能,式中 g 为水的单位流量(m³/ms),ρ 为水的密度(kg/m³),v 为水流速度。

(2)冲刷强度。

(3)J 为单位时间内能被水流从单位面积的土上带走的土的体积(m³/m² · s),或者,对于平面流,它是单位时间里能被冲刷的土层(mm/s 或 m/s)。

按照热冲刷和力学冲刷因素之间的关系,可能存在三种根本不同的流程模式(图4.1):

(1)当水流的侵蚀能力大于冻土强度时(冲刷的冻结侵蚀类型)即当 $E > E_{кр}$ 时,直接冲刷冻土。

(2)融化及正融物质的瞬时冲走($E_{кр1} < E < E_{кр2}$),水流与冻结基底相接触(冲刷的极限热侵蚀类型)。

（3）提前融化被冲刷沉积物（$E_{\text{кр}1} > E > E_0$），水流与已融夹层相接触（冲刷的热侵蚀类型）。

冻土的可冲刷性与大量的相互作用、相互联系的因素有关，其中最主要的因素是土的结构连接特点、含冰量和冷生构造类型。

在多年冻土分布区经常需要跟热侵蚀类型冲刷和极限热侵蚀类型冲刷打交道。土被水流冲刷的热侵蚀类型是可冲刷性的强度指标（$K_{\text{пp}}^{\text{p}}$），它在数值上等于曲线 $J = f(E)$ 的倾角之正切，即 $\tan\alpha = K_{\text{пp}}^{\text{p}} = J/E$，（$\text{m}^2/\text{J}$）。根据这一指标按可冲刷性等级划分饱水冻结分散性土的类型（表 4.1）。

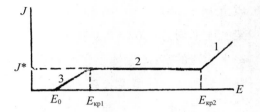

图 4.1　水温不变时冻土冲刷强度（J）与水流能量（E）之间的关系

冲刷类型：1—冻结侵蚀；
2—极限热侵蚀；3—热侵蚀

表 4.1　冻结的黏土、亚黏土和沙土按可冲刷性的分类方案

按可冲刷性划分的等级	可冲刷性的强度指标 $K_{\text{пp}}^{\text{p}} \times 10^6$（$\text{m}^2/\text{J}$）	不冲刷的允许速度 $v_{\text{н}}$（m/s）	正融土的极限抗剪强度 $R \times 10^{-5}$（Pa）	土的含冰量和冷生构造
I 微弱	0.03	1.0	0.3	小含冰量,整体状冷生构造
II 中等	0.03 ~ 0.10	0.3 ~ 1.0	0.1 ~ 0.3	中等含冰量,稀层状、大网状冷生构造
III 快速	0.10 ~ 0.30	0.1 ~ 0.3	0.03 ~ 0.1	高含冰量,中层状中网状冷生构造
IV 强烈	0.30 ~ 10.0	0.03 ~ 0.1	0.01 ~ 0.03	高含冰量,薄层状小网状冷生构造
V 灾害性	10.0	0.03	0.01	高含冰量,角砾斑杂状冷生构造

胀裂性是冻土丧失黏聚性、转变为松散物质的能力,这种松散物质在与平稳的水相互作用时部分或完全丧失承载力。冻土的胀裂是冰的融化和土膨胀时颗粒之间的连接弱化之结果。胀裂可用胀裂总时间、土分裂为矿物团聚体的时间、破坏矿物团聚体及其形状的时间、土胀裂的最终含水量来加以描述。在水的作用下不稳定的、具有发育充分的共生冷生构造的粉质亚黏土、亚沙土、黏土及具有整体状冷生构造在水中胀裂 0.1 ~ 5 h 的饱冰粉沙土和黄土状亚黏土均属于快速胀裂土。这些土的矿物团聚

体尺度一般不大于 0.5 cm。在水的作用下弱稳定的粉质亚黏土、亚沙土、黏土及具有发育充分的后生冷生构造的砾 – 卵石沉积物均属于中等胀裂土,其矿物团聚体厚度为 0.5 ~ 5.0 cm。它们的胀裂时间从几小时到头几天。具有整体状、斑状、壳状冷生构造,以后生冻土类型为主的黏土、亚黏土、沙土、砾 – 卵石土和粗碎屑土属于在水的作用下稳定的弱(缓慢)胀裂土,经几个昼夜的水的作用不会被破坏。把水温从 5 ~ 6 ℃提高到 24 ~ 25 ℃时,冻土的胀裂时间几乎平均缩短了 2/3。

细分散性富冰土(尤其是粉质土)属于在融化时具有触变性的胶体系统。在动荷载作用下,土的天然结构会遭到破坏,并发生使土的强度完全丧失的液化作用。卸载之后可观测到土逐渐地恢复到初始强度。

热膨胀 – 收缩是岩石所固有的性质。它出现在温度变化时,并可用线膨胀系数(α)和体膨胀系数(β)来描述。这两个系数分别为温度变化 1 ℃时的线性变形和体积变形。冻土的温度变形是由于土各组分(矿物和土的碎块、水、冰、空气)的温度变形、水 – 冰相变及温度变化时土的结构改造而出现的。一些岩土的线膨胀系数列于表 4.2 中。

表 4.2　岩土的线膨胀系数 α

岩　土	含水量 W(%)	系数 $\alpha \times 10^6$(1/℃)	
		$-2 \sim -5$ ℃	$-2 \sim -20$ ℃
空气		1220	
未冻水(计算数据)		18	7.5
冰		30 ~ 60	
沙	15 ~ 20	30	20
亚沙土	30 ~ 35	150	60
	20 ~ 25	230	90
	10 ~ 15	400	160
亚黏土	40 ~ 45	125	50
	20 ~ 25	380	150
	10 ~ 15	750	300
黏土	20 ~ 25	1200	
泥炭		60 ~ 350	
花岗岩		8	
玄武岩		5.4	
石灰岩		8	
沙岩		10	
页岩		9	

但根据冻土各组分相变时温度变形算术和的 α 值计算法得到的结果与实际资料相比是过低的,尤其对细分散性土而言。这说明了冻土的结构改造在温度膨胀 – 收缩中起很大作用（Ершов、Данилов、Чеверев,1987）。温度膨胀 – 收缩变形随分散性的增大而增大。在亚沙土、亚黏土、黏土和泥炭中,它们随含水量和饱冰度的减小而增大,这是因为自由孔隙率增大,结构改造的作用增大。在温度变形主要取决于矿物组分和冰的变形的沙土中,情况正相反,总的来说,当含水量增加时,α 值较大。并且,正如著作中（Ершов、Данилов、Чеверев,1987）曾指出的那样,具有天然冷生构造的冻土的温度膨胀 – 收缩不同于人工制备试样土的膨胀 – 收缩,在各个温度段,性质上都存在差异。

土的抗冻性是由岩石承受与融化交替的多次冻结而不被破坏的能力所决定的。抗冻性可用土的冻结和融化循环次数及其相应的强度损失来加以评价。实验一般进行到 25 次冻结 – 融化循环,而在特殊研究中,可增加到 50~200 次循环。一般在 20~30 次冻融循环后,像安山岩、玄武岩、闪长岩等岩石的强度将下降 1/2~2/3。在建筑业中,使材料损失 25% 的起始强度和 5% 的质量的冻结 – 融化（加热 – 冷却）循环次数被称为抗冻性标号。还可使用抗冻性系数（K_{M}）,它为试样冻结后的极限压缩强度与干试样的极限压缩强度之比。

土的抗冻性与造岩矿物的热物理性质和强度性质、颗粒之间的连接强度、土的湿润性、结构 – 构造特点和被改变程度等有关。具有刚性结晶连接、由温度膨胀系数相接近的坚硬矿物组成的细粒岩浆岩和致密变质岩（例如石英岩、玄武岩等）具有高抗冻性。含小硬度矿物（云母、长石、绿泥石等）的岩石具有低抗冻性。此时岩石的含水量起一定的作用。当长期饱水后在 –50 ℃ 温度下冻结时,以角砾云母杆榄岩为例,其强度平均减小 4/5~7/8 倍。

土的冻胀性指冻结时和冻结状态中,由于水分冻结、水分迁移和聚冰作用,土本身体积增大而变形的能力。决定土的冻胀变形和冻胀性质的主要特征值有:总冻胀变形量和相对冻胀变形量、冻胀模量、冻胀速度和冻胀不均匀性系数。**总冻胀变形量**指正冻土表面相对自身起始位置的位移高度,而**相对冻胀变形量**指总冻胀变形量与土正冻层厚度之比。冻胀基本层的相对变形常称为冻胀强度。**冻胀模量**指厚 1 m 的已冻土层的变形量。**冻胀速度**等于土层冻胀量与冻结时间之比值。冻胀不均匀性可用**冻胀不均匀性系数**来评价,它等于两个相邻点的总冻胀变形量的差与这两点的间距之比。

但应该要考虑的是,由块状冻胀、分凝聚冰作用和收缩引起的变形不仅取决于土的成分和组构,也取决于外部冻结条件,即冻结速度、温度梯度、水流的存在与否等。当土的成分和组构相同时,由于外部条件的不同可以观测到不同的冻胀量和冻胀性质。因此,为了评价不同分散性、化学 – 矿物成分和组构的土的冻胀性质,需要相同的外部冻结条件(对冻胀过程的发育最为有利的外部冻结条件)。这种条件是自由水流条件下的大温度梯度(2~3 ℃/cm)和不大的冻结速度((1~2)×10⁻²cm/h)),此时,外部水源离土的冷却面 10~12 cm。

分散性对土的冻胀性质的影响首先显示在水分迁移和块状冻胀过程中的差异性。总的来说,土的相对冻胀变形量随分散性的减小而减小:黏土为 0.5~0.8,亚黏土为 0.1~0.5,亚沙土为 0.02~0.1,而沙土和粗碎屑土为 0.02。单矿物高岭土的相对冻胀变形量为 0.7~0.8,而蒙脱土为 0.1~0.5。土的冻胀性质还与土的起始含水量、密度、孔隙充填度、盐渍度、泥炭化程度以及其他物理化学特性有关。

§4.2　冻土的热量和物质交换性质

冻土的热学性质与土的成分、组构和状态、成因特点及热力条件有关。为进行总的比较,在表 4.3 中列入了水、冰、空气、雪以及许多岩石和分散性土典型的导热系数(λ)和单位体积热容量(C_p)及其值的变化范围。

表 4.3　岩土的热性质

名　称	导热系数 λ (W/m·K)	单位体积热容量 C_p (kJ/m³·K)
+4 ℃水	0.54	4180
冰	2.22~2.35	1930
0 ℃空气	0.024	1.26
雪:疏松的	0.1	210
密实的	0.3~0.4	420~630
花岗岩	2.3~4.1	1680~1810
辉长岩	1.74~2.91	2120~2240
玄武岩	1.4~2.8	2270~2770
石英岩	2.9~6.4	1780~1990
页岩	1.74~2.33	1850~1920
沙岩	0.7~5.8	1130~2250
石灰岩	0.8~4.1	1010~2010
白云岩	1.1~5.2	1810~2840

续表 4.3

名　称	导热系数 λ （W/m·K）	单位体积热容量 C_p （kJ/m³·K）
粗碎屑土:风干	0.23 ~ 0.35	1000 ~ 1900
饱水、融化	1.1 ~ 2.1	2300 ~ 3200
饱水、冻结	1.4 ~ 3.1	1800 ~ 2300
沙土:风干	0.3 ~ 0.35	1200 ~ 1300
饱水、融化	1.7 ~ 2.6	1800 ~ 3200
饱水、冻结	1.5 ~ 3.0	1700 ~ 2200
黄土状亚黏土:风干	0.19 ~ 0.22	1200 ~ 1500
饱水、融化	0.6 ~ 1.0	3000 ~ 3500
饱水、冻结	1.2 ~ 1.4	2000 ~ 2200
黏土:风干	0.8 ~ 1.0	1400 ~ 2200
饱水、融化	1.2 ~ 1.4	2800 ~ 3300
饱水、冻结	1.4 ~ 1.8	2000 ~ 2500
泥炭:风干	0.012 ~ 0.14	100 ~ 150
饱水、融化	0.7 ~ 0.9	2400 ~ 3600
饱水、冻结	1.1 ~ 1.2	1600 ~ 2700

　　在可变温度场和压力场中,当土中水的相成分及土的组构改变时(这在分散性土中是有代表性的),热学性质也发生变化,热学性质不仅表现出与温度的绝对值有重要的关系,也表现出与温度变化(加热或冷却、融化或冻结)进程有重要关系。例如,沙质黏土的导热系数在正温域呈线性变化(图 4.2)。在水→冰的强烈相变域(图 4.2 Ⅰ 区段),当土的温度下降和含冰量增加时,导热系数急剧增大,这是因为冰的导热系数比水的导热系数大 3 倍。然后冻土一直冷却到 −15 ℃ 以下(图 4.2 Ⅱ 区段),使得导热系数显著地减小 30% ~ 40%,这是因为结晶应力和热力学应力增大,使土产生很多微裂隙。当温度反向变化进程时(融化状态),导热系数变化曲线与冻结进程中所得到的曲线不相吻合。换言之,在细分散性土冻 − 融循环中清晰地观测到 $\lambda = t(t)$ 关系式的滞后回线,这是因为这种土冻结和融化时的结构 − 构造改造过程是不可逆的。

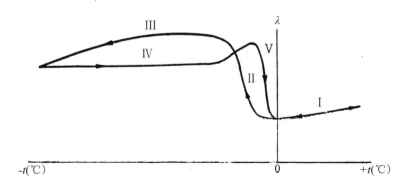

图 4.2 分散性土的导热系数与温度之间的典型关系曲线

通过实验研究了岩石和矿物的**热容量**(C_p)。分散性土各组分(矿物骨架、冰、水和气体)的单位热容量在狭窄的范围内变化: $C_{骨架}$ = 0.71 ~ 0.88 kJ/(kg·K), $C_{冰}$ = 2.09 kJ/(kg·K), $C_{水}$ = 4.19 kJ/(kg·K), $C_{气}$ = 1.02 kJ/(kg·K), $C_{泥炭}$ = 0.8 ~ 2.1 $kJ/(kg·K)$ 。分散性土的热容量是可相加量,是土各组分的单位热容量与其重量的乘积之和。因此,分散性土各组分的热容量值是不一样的,总的来说,土的热容量与其成分、组构、含水量、密度和冻结状态温度有较密切的关系。在确定相变区土的热容量时必须考虑消耗在冰的融化(结晶)上的热量。这种情况下的热容量为有效热容量 $C_{эф}$ 。

用**导温系数** a (m^2/s)作为土中温度场惯性的特征值。它可用 $a = \lambda/C_p$ 来予以估算,也可以用决定导热系数和热容量的那些因素来加以确定。

土的导热性质的形成取决于土的成因和年代。现在我们从按刚性连接和非刚性连接这两类结构连接细分土的观点出发来分析土的成因特点(Cepreв,1968)。

具有**刚性连接的土**即岩石可划分为三个基本组:岩浆岩、变质岩和沉积胶结岩。

岩浆岩实验资料的比较分析结果表明,侵入岩的导热系数按纯橄榄岩—辉长正长岩—闪长岩—花岗岩的序列从 2 W/(m·K)增大到 5 W/(m·K),即从基性岩向酸性岩增大,这可用 SiO_2 含量的数值差来说明: SiO_2 含量越大,导热系数就越大。还应指出,侵入岩形成的成因条件(例如熔岩的冷却速度)也重要地影响它们的导热性。例如,当花岗岩颗粒的粒径从细粒增大到粗粒时,花岗岩的 λ 从 2.4 W/(m·K)增加到 3.1 W/(m·K)。喷出岩的导热系数也与其化学-矿物成分和结晶程度有关,根据实验资料,导热系数在 2.0 ~ 3.6 W/(m·K)的范围内变化。随着 SiO_2 数值的增加,喷出岩的导热系数按斑岩—安山岩—粗面岩—玄武岩的顺序增大。

变质岩组导热系数的分析结果表明,该组 λ 的变化范围很大,可从 0.8 W/(m·K)到 7.4 W/(m·K)。从页岩变到片麻岩和石英岩时 λ 增大,这是因为在这一序列中片理逐渐消失了。

粗碎屑胶结岩和细碎屑胶结岩(砾岩、细砾岩和沙岩)的导热系数为 1.5~4.5 W/(m·K)。这种岩石的导热系数变化范围由碎屑和胶结物的导热系数及其尺度和岩石年代决定。例如中等粒度的侏罗系沙岩的导热系数从 J_3 的 0.8 W/(m·K)增加到 J_2 的 1.0 W/(m·K)和 J_1 的 1.6 W/(m·K),这表明从上侏罗系沉积物到下侏罗系沉积物,岩石的孔隙度和密度减小了。以粉沙岩和泥岩为代表的未冻结粉质和黏土质胶结岩的导热系数平均要比粗、细碎屑岩低,从 0.8 W/(m·K)变到 2.2 W/(m·K)。化学和生物化学岩(例如海洋成因的硅质岩——硅藻岩和硅藻土),总的来说,导热系数最小,为 0.8~1.7 W/(m·K),而作为单矿物岩的白云岩和硬石膏的导热系数最大,分别为 7.2~11.9 W/(m·K)和 3.7~5.8 W/(m·K)。

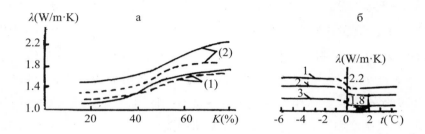

图 4.3　粗碎屑土的导热系数与碎石含量(a)和温度(б)之间的关系曲线

(1)—天然含水量为 12%~14%;(2)—饱和容水量为 28%;1—碎石含量为 75%;2—碎石含量为 35%;

3—碎石含量为 0;虚线—融化状态;实线—冻结状态

作为多组分和多相分散性系统的**粗碎屑土的导热性**变化范围很大。现在以丘利曼盆地残积—坡积物为例来研究粗碎屑土导热系数随基本因素变化的规律性。丘利曼盆地的粗碎屑部分主要由沙岩(成分为中等颗粒的石英和长石)组成。图 4.3 所示的是冻结和融化的粗碎屑土导热系数与碎石的百分含量(K)和 W_{MMB} 和 $W_{\text{пв}}$ 条件下细粒充填物的含水量之间的关系曲线。正如从实验数据所见到的那样,当土中粗碎屑的相对含量增加时(与细粒相比较),导热系数也增加,因为粗碎屑的导热系数要高于细粒充填物。并且,粗碎屑土的含水量较大时,其冻结状态的导热系数要大于融化状态的导热系数。在 -1~-10℃ 的温度范围内,含沙充填物的粗碎屑土的导热系数几乎不变化,因为水分的主相变主要发生于 0~-1℃ 的温度范围。相反地,含亚沙土和亚黏土类型充填物的土的导热系数在从较高负温转变为较低负温时有较大的增加。在温度为 0~-5℃ 时,λ 的增加最大,平均可达 25%~30%(图 4.3)。在 -5~-10℃ 温度范围内,土的导热系数与充填物类型无关,可认为是常数,这是因为水的相成分没有改变。在 0~25℃ 的正温范围内,粗碎屑土的导热系数增加不大。冻结粗碎屑土的冷生组构也较大地影响着导热系数。例如,在含亚沙土充填物的土中胶结冰从接触型变为混合型(孔隙型和基底型)时,导热系数增加50%,而在含亚黏土充填物的土中增加90%。在冷生构造从整体状转变为条纹状时,粗碎屑土的导热系数增加15%~20%。这种规律性可以用土中接触质量优化、数量减小来加以说明,这与充填物的冰包体变大、矿物骨架被压密、碎屑接触处出现冰壳等有关(Ершов 等,1987)。

分散性土的导热系数在其他条件相同时随下述序列中分散性的增大而减小(图4.4):粗碎屑土—沙质土—亚沙土—黄土状土—亚黏土—黏土—泥炭。分散性增大时,接触热阻力数值增大,并伴随着亲水性的加强和超微孔隙度的增加,从而提高了导热系数小于冰的液相水的相对含量。这种规律性通常在-20~20℃的整个温度范围内(包括水分强烈相变区)都可观测到,并且对于各种含水量的分散性土都是正确的。

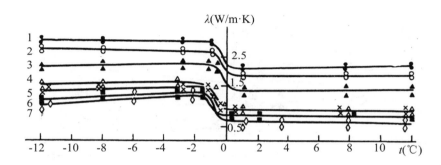

图4.4　各种分散性土的导热系数与温度之间的关系曲线

1—粗碎屑含碎石土含有亚沙土充填物;2—细沙;3—轻细亚沙土;

4—黄土状亚黏土;5—中亚黏土;6—黏土;7—已完全分解的泥炭

分散性土的矿物成分通过各组分的导热系数和间接地通过相成分的变化而影响其导热系数。

例如由图4.5a可见,石英成分和蛭石成分的亚沙土的 λ 值在 -15~15 ℃的温度范围内几乎相差1倍,这可用石英(约5 W/(m·K))和蛭石(约2.5 W/(m·K))的导热系数之差异来加以说明。土中的有机物含量也属于矿物成分因素,有机物的导热系数较小(泥炭粒子的导热系数为 0.46 W/(m·K))。因此,泥炭化程度加大时,土的导热系数就会较大地减小(图4.5б)。

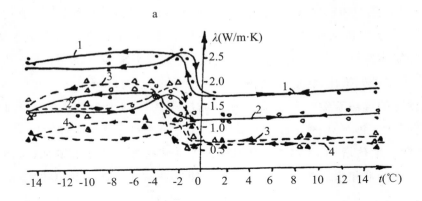

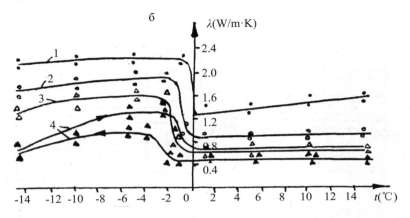

图 4.5　导热系数与温度的关系曲线

a—各种矿物成分的饱水土:1—石英重亚沙土;2—蛭石重亚沙土;3—蒙脱土;4—高岭土。

6—不同泥炭化程度(q)的沙土和泥炭:1— 沙,$W = 18.6$,$n = 0.94$,$\rho_d = 1.6$ g/cm^3;2—沙,

$W = 66.5$,$n = 0.80$,$\rho_d = 0.81$ g/cm^3,$q = 0.25$;3— 沙,$W = 78.3$,$n = 0.80$,$\rho_d = 0.67$ g/cm^3,

$q = 0.40$;4— 泥炭,$W = 116.5$,$n = 0.80$,$\rho_d = 0.57$ g/cm^3

　　影响土的导热性的最重要因素之一是孔隙溶液中存在易溶盐离子。正如实验研究结果所表明的那样,不同盐渍类型(氯化物、碳酸盐、硫酸盐、硝酸盐)土导热特征值 λ 和 α 随粒度成分、矿物成分、孔隙充水率、密度等因素的变化规律性与非盐渍土大致相同。例如,为 NaCl 所盐渍的土的导热系数相继增加的分散性序列为:黏土—亚黏土—亚沙土—沙。冻土的 λ 和 α 系数值随盐渍度(孔隙溶液浓度)的增大而较大地减小,这首先是因为水的相成分的变化,使导热性差的组分——未冻水——所占的比率相应地增大(相对于导热性较好的冰)。在融化状态,盐渍度没有表现出对 λ 的影响,因为孔隙溶液浓度增大不会引起该组分导热性的显著变化。可用下述因素来说明导

热性变化的这一特点:当土的盐渍度较高时,观测到融土和冻土的 λ 和 α 值是相接近的,例如,为 NaCl 盐渍的黏土试样在 $z > 1.5\%$ 时的情况就是如此(图 4.6)。不仅定性而且还定量地影响土的导热性变化规律性的重要因素是土的结构改造,结构改造决定着诸如黏土粒级会改变粒子接触处热阻的凝结这样的物理化学过程。这种效应发生于为 NaCl 和 CaCl₂ 等氯化物所盐渍的高盐渍度土中。大浓度(2~3 标准溶液)和低负温时,由于盐分结晶和孔隙溶液的共晶冻结,导热系数可能有一些提高。可溶盐类型之影响的研究结果表明,当其他条件相同时,λ 和 α 值按 Na₂SO₄—Na₂CO₃—NaCl 的序列减小(图 4.6)。这在很大程度上是由盐渍土中水的相成分变化规律性决定的。阳离子的类型和化合价也影响导热性。例如,当孔隙溶液浓度相同时,为 CaCl₂ 盐渍的亚黏土试样的 λ 要比为 NaCl 盐渍的试样高 $10\% \sim 15\%$,这可用未冻水含量的相应差异和钙离子对土的黏土粒级的团聚作用来加以说明。

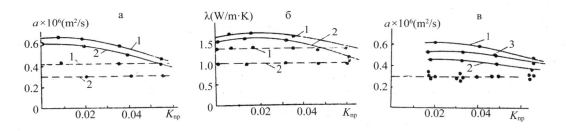

图 4.6　导温系数 α 和导热系数 λ 与孔隙溶液浓度之间的关系曲线

а、б—亚黏土;в—黏土;1—为 Na₂CO₃ 盐渍;2—为 NaCl 盐渍;

3—为 Na₂SO₄ 盐渍;实线—冻结土;虚线—融土

土的密度和饱水度(含水量)对土的导热性有着重要影响。土被压密时,导热系数通常是增大的,因为造岩矿物的导热性一般高于水和冰的导热性,并且热接触质量也有所改善。土湿润时,其导热系数有较大的增加,因为低导热性的空气(0.023 W/(m·K))被较高导热性的液体(0.57 W/(m·K))或冰(2.29 W/(m·K))所取代。图 4.7 所示的是不同密度的沙和亚黏土在融化和冻结状态的导热系数与含水量之间的关系曲线。不同矿物成分的干分散性土的导热系数值为 $\lambda = 0.3 \sim 0.5$ W/(m·K)。不同密度和分散性的土的 $\lambda(W)$ 曲线随水的饱和度不同而不同。土的导热系数不同于热容量,它不是可相加量,并且较大地依赖于土的组构因素,即土的结构、构造和组织。

土的组织是指土粒的堆积密度和颗粒间的接触质量。破坏土的天然组织,就会使导热系数下降($10\% \sim 30\%$),这是因为老的接触被破坏,又形成了质量和数量都不同的新的接触。当含水量和密度值相接近时,观测到具有整体状冷生构造的黏土的导热系数要大于条纹状冷生构造的黏土。此时应考虑条纹状冷生构造土热学性质的各向异性,即热流顺着冰条纹方向时的 λ 值要比垂直冰条纹方向时的 λ 值高 20% ~ 30% 。

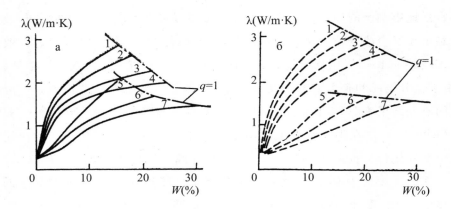

图 4.7　不同密度的土在融化(a)和冻结(б)状态的导热系数与含水量之间的关系曲线

沙:1—1.9 g/cm³;2—1.8 g/cm³;3—1.7 g/cm³;4—1.6 g/cm³。

亚沙土:5—1.98 g/cm³;6—1.7 g/cm³;7—1.5 g/cm³。

q —孔隙的充水度

胶结冰的类型较大地影响着冻土导热系数。例如,基底类型胶结冰的黄土状亚黏土试样的导热系数(在 W = 36% 和 ρ_d = 1.8 g/cm³ 时, λ = 1.82 W/(m·K))要高于接触类型胶结冰试样(在 W = 16% 和 ρ_d = 1.6 g/cm³ 时, λ = 0.92 W/(m·K))。前者的冰占据所有的孔隙空间,并与土粒整个表面相接触,而后者的冰仅占据粒间的接合处。

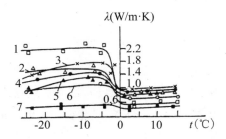

图 4.8　不同成因和年代的天然组织土的导热系数与温度之间的关系曲线

1—粉质轻亚沙土(mⅢ₃₋₄), ρ_d = 1.6 g/cm³, W = 19.1% ;2—粉质中亚黏土(gⅣ), ρ_d = 1.5 g/cm³, W = 29.0% ;3—轻细亚沙土(gⅢ₃), ρ_d = 1.64 g/cm³, W = 18.3% ;4—粉质轻亚黏土(mⅣ), ρ_d = 1.62 g/cm³, W = 16.8% ;5—黏土(e-dⅢ), ρ_d = 1.32 g/cm³, W = 30.7% ;6—黏土(mⅢ), ρ_d = 1.41 g/cm³, W = 21.6% ;7—黏土(mⅢ₂₋₃), ρ_d = 1.45 g/cm³, W = 13.0% ;

细分散性沙质亚黏土导热性(图 4.8)与岩石和粗碎屑土一样,取决于通过成分和组构的特点表现出来的土形成和发育的成因条件,这是在地质历史中存在的。

土的水分交换特征值包括:水的热力势(μ_w)、微分容水量(C_w)和导水系数(λ_w)、扩散系数(K_w)。在《冻土学原理》第一册(1995)中相当全面地研究了头两个特征值及其与土的含水量、成分、组构、外部热力条件之间的关系 $\lambda_w = K_w C_w$。正是在第一册中指出了 λ_w、K_w 和 C_w 彼此之间的关系,这就能够进一步研究并在实践活动中运用水和水汽的扩散系数(K_w、K_n),只要在研究过程中不改变土的微分容水量(C_w、C_n)就可以了。

土的水分迁移系数与土的含水量、密度、粒度成分、化学 – 矿物成分以及组构和温度有关。粒度成分的影响表现在从细分散性土到粗分散性土的水分迁移系数的增大之上(图4.9)。例如,存在弱结合毛细管水的饱水沙土的水分迁移系数一般要大于亚黏土99倍以上。在这种亚黏土中 K_w 要比亚沙土的小(相同孔隙度和含水量条件下),这是因为细分散性土具有较大的超微孔隙度和矿物颗粒单位有效表面积,并且导水孔隙总的来说也比较小。当分散性土的含水量低时,这使得黏性土中同样数量的薄膜水(图4.10曲线5区段Ⅰ)的结合能较大,因而很少移动。在大含水量条件下,当土中的水分迁移机制以毛细管迁移为主时(区段Ⅲ),结合能和孔隙水的迁移率与作用的充水毛细管半径的平方成正比。

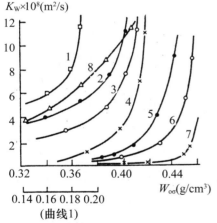

图 4.9　不同粒度和矿物成分土的水分扩散
系数(K_w)与含水量之间的关系曲线

1～4—分别为孔隙度 n =33% ～38%的中粒沙、

n =42%的亚沙土、亚黏土和黏土;5～7—分

别为 n =46%的高岭土、水云母土、蒙脱土;

8—泥炭,ρ =0.075 g/cm³

(分解度25%,矿化度3%)

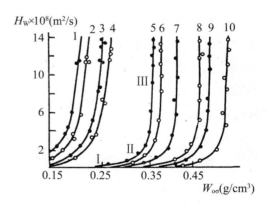

图 4.10　不同粒度成分和密度的土的水分
扩散系数与含水量之间的关系曲线

1～4—ρ 分别为1.98、1.93、1.82、1.77 g/cm³
的亚沙土;5～10—ρ 分别为1.69、1.65、1.55、

1.41、1.35、1.25 g/cm³ 的黏土

土的导水系数与矿物成分和泥炭化程度有关。例如,含水量 $W_{06} = 0.46$ g/cm³ 时的蒙脱土的扩散系数几乎比水云母－蒙脱土小 9/10,比高岭土小 14/15。在比较高岭土和蒙脱土时,由土的矿物成分决定的水分迁移系数的显著差异与下述原因有关:蒙脱石与高岭石不同,晶格易发生位移,并且层间结合不牢固。因此,蒙脱土的有效表面积要比高岭土大 1 个数量级,并且,超微孔隙量也较大(Сергеев 等,1971)。由于蒙脱土孔隙中存在水分,结合能较大,相应地迁移率就低,这就减小了水分迁移系数。可按图 4.9 来评价泥炭化的影响。图 4.9 表示泥炭和矿物土的水分扩散系数与含水量之间关系的实验数据。应看到:泥炭的水分扩散系数比起矿物土(在含水量相同时)来是相当高的,相当于亚沙土的水分扩散系数。但泥炭的分解度、成分和矿化度各异,这自然也会影响水分迁移系数。

交换阳离子、吸收容量及与它们有关的离子交换过程也影响黏性土的导水性。在多价阳离子置换单价阳离子时,土孔隙中水分子的结合能级总的来说是增大的(Сергеев 等,1971)。这使得结合水数量增加,并像冻结实验所表明的那样,向冻结锋面迁移的水流密度减小。此时,K_w 和 I_w 的减小大大改变了土中析冰作用的特点。不同交换阳离子对水分扩散系数的影响是不同的。这与土的矿物成分有关,并按高岭土—水云母土—膨润土的顺序增大。

于是,随着分散性土中粉黏粒、泥炭以及蒙脱石组矿物含量的增大,水势和水分迁移系数要减小 1~2 个数量级。

未冻土和融土的结构－构造特点物理特征值像成分那样地决定着水势、微分容水量和水分迁移系数。在这种情况下分散性土的孔隙空间结构和总孔隙度、含水量、密度、温度、构造等就具有特殊意义。例如,土的结构对导水性的影响主要通过孔隙空间参数以及通过微结构和微构造的特殊性表现出来。自然组织的亚沙土－亚黏土的水分迁移系数要比结构被破坏的亚黏土高 1 个数量级。这说明在已形成的结构土中存在大孔隙和大空隙,当含水量很大时,它们是高效的运输主干线。土的构造特点对其导水系数和扩散系数的影响特别清晰地表现在有粗、细物质的岩性层理时。用实验证明了:当水垂直层理(例如沙和黏土互层)流动时,土的总导水系数一般低于最弱导水层的导水系数。根据实验结果,此时水流密度要减小 2/3 以上。在一般情况下,垂直于层理的沉积物导水系数与各互层土的均匀性程度有关。

土的孔隙度也属于土的组构因素。当含水量不变时,土在压密时的孔隙度减小将导致水势和相应的水分迁移系数增大(图 4.10)。此时水的结合能的减小或水势的增大与孔隙空间结构和土压密时的水分重分布有关。这种情况下总孔隙度的减小是在小孔隙发生不大的变形时压缩较大孔隙(作为不太牢固的孔隙)的结果。这使大孔隙中的薄膜水部分转变为毛细管水,并增大了毛细管的最大充水半径,表现在(当其他条件相同时)被压密土扩散系数增大。实验结果表明(图4.10),不同密度的$K_W(W_{o6})$曲线是相类似的,并沿横坐标轴与密度(ρ_d)变化发生相对位移。利用这一规律,根据实验中绘制的一条"基准"$K_W(W_{o6})$曲线就能相当简单地计算同一类型土的不同密度的$K_W(W_{o6},\rho_d)$关系式(Ершов、Чеверев,1974)。

上述土的水分迁移系数的变化规律性之研究是在约25℃温度时进行的。专门研究结果曾表明(Ершов,1979),当土的含水量接近于饱和容水量且水分迁移的主要部分有赖于毛细管机制时,就可以假设水流密度与温度之间及水分迁移系数与温度之间成正比关系。在实验精度范围内,这种假设与0~25℃温度段的实验结果是一致的(图4.11)。此外,已查明(图4.11)温度对水分迁移率的影响随土分散性的增大而减小。例如,当温度上升10℃时,亚沙土的K_W增大15%,亚黏土增大10%,黏土仅增大5%。这是因为黏性土中同样数量的孔隙水处在比亚沙土大得多的矿物颗粒表面能量作用下,所以受温度的影响程度不大。

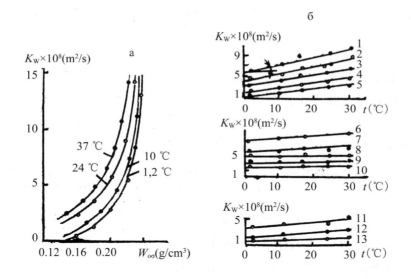

图4.11　土中水分扩散系数K_W与不同温度时的含水量(a,亚沙土)
和不同含水量时的温度(6)之间的关系曲线
亚沙土:1—$W_{o6}=22\%$,2—$W_{o6}=21\%$,3—$W_{o6}=20\%$,4—$W_{o6}=18\%$,5—$W_{o6}=16\%$;
黏土:6—$W_{o6}=45\%$,7—$W_{o6}=44\%$,8—$W_{o6}=43\%$,9—$W_{o6}=42\%$,10—$W_{o6}=41\%$;
亚黏土:11—$W_{o6}=35\%$,12—$W_{o6}=33\%$,13—$W_{o6}=31\%$

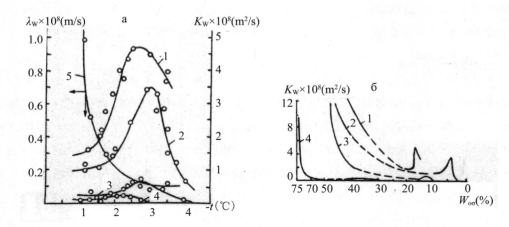

图 4.12　冻土扩散系数(K_W,曲线 1—4)和导水系数(λ_W,曲线 5)

与温度(a)和含水量(6)之间的关系曲线

1—亚黏土;2、5—高岭土;3—多矿物土;4—蒙脱土(虚线—土的冻结区)

　　温度对冻土导水性的影响具有重要意义,因为温度决定冻土中的未冻水含量、水膜和充水毛细管的厚度,以及液相的迁移率。图 4.126 是用实验方法得到的水分扩散系数与不同粒度和矿物成分的土的体积含水量之间的关系曲线。位于最大含水量范围的曲线左边部分为正温(10~20 ℃),即未冻饱水土。右边部分是在负温下得到的,即对多孔隙的冰和未冻水充填率等于 1 的冻土得到的。按照 $K_W(W_{o6})$ 曲线的光滑性可认为土冻结时 K_W 在逐渐减小。这可统一用融土和冻土中水分迁移的薄膜机制来加以说明。看来,冻土 $K_W(W)$ 曲线的极值特征与冻土在温度梯度和未冻水迁移影响下的分凝析冰作用特点有关(Ершов、Данилов、Чеверев,1987)。未冻水扩散系数的最大值(极值)限于 $-2 \sim -3$ ℃ 的温度内(图 4.12)。正是在这一温度范围的实验中,冻土中的未冻水流急剧减少,形成微冰条纹并随后逐渐转变为连续冰夹层。正是在该图上(图 4.12a 曲线 5)给出了高岭土的 $\lambda_W(-t)$ 关系曲线。从曲线上可以看到,冻土的导水系数值要比同样的总含水量和密度的未冻黏土的 λ_M 平均值低 1~2 个数量级。这是因为负温下大量的水结晶了,水的迁移率降低了。温度从 -1 ℃ 下降到 -2.5 ℃ 时,导水系数从 1×10^{-12} m/s 降到 0.1×10^{-12} m/s,而在 -2.5 ℃ 温度以下,导水系数变化不大,这与高岭土未冻水含量在这一温度范围内的变化不大有关。

图 4.13 所示的是一些地质成因类型天然结构未冻土的 $K_W(W)$ 关系的研究结果。例如冰海沉积亚沙土（gmⅡ）的特点是：水分扩散系数值要比冲积亚沙土（aⅢ₂）大 2~4 倍。这是因为冰海沉积物与冲积类型土的成因条件不同而具有较大的密度和较小的孔隙度。第四纪冰海沉积亚黏土（gmⅢ）较大的密度是这种沉积物的水分扩散系数要比侏罗系的（mJ₃）大 1~2 数量级的重要因素之一。上述土的 K_W 系数的差异在多数情况下取决于它们不同的含盐量。所研究的海洋沉积物（mP₂kV）的 K_W 值要比冲积物（aN·Q₁）小 4/5~9/10。这是因为早第三纪的海成黏土与晚第三纪—第四纪的冲积物的区别在于前者的盐渍度大和 <0.005mm 粒级的含量大 10%。

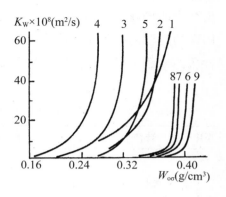

图 4.13 不同地质成因类型土的水分扩散系数（K_W）与含水量之间的关系

1—粉质轻亚沙土（aⅣ）;2—重亚沙土（aⅢ₂）;3—粉质重亚沙土（gmⅡ）;4—粉质中亚黏土（gmⅡ）;5—粉质轻亚黏土（aⅢ₁）;6—粉质黏土（aNⅠ）;7—中亚黏土（mⅠ₃）;8—粉质重亚黏土（dⅢ）;9—粉质黏土（mP₂kV）

融土和冻土中水汽的扩散系数 $K_п$（m²/s）首先与开敞的穿通的孔隙度有关，并能够用空气中的水汽扩散系数来表示,对融土可表示为：

$$K_п = \alpha(n - W_{o6})K_0 \qquad (4.1)$$

对于冻土可表示为：

$$K_п = \alpha[n - (W_{нз} + 1.1W_л + n_з)]K_0\left(\frac{1}{T_0}\right)^2 \qquad (4.2)$$

式中 α 为土中水汽扩散路径曲折度的修正值;($n - W_{o6}$) 为土的无水孔隙度,$W_{нз}$ 和 $W_л$ 为分别为土单位体积的未冻水含量和含冰量,$n_з$ 为对水汽封闭的孔隙度,T_0 为冰的融化温度（273 K）,T 为土温（K）。根据 А. Ф. Лебедев 和 И. В. Чураев 的实验研究结果,只有在存在大的输气孔隙、空隙和裂隙等时,在不大的相当于土的最大定向吸湿含水量的条件下,水汽迁移率才是显著的。此时 −3~−5 ℃温度下的水汽扩散系数在 $(0.04~0.1) \times 10^{-4}$ m²/s（各种粒度的沙土）~$(0.01~0.03) \times 10^{-4}$ m²/s（黏性土）之间变化。

§4.3 冻土的力学性质

冻土按团聚状况可归于固体。冻土中冰和未冻水的存在使冻土清晰地表现出流变性。在外部作用下冻土中发生的物理力学过程已在本专著第一册予以研究。冻土中的基本物理力学过程是：可逆变形或弹性变形（由相对瞬时部分和弹性后效部分组成)、黏塑性变形和破坏。为描述这些过程的特征并预报长期变形和长期强度,需要知道冻土的物理力学特征值。可将这些特征值划分为两组:Ⅰ——测定时可不考虑时间因素的变形性质和强度性质的参数;Ⅱ——测定时要考虑流变过程的变形性质和强度性质的参数。第一组性质的基本参数及其相互关系列于表4.4,第二组列于表4.5。

表4.4　测定时可不考虑时间因素的冻土变形和强度性质的特征值

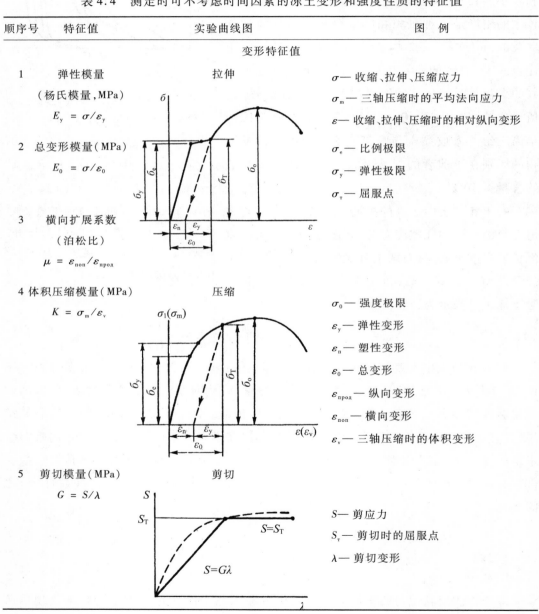

顺序号	特征值	实验曲线图	图　例
		变形特征值	
1	弹性模量 (杨氏模量,MPa) $E_y = \sigma/\varepsilon_y$	拉伸	σ— 收缩、拉伸、压缩应力 σ_m— 三轴压缩时的平均法向应力 ε— 收缩、拉伸、压缩时的相对纵向变形
2	总变形模量(MPa) $E_0 = \sigma/\varepsilon_0$		σ_e— 比例极限 σ_y— 弹性极限
3	横向扩展系数 (泊松比) $\mu = \varepsilon_{non}/\varepsilon_{прод}$		σ_τ— 屈服点
4	体积压缩模量(MPa) $K = \sigma_m/\varepsilon_v$	压缩	σ_0— 强度极限 ε_y— 弹性变形 $\varepsilon_п$— 塑性变形 ε_0— 总变形 $\varepsilon_{прод}$— 纵向变形 ε_{non}— 横向变形 ε_v— 三轴压缩时的体积变形
5	剪切模量(MPa) $G = S/\lambda$	剪切	S— 剪应力 S_τ— 剪切时的屈服点 λ— 剪切变形

续表4.4

顺序号	特征值	实验曲线图	图　例

变形特征值

6　　冻土压缩

　　系数（MPa^{-1}）

　　$a = \Delta\varepsilon / \Delta\sigma$

冻土的压缩

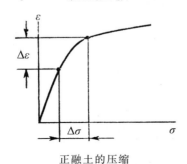

7　　融化系数

　　$A_{\text{от}} = \varepsilon_{\text{от}}$

正融土的压缩

$\varepsilon_{\text{от}}$—— 土无荷载融化时的相对变形

8　　已融土压缩

　　系数（MPa^{-1}）

　　$a_{\text{от}} = \Delta\varepsilon_{\text{от}} / \Delta\sigma$

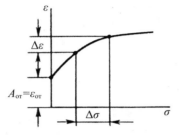

变形特征值之间的关系

$$E = \frac{9KG}{3K + G} = 3K(1 - 2\mu) \qquad G = \frac{E}{2(1 + \mu)} = \frac{9K - E}{3KE}$$

$$\mu = \frac{E}{2G} - f = \frac{3K - E}{\sigma K} \qquad K = \frac{E}{3(1 - 2\mu)} = \frac{EG}{3(3G - E)}$$

$$a = \beta / E_0 \qquad\qquad \beta = \left(1 - \frac{2\mu^2}{1 - \mu}\right)$$

强度特征值

1　　内聚力 C（MPa）

2　　内摩擦角 φ（°）

3　　极限强度值（MPa）

　　$\sigma_e \, , \sigma_\tau \, , S_\tau \, , \sigma_0$

$$S = C + \sigma\tan\varphi$$

表 4.5　　测定时考虑时间因素的土的变形和强度性质特征值

顺序号	特征值	实验曲线图	图　例
1	黏滞系数(kg·f/cm^2)： 什维多夫黏滞系数 $\eta_\mathrm{m} = \dfrac{\sigma - \sigma_y}{\dot\varepsilon}$ 宾加莫夫黏滞系数 $\eta_6 = \dfrac{\sigma - \sigma_\tau}{\dot\varepsilon}$	衰减蠕变	$\dot\varepsilon = \dfrac{\mathrm{d}\varepsilon}{\mathrm{d}\tau}$ — 变形速度 σ_y — 弹性极限 σ_τ — 屈服点 σ_τ — 长期强度
2	松弛时间(s) $\tau_r = \eta_6 / G$		G — 剪切模量
1	相对瞬时变形 ε'_0	非衰减蠕变	非衰减蠕变阶段
2	衰减蠕变的长期极限变形 ε'_∞		
3	稳定蠕变开始时的变形 ε'_τ		Ⅰ — 不稳定蠕变 ($0 \sim \tau_\tau$)
4	渐进流开始时的变形 ε'_{np}		Ⅱ — 恒速的稳定流 ($\tau_\tau \sim \tau_{np}$)
5	破坏开始时的变形 $\varepsilon_p{}'^*$		Ⅲ — 渐进流($\tau_{np} \sim \tau_p$)
6	破坏结束时的变形 ε'_p	强度下降	
1	相对瞬时强度 σ_0（MPa）		σ_1、σ_2、σ_3、$\cdots$、σ_i — 常温下得到蠕变曲 线的应力值
2	长期强度 $\sigma(\tau)$（MPa）		τ_1、τ_2、τ_3、$\cdots$、τ_i — 从 开始载荷起到发生
3	长期极限强度 σ_∞（MPa）		渐进流变形 ε'_{np} 止 的时间

冻土的变形性质

弹性变形

冻土的弹性变形取决于冰的晶格的可逆变化以及矿物颗粒、未冻水薄膜和封闭气泡的弹性。弹性变形一般出现于整个黏塑性变形区。此时可划分为动态弹性特征值(出现于可与声波传播速度相比较的加载速度条件下)和静态弹性特征值(其值是在 $5 \sim 30$ s 时间内施加静荷载时确定的)。弹性变形出现于黏塑性变形的整个发育期。

冻土的动态弹性特征值($E_y^{\text{д}}$、$G_y^{\text{д}}$、$K_y^{\text{д}}$、$\mu_y^{\text{д}}$)一般按纵、横声波的传播速度确定。静态弹性特征值(E_y^{c}、G_y^{c}、K_y^{c}、μ_y^{c})既可根据静载直接实验资料来确定,也可根据按经验建立的动、静态弹性特征值的相互关系用计算方法来确定。例如,岩石的动、静态模量之间的差别不大,按照 В. Н. Никитин 的研究:

$$E_y^{\text{c}} = 0.35(E_y^{\text{д}})^{1.41} \qquad (4.3)$$

松散土动、静态模量 $E_y^{\text{д}}$ 和 E_y^{c} 的比较结果表明:$E_y^{\text{д}}/E_y^{\text{c}}$ 的比值为 $2 \sim 4.8$(图 4.14)。发散性小的模量对应于较低温度的和粗分散性的土。这种土的弹性大于黏土,其 $E_y^{\text{д}}/E_y^{\text{c}}$ 比值最大。根据对图 4.14 所示资料的统计处理结果得到下述 E_y^{c} 与 $E_y^{\text{д}}$ 的关系式:

$$E_y^{\text{c}} = 0.6 + 0.16E_y^{\text{д}} + 0.01(E_y^{\text{д}})^2 \qquad (4.4)$$

静态(μ_y^{c})和动态($\mu_y^{\text{д}}$)泊松比之间没有表现出紧密联系。

冻土所有的弹性特征值,无论是动态的还是静态的,都与土的分散性、颗粒的矿物成分、含冰量、含水量及泥炭化、盐渍度、温度、外压力等有关。

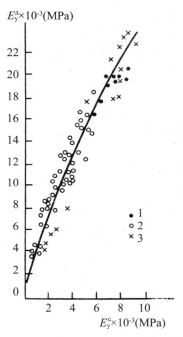

$E_y^{\text{д}} \times 10^{-3}$(MPa)

$E_y^{\text{c}} \times 10^{-3}$(MPa)

图 4.14　冻土动、静态弹性
模量之间的关系曲线

1—黏土;2—亚黏土;3—沙

(据 Б. Г. Хазин(1974)的资料)

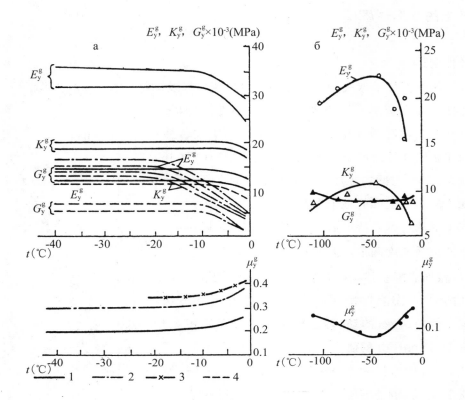

图 4.15　冻土和冰的动态弹性特征值与温度之间的关系曲线

a—0 ~ -40 ℃;б—0 ~ -120 ℃(据 А. Д. Фролов(1986)的资料);

1—沙;2—高岭石;3—亚沙土;4—冰

　　图 4.15 所示的是动态弹性特征值变化规律性之实例,图 4.16 所示的是静态弹性特征值变化规律性之实例。随着分散性的增大可看到弹性模量减小,其顺序是沙 > 粉质亚沙土 > 黏土。土中存在植物残体也会使杨氏模量减小。冰的 E_y^c 值小于沙土,但大于冻结黏土,这可以用这些土的未冻水含量较大从而减小了它们的总弹性来加以解释。对弹性模量有着重要影响的还有含水量。冻土的弹性模量自不大的含水量起开始增大,当含水量约为 0.8 饱和容水量时,达到最大值。这是因为多孔介质气态组分减小,以及由于冰的胶结作用,减小了孔隙的可压缩性,同时提高了冻土结构的刚度。当含水量(含冰量)进一步增大时,弹性特征值则将减小,这与含冰量增加而冰的弹性比土颗粒要小一些有关(图 4.16в)。

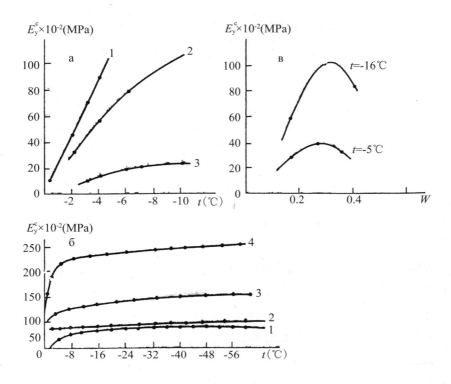

图 4.16　静态弹性模量与温度和含水量之间的关系曲线

a—单轴压缩实验（$\sigma = 0.2$ MPa）：1—沙，2—粉质亚沙土，3—黏土（据 Н. А. Цытович（1973）的资料）。

б—超声波实验结果：1—泥炭，2—冰，3—泥炭质沙，4—沙（据 Л. Т. Роман（1987）的资料）。

в—单轴压缩实验（$\sigma = 0.1$ MPa，亚黏土）（据 Н. А. Цытович（1973）的资料）

　　与温度下降以及主要与未冻水含量减小有关的冷生改造，导致弹性特征值增大，但此时它们增大的规律性与土的性质有关。例如，在主要含自由水且在接近于 0 ℃ 的温度时发生冻结的湿沙中，观测到所有的弹性模量都发生突变。冻结的黏性土、泥炭质土和盐渍土弹性特征值与温度之间的关系是另一种情况。这种关系既取决于相变速度，也取决于未冻水总含量。观测到弹性模量随温度的下降而较平稳地增大。土的盐渍度使弹性特征值减小（表 4.6）。

表 4.6　　冻结亚黏土的动态弹性特征值(据 Ю. Д. Зыков(1992)的资料)

土的名称	温度 (℃)	物理性质			动态模量			泊松比
		密度 $\rho(g/m^3)$	含水量 $W_c(\%)$	含冰量 i	压缩 $E_y^я$	剪切 $G_y^я$	体积变形 $K_y^я$	$\mu_y^я$
亚黏土	-0.5	1.73	46	20	6.70	2.51	6.56	0.33
	-1.0	1.84	41	26	7.60	2.83	7.91	0.34
	-5.0	1.89	44	35	7.87	2.91	8.90	0.35
盐渍亚黏土 $(D_{sal} = 0.44\%)$	-5.0	1.87	33	18	4.49	1.59	8.29	0.41

在一般情况下,静态弹性模量与温度之间的关系式(在 0 ~ -50 ℃ 的温度范围)近似于幂函数:

$$E_y^c = c + b \mid t \mid^n \tag{4.5}$$

式中 c、b、n 为与土的类型有关的参数;$\mid t \mid$ 为温度绝对值。

但是,正如从图上(图 4.166)所看到的那样,在整个 0 ~ -16 ℃ 的温度变化范围内冰的静态弹性模量与温度之间的关系可以认为是线性的。但对冻土而言,这一关系可以用两个线性区来近似之,第一区是强烈相变的温度区,第二区是温度进一步下降到 -60 ℃ 的区段。

高负温(高于强烈相变限)时外压力较大地影响着弹性模量:弹性模量随外压力的增加而减小。例如,对冻结沙而言,方程(4.5)中的 c 参数值几乎是常数,而在 -0.1 ~ -10 ℃ 温度范围内,当应力从 0.05 MPa 增加到 0.4 MPa 时,b 参数从 3.3 减小到 2.0。

冻结沙冷却到 -50 ℃ 以下时,其动态弹性特征值减小(图 4.156),这是由空间结构被压密以及在土的各组分发生温度收缩时产生的应力作用下发育微裂隙所引起的。

泊松比与含水量、温度的相互关系较弱。当温度接近于起始冻结温度时(图 4.15),泊松比近似于 0.5(理想塑性体),而在较低的温度时(达 -40 ℃)接近于固体的 $\mu_y^я$,随压力增大 $\mu_y^я$ 趋于减小。冻结沙泊松比的平均值为 0.2 ~ 0.22,高岭土为 0.35 ~ 0.44,亚黏土为 0.33 ~ 0.44。

压密变形

冻土,特别是高温冻土、富冰土、盐渍冻土、泥炭质冻土,在荷载作用下具有极大的可压缩性(可压密性)。冻土的压密过程是复杂的、随时间发展的流变过程。但在计算极限沉降量时,常研究在无侧向扩张的压缩条件下确定的相对稳定的(作为极值的)冻土压密量。这种压密过程的基本特征值是指定外荷载和压缩层厚度时的总相对压缩系数。

　　一般情况下,压密过程取决于土各组分(气态的、液态的(未冻水)、黏塑性的(冰、植物残体)、固体的(矿物颗粒))的变形性和位移。压密过程的压缩曲线(孔隙比与压力之间的关系)表示在图4.17a上,而压缩压密时的相对稳定的相对沉降量与压力之间的关系具有图4.176所示的形式。可将压缩曲线分为三个基本区:$a \sim a_1$、$a_1 \sim a_2$ 和 $a_2 \sim a_3$。$a \sim a_1$ 区表示弹性变形和结构可逆变形。与 a_1 点对应的压力值接近于冻土结构的强度,高于此压力值时,随着孔隙度的减小而开始压密过程。$a_1 \sim a_2$ 区表示压缩时冻土结构的不可逆变形,这种变形占整个变形的70%~90%。$a_2 \sim a_3$ 区反映大荷载作用下冻土的压缩强化过程。

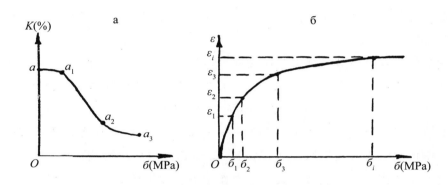

图4.17　压缩实验中冻土孔隙比(a)、相对沉降量(6)与压密压力之间关系示意图

　　冻土压缩压密过程的基本特征值是相对压缩系数 a_0。它为相对稳定沉降量 ε 与压力值 σ 之比。因为关系式 $\varepsilon = f(\sigma)$ 是非线性的,所以压缩系数通常将压力范围分段进行计算,在各压力段内,假设关系式 $\varepsilon = f(\sigma)$ 是线性的:

$$a_0 = \frac{\varepsilon_i - \varepsilon_{i-1}}{\sigma_i - \sigma_{i-1}} \tag{4.6}$$

　　式中 ε 为相对沉降量,它等于稳定沉降量 λ_∞ 与测距仪中试样的起始高度 h 之比。

　　相对压缩系数 a_0 与成分、组构、温度、外压力范围等有关,它是有赖于弹性收缩(a_y)、孔隙和缺陷的闭合(a_n)、冰→未冻水相变(a_ϕ)和未冻水被挤出(a_w)等各部分的相对压缩系数之和:

$$a_0 = a_y + a_n + a_\phi + a_w \tag{4.7}$$

　　在低温冻土中各部分的系数在总压缩系数中所占的份额可以不同。a_n、a_ϕ、a_w 值不大,弹性分量(a_y)较为重要,虽然 a_y 的绝对值只有0.005(沙土)~0.015MPa^{-1}(黏土)。若外压力值大于结构强度,则 a_n 值可以很大,并与孔隙体积成正比。加压时可

压密土的 a_ϕ 值与未冻水和冰之间的相变平衡向未冻水含量增加方向的偏移有关,结果冰的体积约减小9% 。 a_w 值表示未冻水被挤出。

要确定由于水 – 冰相变平衡偏移的压缩系数部分是很困难的。因为未冻水含量与压力之间的关系尚研究得不够。例如,A. M. Блох(1969)认为,外压力限制了水分子的热位移,使得水的黏滞性增大,即有助于水变成冰。В. М. Вдовенко、Ю. В. Гуликов、В. К. Легин(1962)认为,外压力可减小水分子中的0—0间距,即破坏其结构,使水变成冰。按照О. А. Кондакова(1985)的资料,冻土载荷时未冻水含量的变化随分散性的增大而增大,并且从蒙脱土到高岭土也是增大的。例如,$t = -1.5\ ℃$、$\sigma = 0.3\ MPa$ 时,高岭土的 a_ϕ 值为 $0.03\ MPa^{-1}$,而蒙脱土为 $0.008\ MPa^{-1}$,沙土的 a_ϕ 很小。总压缩系数的 a_w 分量在饱水冻土中极为重要。压缩曲线 $a_1 \sim a_2$ 区段和部分 $a_2 \sim a_3$ 区段反映了由于未冻水流出的收缩过程,这种区段亦包含了渗透变形部分和衰减蠕变,即固结的第一和第二阶段。

不同矿物和粒度成分的冻土按压缩性可排列成以下序列:蒙脱土 > 多矿物黏土 > 高岭土 > 亚沙土 > 沙(图4.18)。例如,当压力为0.03 MPa,温度为 – 15 ℃时,蒙脱土的压缩系数比高岭土大0.5倍,比多矿物黏土大0.2倍,比沙几乎大1倍。高分散性土在压缩时变形缓慢衰减。高岭土的变形作用不同于蒙脱土,其变形作用只有赖于团聚体之间孔隙度的减小。根据微观研究资料,观测到微团聚体破裂,然后它们又靠近在一起。高岭土微团聚体的破裂与其在压力作用下易被破坏的"小书房"特殊结构有关。此时,矿物团聚体主要以垂直于所施加压力的方向排列起来。

在压缩压密过程中冷生组构被改造。例如在整体状冷生构造的高岭土和多矿物黏土中,冰包体的大小和数量都减小了。观测到在高岭土中形成透明冰斑块,而在多矿物黏土中于土的微团聚体边缘形成薄冰夹层。在整体状冷生构造的蒙脱土中,压缩时形成小蜂窝状冰,从土团聚体中挤出的水分使冰夹层增加。

泥炭化程度 $I_{от}$(生物残体的质量与全部干土的质量之比)极大地影响着冻土的可压缩性。正如可从图4.18a 和 4.18г 的数据之比较中看到的那样,在 – 1.5 ℃ 的温度条件下(在这一温度下引用不同粒度成分的矿物土的压缩系数值)泥炭质黏性土($I_{от}$ =0.3 ~ 0.5)的压缩系数要比非泥炭质黏性土高1 ~ 2倍。这首先取决于泥炭质土的组成。由于泥炭颗粒的良好亲水性,泥炭质土的未冻水含量和含冰量很大,这就使土增大了渗透迁移变形作用。此外,泥炭体自身由于结构连接的破坏而能被大大压密,在估算冻结泥炭土的压缩系数时应考虑这一点。

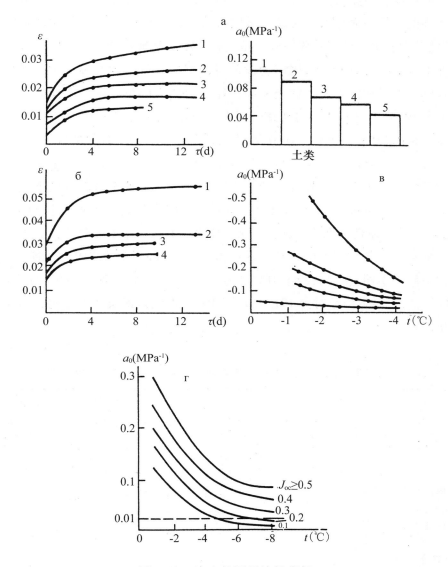

图 4.18　冻土的可压缩性指标

a—不同粒度成分冻土压缩系数曲线和固结曲线(σ = 0.3 MPa, t = 1.5 ℃):1—蒙脱土,2—多矿物黏土,3—高岭土,4—亚沙土,5—沙;

б—冻土固结曲线(D_{sal} = 0.7% , t = - 1.5 ℃):1—NaCl 盐渍黏土,2—Na_2CO_3 盐渍黏土,3—NaCl 盐渍亚沙土,4—Na_2CO_3 盐渍亚沙土;

в—压缩系数与温度之间的关系曲线,曲线自下而上分别为未盐渍的和 NaCl 盐渍的(D_{sal} = 0.7% 和 1.7%)沙、亚沙土和黏土(据 O. A. Кондакова(1984)的资料);

г—冻结泥炭质黏性土压缩系数与泥炭化程度($J_{от}$)和温度之间的关系曲线(据 Л. Т. Роман (1987)的资料)

　　冻土的盐渍度 D_{sal}(盐的质量与干土质量之比)由于加强了有赖于高未冻水含量的渗透迁移变形作用而导致总压缩系数增大,此时,渗透固结阶段的时间随盐渍度的增大而缩短,未冻水从较厚的膜中较快地被挤出就清楚地说明了这一点。在盐渍度相同的条件下,从黏土到亚沙土,固结阶段的时间缩短。盐渍化加强了冰的黏塑性。总的来说这将大大增加沙土 < 亚沙土 < 黏土序列盐渍土的可压缩性。盐的化学成分也有较大的影响,$NaCl$ 盐渍土的可压缩性要大于 Na_2CO_3 盐渍土(图 4.186)。

　　含冰量增加,则冻土可压缩性增大,因为冰的蠕变大于土骨架的蠕变。

　　实验还查明了可压缩性与胶结冰类型之间的关系。含有孔隙胶结冰的冻土的可压缩性小于含有薄膜和接触胶结冰的冻土。在第一级压密压力范围内冰包体对可压缩系数的影响特别重要。此外,А. Г. Бродская(1962)用天然结构土进行的研究结果表明,它们的可压缩性不仅与温度、成分、加荷级有关,而且还与冷生组构有关(表4.7)。在亚黏土一例中于 -0.4 ℃ 时看到,0 ~ 0.1 MPa 荷载范围内,压缩系数值随冷生构造的不同而不同:整体状冷生构造时为 36×10^{-3} MPa^{-1},网状冷生构造时为 56×10^{-3} MPa^{-1},层状冷生构造时为 191×10^{-3} MPa^{-1},也就是说层状冷生构造的土具有很大的可压缩性。

表 4.7　不同类型冻土的总相对压缩系数(据 А. Г. Бродская(1962)的资料)

土	W_c (%)	$W_{нз}$ (%)	ρ (g/cm³)	t (℃)	下述压力级下(MPa)的 a_0 ($\times 10^{-3}$ MPa^{-1})				
					0 ~ 0.1	0.1 ~ 0.2	0.2 ~ 0.4	0.4 ~ 0.6	0.6 ~ 0.8
中粒沙	27	0.0	1.87	-4.2	17	13	10	7	5
中粒沙	27	0.2	1.86	-0.4	32	26	14	8	5
整体状构造的粉质重亚沙土	27	8.0	1.88	-0.4	24	29	26	18	14
整体状构造的粉质中亚黏土	32	17.7	1.84	-0.4	36	42	37	21	14
网状构造的粉质中亚黏土	38	16.1	—	-0.4	56	59	39	24	16
层状构造的粉质中亚黏土	104	11.6	1.36	-3.6	54	54	59	44	34
层状构造的粉质中亚黏土	92	16.1	1.43	-0.4	191	137	74	36	18
带状黏土	36	12.9	1.84	-3.6	15	22	26	23	19
带状黏土	34	27.0	1.87	-0.4	32	30	25	20	16

　　冻土的压缩系数(a_0)还可根据冷承载板压入条件下的野外实验结果,按它与总变形模量之间的关系来求取(表 4.4),而总变形模量 E_0 可根据实验资料用施莱赫尔

公式确定：

$$E_0 = \omega(1 - \mu_0^2)\frac{\sigma_b}{\lambda_\infty} \qquad (4.8)$$

式中 ω 为考虑承载板形状影响的系数,刚性正方形承载板的 $\omega = 0.88$;b 为正方形承载板的宽度;λ_∞ 为等热条件时该荷载下承载板的稳定沉降量。表4.8 中作为实例列入的 a_0 值是用承载板实验确定的。

表4.8 根据承载板实验资料得到的冻土总相对压缩系数值 a_0

土	物理性质			a_0 (MPa^{-1})	承载板面积 F (m^2) 压力 σ (MPa)	作 者
	密度 ρ (g/cm³)	含水量 W_c	温度 t (℃)			
细粒沙	2.10	0.32	−2.0	0.002	$F = 0.48$ $\sigma = 0.80$	Г. Н. Максимов, Л. П. Гавелис(1954)
亚沙土	2.11	0.43	−2.2	0.014	$F = 0.49$ $\sigma = 0.80$	Г. Н. Максимов, Л. П. Гавелис(1954)
亚沙土	—	0.24	−1.0	0.011	$F = 1.00$ $\sigma = 0.80$	Г. Н. Максимов, Л. П. Гавелис(1954)
亚黏土	2.28	0.46	−2.0	0.020	$F = 0.98$ $\sigma = 0.80$	Г. Н. Максимов, Л. П. Гавелис(1954)
亚黏土	1.88	0.40	−1.0	0.032	压缩	Н. А. Цытович(1973)
粉质亚沙土	2.00	0.28	−3.0	0.139	$F = 0.50$ $\sigma = 0.375$	С. С. Вялов(1959)
粉质亚沙土	2.00	0.28	−1.0	0.231	$F = 0.50$ $\sigma = 0.375$	С. С. Вялов(1959)

压缩系数值是按状态划分冻土的准则:在 $a_0 > 0.01 \text{ MPa}^{-1}$ 时,冻土归于塑性冻土,而在 $a_0 < 0.01 \text{ MPa}^{-1}$ 时,归于坚硬冻土。这种划分具有工程意义:按照规范,坚硬冻土地基仅根据承载力进行地基计算,而塑性冻土地基,既可根据承载力也可根据变形作用进行计算。

每一类土都有与水分相变过程相关的塑性冻结状态的特定和坚硬冻结状态的特定温度范围。例如,当温度接近于起始冻结温度时,非盐渍沙土的全部孔隙水都冻结了。除此之外,沙粒成为相当刚性的矿物骨架。因此,高负温下(约 −0.3 ℃)具有整体状冷生构造的沙土进入坚硬冻结状态。黏性土在某个温度范围内持续发生强烈相变,因此亚黏土也好,黏土也好,都是在低于冻结温度 1.5~2 ℃时才达到坚硬冻结状态的。泥炭质土(I_{ot} > 0.2 时)由于泥炭体颗粒和冰都具有较大的可变形性,因此在整个天然埋藏温度范围内实际上都处于塑性冻结状态(图 4.18r)。

冻土的蠕变

上面所研究的冻土变形性质特征值是根据相对稳定的似乎像极限变形的资料算出的,即不反映时间的影响,并建立在变形与应力之间的关系为线性关系的假设之上,这一假设不影响冻土的流变性。流变性表现在蠕变之上,即甚至在恒载作用下变形也随时间而增长。若在不可能发生侧向扩张的压缩条件下,并且冻土可压缩层厚度也不大,可以达到相对稳定沉降量,在与建筑物使用期限相比较的长时期内可以观测到冻土内不同类型应力状态条件下的变形过程。这为现有房屋基础沉降量的大量长期观测资料以及在建于多年冻土层中的地下实验室(伊加尔卡市、阿姆杰尔马市、雅库茨克市)进行的实验资料所证实。图 4.19 所示的是冻结亚沙土在压入刚性承载板时的 20 年变形之实例。

冻土中发育的长期流变过程与冻土组分中存在的冰有关。冰决定了冷生构造和结构的特殊冰胶结连接方式。冻土中含冰量增大,则变形性增强。各土粒和微团聚体彼此的相对位移是沿着将它们分开的结合水膜和冰包体发生的。这里一方面是应力集中处,另一方面是弱化区,是冻土骨架缺陷区。应力的集中使得这些缺陷发展成微裂隙或局部断裂带,这就削弱了粒间和团聚体间连接,并降低了冻土个别带的结构强度。

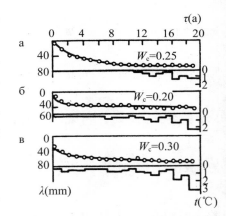

图 4.19　压入直径 =705 mm 的刚性承载板时冻结亚沙土 – 亚黏土的沉降量随时间的发展和温度的变化

a—0.25 MPa 压力;б—0.375 MPa 压力;

в—0.4 MPa 压力

(据 С. С. Вялов(1978)的资料)

在冻土长期变形过程中,由于未冻水往剪切带或拉伸带迁移,这里的含冰量增加,土的微团聚体和微冰条纹沿剪切面重新定向,因此在这里可看到局部强度随时间减小,变形随时间增长。最后,在所施加的荷载的长期作用下,在这些带形成土的饱冰区,以致该区的性质已经不是冻土所固有的性质而几乎是冰所固有的性质了。正是这一点决定了发育诸如非衰减蠕变、屈服点或渐进蠕变、最终破坏土的连续性和稳定性这样的变形作用。但在引起快速变形的大荷载作用下,当土中微裂隙强烈集中时,可观测到塑性破坏机制转变为脆性破坏机制。此时已经不能发生未冻水迁移过程和含冰量的重分布过程,并且这些过程已经不具有重要意义了。微裂隙的发育和合并的结果是形成主裂隙,破坏土的连续性并发生断裂。

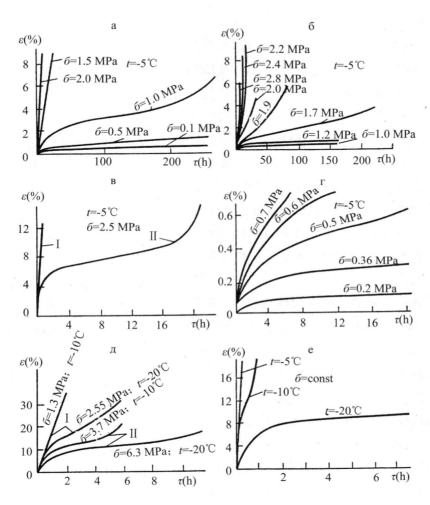

图 4.20　单轴压缩时试样相对变形量(ε ,%)与静载(σ ,MPa)和
作用时间(τ ,h)之间的关系曲线

a—冰(据 К. Ф. Войтковский、В. Н. Голубев(1973)的资料);

б—含卵石的多冰砾石(据 В. Н. Тайбашев(1973)的资料);

в—黏土(I)和亚沙土(II)(据 Е. П. Шушерина(1962)的资料);

г—泥炭(据 Л. Т. Роман(1985)的资料);

д—盐渍亚沙土(I)和非盐渍亚沙土(II)(据 Н. А. Пекарская、А. А. Чапаев(1979)的资料);

е—不同温度的亚沙土(据 С. С. Вялов(1982)的资料)

可看到不同类型冻土蠕变曲线的类似特征与它们的实验条件无关。但这一过程的定量特征值(变形速度、达到破坏的时间等)是由成分、组构、温度、应力状态类型、荷

载等决定的。冻土蠕变曲线的特征在很大程度上与冻土中的含冰量有关。图 4.20a 表示单轴压缩时($t = -5$ ℃)多晶冰的蠕变曲线,由图可知,当应力不超过 0.5 MPa 时,蠕变曲线具有衰减特征,这证明了冰存在长期强度极限。在所给条件下,当应力为 1 MPa 时,可看到所有三个蠕变阶段,此时不稳定蠕变阶段持续到 $\tau = 80$ h,稳定蠕变时间是从 80 h 到 200 h,渐进流开始于 $\tau = 200$ h 时。1.5 ~ 2 MPa 的应力时,不经过稳定蠕变阶段和衰减蠕变阶段而产生渐进流。于是,可做出下面的结论:冰作为冻土的一个组分最清晰地表现出流变性,并且决定着冻土的蠕变。至于分散性未冻土的流变性,其机制主要取决于自由水和松散结合水的挤出和土粒间及其团聚体间各类结构连接的破坏。

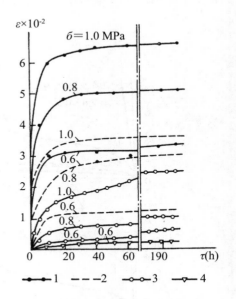

图 4.21　$t = -4.2$ ℃时的蠕变曲线簇

泥炭质盐渍亚沙土—$W = 0.95$, $I_{\text{от}} = 0.5$, $D_{\text{sal}} = 1.54\%$, $K_{\text{пр}} = 0.016$, 盐分比例 NaCl: $MgSO_4$: $NaHCO_3$: $CaSO_4 = 0.54$: 0.31: 0.075: 0.075, $t_{\text{нз}} = -1.27$ ℃;

盐渍亚沙土—$W = 0.3$, $D_{\text{sal}} = 0.5\%$, $K_{\text{пр}} = 0.016$, 盐分比例 NaCl: $MgSO_4$: $NaHCO_3$: $CaSO_4 = 0.54$: 0.31: 0.075: 0.075, $t_{\text{нз}} = -1.27$ ℃;

泥炭质亚沙土—$W = 0.95$, $I_{\text{от}} = 0.5$, $t_{\text{нз}} = -0.15$ ℃;

亚沙土—$W = 0.3$, $t_{\text{нз}} = -0.2$ ℃;

（据 Л. Т. Роман、Л. Г. Иванова(1993)的资料）

1—泥炭质盐渍亚沙土;2—盐渍亚沙土;
3—泥炭质亚沙土;4—亚沙土

现在研究主要冻土类型的蠕变特点。从图 4.20б 观测到粗碎屑冻土从稳定蠕变阶段逐渐过渡到渐进流。只有在比第三蠕变阶段形变量大 0.3 倍的极限变形量条件下,第三阶段的变形速度才急剧增大,从而导致脆性破坏。

冰的蠕变曲线与粗碎屑土的蠕变曲线的比较结果表明:砾石和卵石的存在大大加强了土。例如,1 MPa 荷载下,冰经过 200 h 的实验后达到的相对变形量为 4%,此时开始向渐进流阶段过渡,粗碎屑土在同样的荷载作用下衰减蠕变时的变形量不大于 0.8%。

黏土和亚沙土蠕变曲线的比较结果(图 4.20д)表明了分散性的重要影响,例如, $\sigma = 2.5$ MPa 时,亚沙土的蠕变曲线可清楚地划分出所有三个蠕变阶段,并且稳定蠕变阶段长 14 h,而在黏土蠕变曲线上,观测到较强烈的变形作用,并且几乎看不到稳定蠕变阶段。

使未冻水含量增加的冻土盐渍度较大地影响着蠕变曲线的特征:盐渍土的相对变形量要大于非盐渍土(图 4.20д)。盐渍作用减小了第一阶段变形率和持续时间,而在第二阶段(黏塑性流),变形率和持续时间增大。

冻结泥炭的特点是:第一蠕变阶段持续时间不长,以及甚至在不大的应力作用下也发育非衰减蠕变(图4.20r)。

在图4.20д、e上可看到其他条件相同时仅仅是温度对冻土蠕变的影响,例如,从图4.20e可以看到,从-5到-20℃的温度变化较大地影响变形特征。亚沙土温度为-20℃时,形成衰减蠕变;温度上升到-10℃时,既可出现黏塑性流阶段,也可出现渐进变形;温度进一步上升到-5℃时,稳定蠕变阶段缩短,较快地出现渐进流阶段。

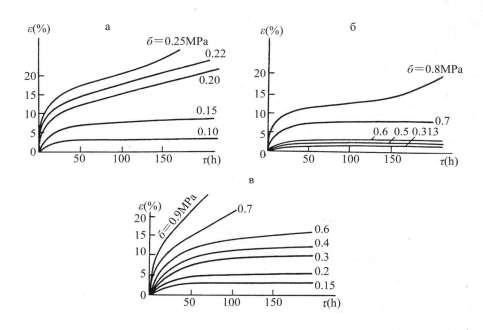

图4.22　冻结盐渍土的蠕变曲线簇

a—亚黏土,$D_{sal}=0.5\%$;6—亚沙土,$D_{sal}=0.2\%$;в—沙,$D_{sal}=0.1\%$(温度-3℃)

(据 A. B. Брушков(1995)的资料)

研究泥炭化程度和盐渍度对变形的共同影响是很有意思的。具有这些组分的土常见于表层沉积物。图4.21所示的是根据单轴压缩实验资料绘制的泥炭质盐渍亚沙土蠕变曲线簇。正如从曲线图所见到的那样,泥炭质盐渍亚沙土具有最大的蠕变值。盐渍度和泥炭化程度对变形的共同影响不等于它们各自的影响之和。例如$I_{от}=0.5$时,变形量增加0.33倍,孔隙溶液浓度为0.016的盐渍度使变形量增加2.67倍,而在其他条件相同时,泥炭化程度和盐渍度的共同影响使变形量增加10倍。这首先是由相比较土的成分不同造成的。泥炭化程度增大了总含水量。此时,无论是总含冰量还是未冻水含量都增大了。盐渍度使未冻水含量增大,并且当盐渍度相同时,泥炭质土的$W_{нз}$要比非泥炭质土大得多。

　　海成盐渍型的各类冻结亚马尔土在单轴压缩下进行的长期(4 年)蠕变实验资料是很有意义的。得到了各类土 200 h 时间内的蠕变曲线簇(图 4.22),然后用承受决定衰减蠕变的压力的试样进行了 4 年的实验。根据实验资料预报了长期变形,并将预报值与实验值做了比较。这种预报是按时效、硬化(Вялов,1978)、流动(Никсон、Лемм,1986)理论的参数方程组及应力时间类比法(Роман,1987)做出的。对所得结果(图 4.23)的分析表明:4 年的预报(计算)变形量与实验值之偏差为 8%(亚黏土)和 9%(沙土),亚沙土的变形计算值小于实验值。应指出,在亚沙土的长期蠕变实验曲线上变形速度出现显然由结构缺陷引起的周期性"自发"增大。若从最后(4 年时间)变形量扣除上述"自发"增加的总变形量,则亚沙土的预报变形量和实验变形量是极为接近的。

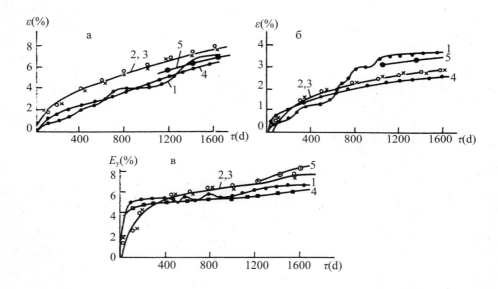

图 4.23　根据 $t = -3$ ℃时的 4 年单轴压缩实验资料得到的蠕变曲线(1)

a—亚黏土,$\sigma = 0.1$ MPa;б—亚沙土,$\sigma = 0.313$ MPa;в—沙,$\sigma = 0.15$ MPa。

曲线 2、3、4、5,分别按时效理论、硬化理论,尼克松 - 列姆方程、应力时间类比法计算作出

　　冻土蠕变的基本特征值是:总变形模量,作为应力、时间和温度函数的横变形系数,黏滞系数以及描述衰减蠕变过程和非衰减蠕变过程的方程组参数。

　　(1)总变形模量

　　因为冻土应力与应变之间的关系是非线性的,并且是由温度决定的,所以总变形模量应作为应力和时间的函数(t 为常数时 $E_0 = E(\sigma, \tau)$)来加以确定。为阐明从实验所得到的这一关系,将蠕变曲线重绘成同步曲线(摆线),以确定具体时刻应力与应变之间的关系。图 4.24 就是这种曲线的实例。正如所看到的那样,当负温上升时,从粗

分散性土到细分散性土和冰,达到相同变形值的应力越来越小。变形模量是通过纵坐标为 σ_i(相应于同步曲线的 τ_i 值)点的切线倾角之正切。总变形模量值反映冻土的抗载强度,各种粒度的冻土的总变形模量值都随应力和荷载作用时间的增加而减小。例如,荷载作用时间从 2 min 增加到 24 h,则冻土的总变形模量从 280 MPa 减小到 89 MPa,而冰则从 600 MPa 减小到 86 MPa。E_0 的减小表明造成缺陷集中、削弱结构连接的结构改造过程在发展着。含冰量增加及温度、盐渍度、泥炭化程度的提高也会导致总变形模量的减小。这首先与胶结冰的黏聚性在冻土机械强度形成中的作用减小、凝结接触分担的作用增加和冰的晶格的弱化等有关。

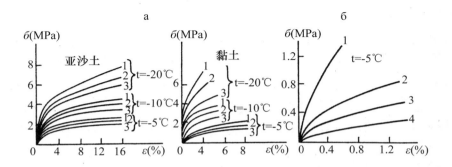

图 4.24　在单轴压缩下冻土试样和冰试样应力与应变之间的关系

a—荷载作用时间为:1—1 h,2—3 h,3—12 h

(据 С. С. Вялов、Ю. К. Зарецкий、С. Э. Городецкий(1981)的资料);

6—荷载作用时间为 240 h 时:1—亚沙土,2—亚黏土,3—黏土,4—冰

(据 Е. П. Шушерина(1965)的资料)

（2）横变形系数

经实验查明了:总横变形系数 μ_0 在蠕变过程中有较大的变化。图 4.25 就是这种变化的实例(根据冻结亚黏土的蠕变实验资料)。正如所见到的那样,系数 μ_0 的变化是在起始时期、不稳定流阶段记录到的,但 μ_0 在渐进流阶段值特别高。所作用的应力越大,μ_0 的变化就越大。在稳定流阶段,μ_0 的变化不大,但取决于荷载值。总的来说,该系数在下述范围内变化:冻结亚沙土的 μ_0 在过程开始时为 0.18,到过程结束时达到 0.77,而冻结黏土的 μ_0 相应地从 0.14 增加到 0.73。С. Е. Гречищев 用冻结沙和亚黏土得到类似的结果。在测量纵、横变形速度时,亚黏土 μ_0 值从第一天的 0.31 到第 5 天变为 0.53,沙相应地从 0.37 变为 0.55。请注意 μ_0 一般都大于 0.5。这一点可解释如下:因为体积变形 ε_v 可用 $\varepsilon_v = \varepsilon_z(1 - \mu_0)$ 的关系式来表述,所以 $\mu_0 > 0.5$ 表示体积变形的增量,即体积增大。在 Е. П. Шушерина 的实验中直接记录到这种体积增大,并用渐进流阶段土中微裂隙的扩大来解释。

（3）黏滞系数

冻土的黏滞系数描述冻土抵抗结构要素彼此相对位移的强度,由所作用的应力值与由这种应力引起的变形流速度之比来确定。表4.9列出了各类长期变形时冻土的黏滞系数值。正如从表中所见到的那样,冻土的黏滞系数不是常数,而是描述变形过程的量,这一过程不仅与冻土性质和温度有关,还与实验的方法和状况有关。在 C. C. Вялов 的综述（1978）中,最大塑性黏滞系数（什维多夫黏滞系数）主要取决于黏塑性变形时不破坏结构连接的冻土流,而最小的塑性黏滞系数（宾加莫夫黏滞系数）对应于破坏结构连接并主要形成微裂隙的变形作用。

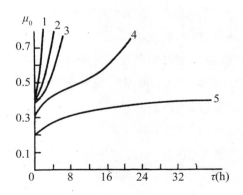

图 4.25　单轴压缩条件下($t = -5$ ℃)
冻结亚沙土横变形系数的变化

1—4 MPa 应力；2—3.5 MPa 应力；

3—3 MPa 应力；4—2.5 MPa 应力；

5—2.25 MPa 应力

（据 Е. П. Шушерина（1966）的资料）

表 4.9　长期变形作用下各类冻土黏滞系数的实验值

土　类	t （℃）	单轴实 验类型	应力 σ （MPa）	稳定流 速度 $\dot\varepsilon$ （min^{-1}）	黏滞系数 泊(10^{-1}Pa·s）		作　者
					宾加莫夫系数	什维多夫系数	
沙土 （$W_c = 18\% \sim 24\%$）	-3	压缩				3.46×10^{10}	C. E. Гречищев （1963）
		拉伸				0.864×10^{10}	
		拉伸				0.43×10^{10}	
亚黏土 （$W_c = 29\% \sim 33\%$）	-3	压缩				10.37×10^{10}	
		拉伸				5.8×10^{10}	
亚黏土 （$W_c = 29\% \sim 33\%$）	-10	压缩	4.5 5.5	25×10^{-5} 100×10^{-5}	2.1×10^{10}	8.3×10^{11}	Е. П. Шушерина （1962）
粉质亚沙土 （$W_c = 26\%$）	-10	压缩 （以恒速变形）	1.5 2.3	25×10^{-4} 150×10^{-4}	2.2×10^{9}	9.3×10^{10}	Ю. В. Кулешов （1984）
粉质亚黏土 （$W_c = 39\%$）	-0.5 -2.2 -5.0	压缩			3.3×10^{10} 3.9×10^{10} 5.0×10^{11}	6.6×10^{12} 6.6×10^{12} 3.3×10^{13}	Е. П. Шушерина （1983）
亚黏土 （$W_c = 22.6\%$）	-3	压缩 （以恒速变形）	1.2 2.4	10×10^{-4} 160×10^{-4}	1.1×10^{9}	1.8×10^{11}	Ю. В. Кулешов （1984）

分析实验资料能查明黏滞性表现的一些基本规律性。按照单轴压缩和拉伸条件下承受恒载和逐级加载作用直到产生恒速流的冻结亚黏土($W_c = 30\%$, $t = -3$ ℃)试样的蠕变实验,压缩和拉伸的流变曲线和黏滞系数出现较大的差异(图 4.26)。按照冻结沙($W = 20\%$, $t = -3$ ℃)的实验结果也可以得出类似的结论。

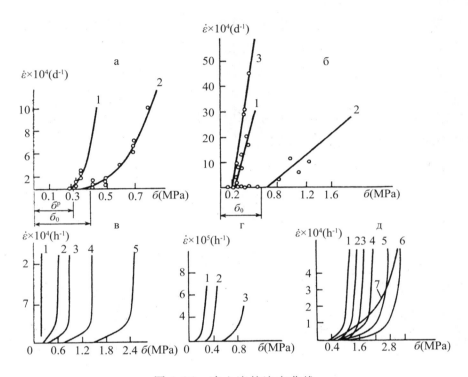

图 4.26　冻土流的流变曲线

a—亚黏土;6—沙($t = -3$ ℃时):1—拉伸,2—压缩,3—纯剪切(据 С. Е. Гречищев(1963)的资料);в—黏土(单轴压缩):1—20 ℃,2— -0.5 ℃,3— -1.5 ℃,4— -3.0 ℃,5— -10 ℃(据 Ю. В. Кулешов(1995)的资料);г—沙(单轴压缩):1— -5 ℃,2— -10 ℃,3— -20 ℃(据 С. Э. Городецкий(1962)的资料);д—不同分散性和矿物成分的土(以恒速进行单轴压缩):1—膨润土,2—多矿物黏土,3—高岭土,4—亚黏土,5—亚沙土,6—沙,7—冰

(据 Ю. В. Кулешов(1985)的资料)

常利用重绘蠕变曲线簇的方法来获得流变曲线($\varepsilon = f(\sigma)$)。土的蠕变实验用相同的试样组(成双试样)进行,对每个试样施加恒载(但施加不同的恒载),或者让一个冻土试样连续地承受逐级增加的荷载。但逐级加载法不考虑前一级荷载对后一级变形的影响,即不考虑冻土试样的变形经历,所以实验结果不同于用一次加载法得到的结果。第三种得到流变曲线的方法是通过调节施加于试样的荷载而使冻结土样发生不同的恒速值变形的实验方法。这个方法能够在一个试样上获得几乎完整的 $\dot{\varepsilon} = f$

(σ)关系式。此时所得到的流变曲线和黏滞系数(表4.9)不同于用逐级加载法和不同的恒载方法的实验结果(图4.26)。换言之,黏滞系数不是冻土的常数,而是变形过程的特征值,这一特征值与土的应力-应变状态的经历、变形发育特点和荷载类型(压缩、剪切、拉伸、扭转)、加载方法(单轴、双轴或三轴实验)、加载条件(静载、动载或逐级加载)等都有着重要的关系。

温度降低时,土的黏滞系数发生极大的变化(表4.9)。在其他条件相同时冰的出现会使黏滞系数增加100~1000倍。这是由于冰胶结连接的形成提高了土的总强度的缘故。此时也观测到流变曲线特征上的强烈变化。例如,在$(0.1\sim3.0)\times10^{-4}\ h^{-1}$速度范围内,未冻结黏土($t=20\ ℃$)的流变曲线几乎呈直线。在负温范围内,流变曲线发生显著弯曲,黏滞系数绝对值增大,同时该变形速度范围内的黏塑性流发育区扩大,即流变曲线似乎被拉长(图4.26в)。

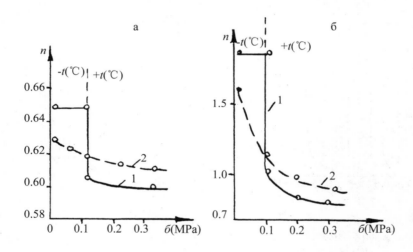

图4.27　沙(a)和黏土(б)压密时孔隙比的变化
1—融化过程中和融化后冻结的土;2—未冻土

正如大量研究所表明的那样,不同分散性和矿物成分的冻土抵抗变形流发展的能力是不一样(图4.26з),相应的有效黏滞系数值也是不一样的。在一般情况下,当其他条件相同时,冻土黏滞系数随分散性的减小和矿物骨架刚度的增大而增大。冻土含水量(含冰量)对黏滞系数的影响也很大,且具有极值。一般情况下,孔隙未完全被充填时,冻土的黏滞系数随含冰量的增加而增大,并在含水量为0.8~0.9时达到极大值。然后,黏滞系数减小,并随着含冰量的增加而趋向冰的黏滞系数值。当其他条件相同时,具有整体状冷生构造的土的什维多夫屈服点要高于层状构造的土,而结构几乎未遭破坏的界限要低于层状构造的土。相应地,在第一种情况下,流变曲线下部区段的发育程度要小于第二种情况。此时通常可观测到具有整体状冷生构造的土的流变曲线拐折的显著特征。

（4）正融土的变形性

冻土的融化几乎总是伴随着它的沉降。图4.27给出了沙和黏土最有代表性的压缩曲线，显示了未冻土和已融土在0.1 MPa荷载下压密时以及进一步压密时孔隙比的变化。从对这些压缩曲线进行的比较中可看到融化过程中孔隙比的变化最大。

表4.10　不同类型土的融化系数 A_0 和压缩系数 a_0 的实验平均统计值

（据 И. Н. Вотяков(1975)的资料）

土 类	含水量 %	融化系数 A_0	压缩系数 a_0（MPa^{-1}）	
			0～0.1 MPa 压力	0.1～0.3 MPa 压力
冲积细沙	27.5	0.014	0.14	0.05
冲积亚沙土－亚黏土	27.5	0.014	0.26	0.23
	32.5	0.023	0.39	0.265
	56.0	0.055	0.6	0.51
侏罗系高岭土	27.5	0.028	0.42	0.23
	32.5	0.051	0.59	0.250
角砾－黏土质灰泥	22.5	0.03	0.6	0.265
	32.5	0.08	1.7	0.65
遭破坏的石灰岩和沙岩	10～15	0.007	－	－
	20～25	0.03	－	－
	30～35	0.07	－	－
含沙卵石的漂砾	3	0.0	－	－
	15	0.013	－	－
含砾石和粗沙的卵石	9	0.006	－	－
	17	0.018	－	－

在正融土的压缩曲线上清楚地观测到：沉降可划分为融化沉降和压密沉降。融化沉降的特征值是融化系数 A_0，它是无载荷（或自然压力下）时已融土的相对沉降。荷载下已融土的压密可用压缩系数（a_0）来表示，它等于相对变形增量与压力增量之比，可按已融土的压缩曲线来确定。已融土的总沉降为

$$\lambda_\infty = (A_0 + a_0\sigma)h \tag{4.9}$$

式中 σ 为压密已融土的应力；h 为已融层的厚度。

正如实验资料所表明的那样,系数 A_0 和 a_0 与土的分散性和含冰量(含水量)有关。表 4.10 列入了各类土的融化系数和压缩系数随含冰量而不同的平均统计值。由表可见,冻土的融化系数随含冰量的增加而增加,至于压密系数,它的增加在较大程度上与分散性的增加有关。

融化时最大的压缩系数发生于在开敞系统条件下冻结的土中,此时冻土形成含有大量冰包体的层状和网状冷生构造。整体状构造的土,特别是在压密状态下冻结的土,能在融化后发生膨胀,即体积增大,而不是被压密,尤其在不大于"膨胀压力"的第一级荷载时。虽然融化时土的构造发生剧烈的变化,但观测到在冻结过程形成的结构团聚体被保存下来,这就决定了孔隙体积得以扩大(与相同成分的未冻土相比较)。这不仅影响压缩系数,而且还影响渗透系数。例如,按照 Е. П. Шушерина 的实验,表层亚黏土的渗透系数比其融化状态的渗透系数大许多倍。这对固结过程有较大影响。对富冰土,融化后可应用渗透固结理论,对少冰土主要应用蠕变理论。随着已融土的压密,由于大孔隙被封闭,因此压缩系数减小,这说明了压缩的非线性特性。根据实验资料 (Федосов, 1944; Гольдштейн, 1948; Пчелинцев, 1954; Бакулин、Жуков, 1955; Киселев,1952; Ушколов,1966; Вотяков,1975;等)得到了融化系数和压缩系数与密度和含水量之间的现象学关系,证实正融土的变形特征值与上述物理性质之间的相关性非常显著。

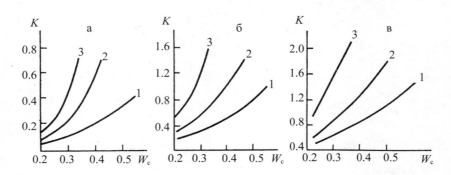

图 4.28　系数 K 与载荷时的含水量之间的关系曲线

a—$\sigma = 0$ MPa,б—$\sigma = 0.1$ MPa,в—$\sigma = 0.3$ MPa;

1—亚沙土 – 亚黏土,2—黏土,3—遭破坏的灰泥岩

(据 И. Н. Вотяков(1975)的资料)

作为实例现列举 М. Ф. Киселев 得到的方程。该方程表述了沙土融化系数 A_0 与其冻结状态骨架密度 ρ_{df} 和融化后最大压密时的骨架密度 ρ_{dt} 之间的关系:

$$A_0 = \frac{\rho_{dt} - \rho_{df}}{\rho_t} \tag{4.10}$$

И. Н. Вотяков 建立的方程能用来计算融化和压密时的总相对沉降 ε_{o6},它与土的含水量 W_c、土类和压密应力(σ)有关:

$$\varepsilon_{o6} = \frac{K(W,\sigma)W_c}{2.7W_c + 0.9} \tag{4.11}$$

图 4.28 所示的是 $K(W,\sigma)$ 值。

(5)复杂应力下冻土的变形性

在各向均匀压缩条件下,变形最强烈的增长是在起始的较短时间内观测到的(图 4.29)。此时体积变形既可以是可逆的,也可以是不可逆的。例如, – 10 ℃时,整个平均法向应力 σ_m 值范围内的体积变形几乎完全被恢复,而在 – 5 ℃时,剩余变形达到总体积变形量的 1/4。温度也较大地影响着总体积变形量:$t = -5$ ℃时约为 $t = -10$ ℃的 2 倍。剪应力对复杂应力下的变形特征的影响,可以在蠕变曲线 $\varepsilon_i = f(\tau)$ 和 $\varepsilon_v = f(\tau)$ 上进行分析。两曲线族分别反映剪切变形(ε_i)和体积变形(ε_v)随时间而发展的过程。这种蠕变曲线簇具有平均法向应力值 σ_m 的特点,而曲线簇中的每一条曲线都对应于各自的切向应力强度值(S_i 为常数)。

曲线 $\varepsilon_i = f(\tau)$ 包含了所有三个蠕变阶段,就像单轴压缩、拉伸和剪移时那样。每一阶段的持续时间与剪切的切向应力强度有关(图 4.30a)。例如,在上一例中,当 $S_i = 2.6$ MPa 时,衰减蠕变阶段持续时间为 1 h,而 $S_i = 2.29$ MPa 时,约为 4 h,即大了 3 倍。剪应力强度进一步减小时,衰减蠕变阶段的持续时间则变长。

恒速流阶段的持续时间也随剪应力强度的减小而变得较长。从体积变形的发展与切向应力强度之间关系曲线(图 4.306)的研究中可以看到:变形既可以压密的形式发生,也可以松散的形式发生。在起始时刻对应

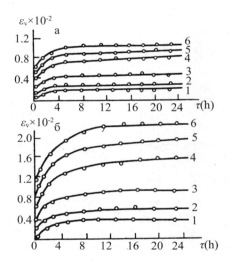

图 4.29　克洛韦亚沙土

(上侏罗统)的体积变形

与时间之间的关系曲线

a—$t = -10$ ℃;6—$t = -5$ ℃;1—$\sigma_m = 0.5$ MPa;2—$\sigma_m = 0.75$ MPa;3—$\sigma_m = 1.5$ MPa;4—$\sigma_m = 3$ MPa;5—$\sigma_m = 4.5$ MPa;6—$\sigma_m = 6$ MPa

(据 С. С. Вялов、Ю. К. Зарецкий、С. Э. Городечкий(1981)的资料)

于所有的切向应力值都记录到体积极大地减小。随后的体积变化与 S_i 值有关。当 S_i 值较小时,体积会进一步减小,具有衰减的特征。若剪切应力很大,则体积变形变成负值,即发生退荷固结。在每一蠕变阶段均可观测到体积变化。在不稳定蠕变阶段通常发生压密作用,若 S_i 大于长期强度极限,则既可观测到压密,也可观测到松散。在渐进流阶段也发生渐进松散,以破坏告终。总的来说,对于复杂应力状况,观测到黏滞性破坏,没有明显的破坏连续性。在单轴压缩时也见到这种变形特征。在剪切、扭转、拉伸条件下记录到脆性破坏。

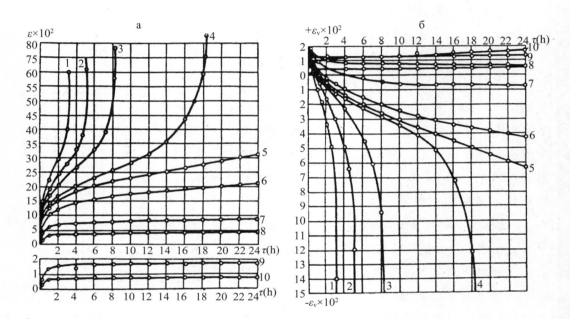

图 4.30　复杂应力状态的克洛韦亚沙土的蠕变曲线($t = -5$ ℃ , $\sigma_m = 1.5$ MPa)

a—剪切变形;б—体积变形;1— $S_i = 2.6$ MPa;2— $S_i = 2.51$ MPa;3— $S_i = 2.42$ MPa;

4— $S_i = 2.29$ MPa;5— $S_i = 2.25$ MPa;6— $S_i = 2.17$ MPa;7— $S_i = 1.73$ MPa;8— $S_i = 1.3$ MPa;

9— $S_i = 0.87$ MPa;10— $S_i = 0.43$ MPa

(据 С. С. Вялов、Ю. К. Эарецкий、С. Э. Городецкий(1981)的资料)

在复杂应力状态下,能以足够的精度设应力与应变之间的关系为幂函数关系,对于剪切变形有(4.12)式,对于体积变形有(4.13)式:

$$\varepsilon_i = \left[\frac{S_i(1 + \sigma_m/H)^\beta \cdot \tau^\alpha}{\bar{\xi}} \right]^{1/m} \tag{4.12}$$

$$\varepsilon_v = (\sigma_m/B)^{1/\delta} \tag{4.13}$$

式中 H 为土的黏聚力,可按不同变形强度条件下剪切应力 S_i 与平均法向应力 σ_m

之间的实验关系式确定。

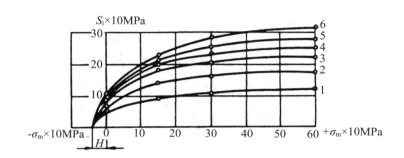

图 4.31　冻结克洛韦亚沙土($t = -5$ ℃)不同变形值的剪应力 S_i

与平均法向应力 σ_m 之间的关系曲线

变形值：$1—2 \times 10^{-2}$；$2—5 \times 10^{-2}$；$3—10 \times 10^{-2}$；$4—15 \times 10^{-2}$；$5—20 \times 10^{-2}$；$6—30 \times 10^{-2}$

（据 С.С. Вялов、Ю.К. Зарецкий、С.Э. Городецкий（1981）的资料）

图 4.31 所示的是一个 $S = f(\sigma_m)$ 实验关系式，它可确定 H。β、α、m、$\bar{\xi}$、B、δ 参数可按蠕变曲线求得，其例见图 4.30。上述所有参数都可以视为存在冻土复杂应力状况时的变形特征值。参数 $\bar{\xi}$ 和 H 与温度有关，要考虑它对变形过程的影响。尽管 m 和 α 值与剪应力、温度和 σ_m 有关，但其变化范围不大，因此在实际计算中，对于三轴和单轴压缩和纯剪切，可将这两个参数视为常数。

冻土的强度性质

荷载下冻土强度损失过程与冻土形变有着密切的关系。由于荷载下微剪切和裂隙的出现、发展、集中和变成主干大裂隙，冻土逐渐被破坏。冻土的破坏可以是脆性破坏也可以是黏塑性破坏。因为在用作地基的冻土中不允许第三阶段变形（渐进流），所以将从开始加载到进入第三阶段的时间作为破坏前的时间。在清晰地出现黏塑性流而不扰动土的连续性时，将达到 20% 的相对变形量的时间作为破坏前的时间。冻土的基本强度特征值是土的瞬时相对的、长期的、长期极限的抗压强度（σ_0、σ_τ、σ_∞）、抗拉强度（σ_{0p}、$\sigma_{\tau p}$、$\sigma_{\infty p}$），包括内聚力（C_0、C_τ、C_∞）和内摩擦角（φ_0、φ_τ、φ_∞）在内的土与土之间的抗剪强度（S_0、S_τ、S_∞），土与其他物质冻结面的抗剪强度（R_0、R_τ、R_∞），可用球形压模板确定的等效内聚力（C_{30}、$C_{3\tau}$、$C_{3\infty}$）。在上述各类实验中，瞬时相对强度是描述冻土抵抗快速破坏（5～30 s 内）的最大强度，其值由长期强度曲线的起始纵坐标确定。长期强度由指定时段内造成冻土破坏的应力确定，其值用长期强度曲线的动点坐标来表示。长期极限强度对应于这样的应力，即在超过这一应力之前，变形具有衰减特征，并在任何可实际测量的荷载作用时间下不发生破坏。长期极限强度用长期强度曲线的渐近线来表示(表 4.5)。

冻土强度性质的变化规律性与成分、组构、温度和荷载状况有关。冻土的抗剪强度与融土一样,与法向压力有关,不仅取决于内聚力,而且还取决于内摩擦。内聚力(C)在冻土总抗剪强度中占主要部分(60% ~70%),随法向荷载的增加而增大。黏性土的抗快速剪移的强度要比沙土小。内聚力和内摩擦角都随负温的下降而增大。例如,冻结黏土($W_c = 30\% ~35\%$)在 $t = -1$ ℃ 时 $\varphi = 14°$,而在 $t = -2$ ℃ 时 $\varphi = 22°$。冻结粉沙土($W_c = 26\%$)在 $t = -2$ ℃ 时 $C_0 = 1.6$ MPa,而在 $t = -5$ ℃ 时 $C_0 = 1.7$ MPa,$t = -10$ ℃ 时 $C_0 = 2.55$ MPa(表 4.11)。观测到这两个参数都随时间而减小。例如,在 30 min ~24 h 的时间内,含水量为 35% 的黏性土的内聚力在 -0.4 ℃ 时从 0.88×10^5 Pa 减小到 0.54×10^5 Pa,即减小约 39%。总的来说,冻土的瞬时抗剪强度要比长期极限强度高若干(3 ~7)倍。长期荷载作用下的抗剪强度的下降主要是土的内聚力的减小所致。土的内摩擦角仅在最初时期发生变化,随后几乎保持不变,并接近于这种土未冻状态的内摩擦角(表 4.12)。

表 4.11　各类冻土的瞬时相对内聚力和内摩擦角

土的名称	温度 t(℃)	C_0($\times 10^5$ Pa)	φ(°)	作　者
表层黏土($W = 0.32$)	-2	7.2	22	Н. К. Пекарская(1962)
	-1	5.2	14	
粉质沙土($W = 0.26$)	-10	25.5	40.5	
	-5	17	37	
	-2	16	33	
亚黏土	-0.3	4.8	10	С. С. Вялов(1959)
亚沙土($W = 0.3 ~ 0.32$),$D_{sal} =$ 0.3%,为 $MgSO_4$ 盐渍土,$t_{нз} =$ 0.71 ℃	-1	1.2	32	Л. Т. Роман, Л. Ф. Свинтицкая(1995)
	-2	1.5	32	
	-3	1.65	32	
	-6	1.8	32	
亚沙土($W = 0.3 ~ 0.32$),为 NaCl 盐渍土,$t_{нз} = -1.24$℃	-3	0.9	28	
亚沙土($W = 0.3 ~ 0.32$),为多种盐所盐渍,NaCl:$MgSO_4$:$NaHCO_3$:$CaSO_4 = 1$:0.57:0.12:0.12,$t_{нз} = -1.0$ ℃	-3	-1.5	36	

表 4.12　不同破坏荷载作用时间的冻结沙($W = 26\%$)的抗剪强度参数

(据 H. K. Пекарская(1962)的资料)

实验时间	特征值		注
	C ($\times 10^5$ Pa)	φ (°)	
1 min	25.5	40.5	该土在未冻状态的 $\varphi = 30°$
30 min	17.9	28.0	
1 h	15.8	29.0	
2 h	14.0	29.0	
4 h	12.8	27.5	
8 h	12.2	28.5	
12 h	11.8	27.5	
24 h	11.5	27.0	

还观测到冻土的瞬时相对抗压强度极高,可达数十兆帕,远大于未冻分散性土。例如,低温下(约 -30 ℃)整体状冷生构造的冻结沙的瞬时相对抗压强度达到 15～17 MPa,而冻结黏土的瞬时相对抗压强度达到 70～90 MPa。长期极限强度大大小于瞬时相对强度(小 4/5～9/10)(图 4.32)。

冻土的抗拉强度总是比其抗压强度低 1/2～5/6。这是因长期压缩时发生两个相反的过程即强化过程和破坏过程。强化过程取决于冻土的压密作用,此时矿物颗粒之间的接触量增大,结构缺陷得以愈合。压缩时导致强度损失的破坏过程既是结构连接的瞬时脆性破坏所致,也是蠕变过程中发生的破坏所致。拉伸时接触量减小,要完成破坏过程所需克服的仅仅是取决于分子力和离子静电力的结构连接和胶结冰连接。实验表明,冻结黏性土的瞬时相对抗断强度和长期抗断强度在 -10 ℃温度时可大于沙质土约 1.5 倍。显而易见,这是黏性土的结构连接较强所致。

冻土沿冻结面的抗剪强度取决于与不同种类的物质相接触的湿土冻结时产生的特殊类型的连接。在与不同种类物质接触的土的冻结过程中可在其界面上形成冰夹层。在这种情况下抗剪强度由土－冰和冰－其他物质的接触界面强度与冰自身强度的关系确定。若接触处无冰夹层,则抗剪强度由冻土－其他物质接触强度与冻土自身强度的关系确定。决定冻土－其他物质界面上冰夹层存在与否的析冰作用的性质,一方面由土和其他物质的成分和性质确定,另一方面由冻结条件(冷却速度、热流方向)确定。与冻结面相邻冻土的含水量、含冰量、结构、构造等的形成(与整个土体的性质有着较大差异)都与上述因素有关。但在其他物质－冻土接触处存在析冰作用时,冻

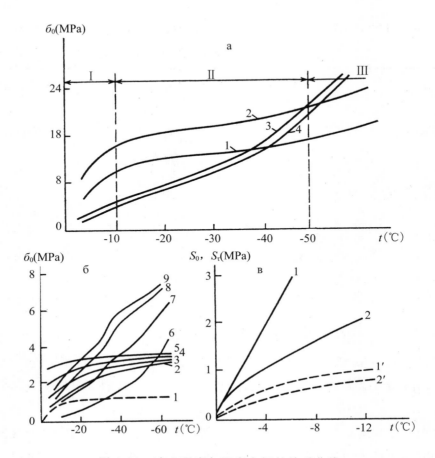

图 4.32　冻土强度与温度之间的关系曲线

a—抗压强度:1—冰,2—沙,4、3—分别为天然结构和结构被扰动的黏土(据 E. П. Шушерина、И.

　　Н. Иващенко、В. В. Врачев(1974)的资料);

б—抗断强度:1—冰,2、3、4、5—含水量分别为 10%、12%、15%、18% 的沙,6、7、8、9—含水量分别

　　为 12%、15%、18%、20% 的亚黏土(据 E. П. Шушерина(1974)的资料);

в—抗剪强度:1、1′—分别为粉质亚黏土的瞬时强度和长期极限强度;2、2′—分别为黏土的瞬时强

　　度和长期极限强度(据 Н. А. Цытович(1973)的资料)

土的粒度成分、矿物 - 化学成分以及组构的影响是均匀化的。至于冻结物质的性质对冻结强度的影响,则冻结强度随着物质表面的粗糙度、亲水性、孔隙度、饱水度的增大而增大。正如含水量达饱和容水量的 0.8 时不同分散性冻土的瞬时相对抗剪强度(R_0)的研究实例所表明的那样,中粒沙具有最高的 R_0 值(图 4.33a)。然后,分散性的减小和增大都使冻结强度减小。分散性较大的黏性土 R_0 小于沙质土,这与黏土中未冻水含量增大有关。粗分散性土由于孔隙大,保水能力差,因而冻结接触面积小,也导

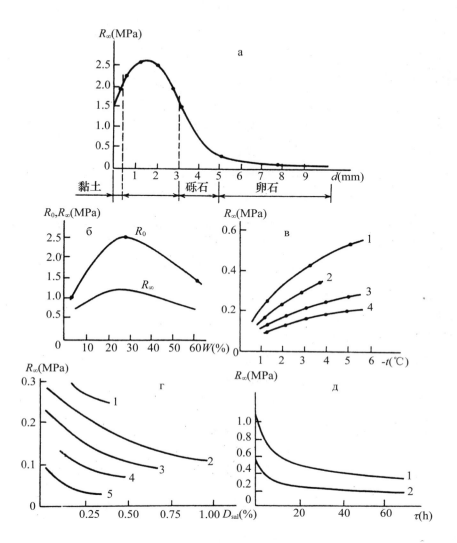

图 4.33 冻土沿冻结面的抗剪强度与分散性(a)、含水量(б)、

温度(в)、盐渍度(г)、荷载作用时间(д)之间的关系曲线

a—t = - 10 ℃ ,木材 – 土,W ≈ 0.8W_n(据 H. A. Цытович(1973)的资料)。

б—亚黏土,t = - 4.5 ℃(据 Ю. Я. Велля、В. М. Карпов、В. Н. Иванов(1966)的资料)。

в:1—混凝土 – 沙,W = 0.2(据 И. Н. Вотяков 的资料);2—木材 – 亚沙土,W = 0.3(据 С. С.

Вялов(1959)的资料);3—混凝土 – 亚黏土,W = 0.27(据 Ю. Я. Велля、В. М. Карпов、В. Н.

Иванов(1966)的资料);4—混凝土 – 亚黏土,W = 0.3%(据 И. Н. Вотяков(1975)的资料)。

г—混凝土 – 亚黏土:1—5.5 ℃,2— – 4.5 ℃,3— – 3.0 ℃,4— – 2.0 ℃,5— – 1.0 ℃(据 Ю.

Я. Велля、В. И. Аксенов(1976)的资料)。

д—木材 – 亚沙土:1— – 3.6 ℃,2— – 0.4 ℃(据 С. С. Вялов(1959)的资料)

致 R_0 减小。观测到约等于 0.8 饱和容水量的最佳含水量,在这一含水量时,R_0 和 R_∞ 都是最大的(图 4.336)。上述含水量影响的规律性,以及土的冻结强度与盐渍度、温度、荷载作用时间之间关系的规律性(图 4.336 ~ д),与其他类型应力状况下冻土强度特征值的这种规律性是相类似的。在大多数情况下,冻土总强度随温度的下降而增大。这对各类土和各种实验来说几乎都是正确的(图 4.32)。这种规律性首先是因为随着温度的降低,未冻水含量减小,未冻水的黏滞性增大和水膜厚度减薄,团聚结构连接转变为凝聚结构连接,冰量增加,冰的晶格变得牢固,冰胶结力增强。

　　温度对不同分散度的冻土强度的影响规律性在定性和定量关系中都是变化着的。在温度达到 - 10 ℃之前,在压缩时(图 4.32a Ⅰ 区段)和断裂时(图 4.326)都可见到冻结沙和冰的强度剧烈增大,当温度进一步降低时,这一增加速率减小,冰和饱水沙都是如此。冰和沙的曲线的相似性表明,它们的强度随温度下降而增大的主要机制可能是冰的晶格的强化,因为沙中的强烈相变发生于温度接近于 0 ℃时,所以含冰量在进一步冷却时保持不变。可作为一种岩石来看待的冰的形成也发生于这一温度下。沙与冰相比,有着较高的强度绝对值,显而易见,这是由沙粒的加固作用引起的。

　　至于黏性土,随着温度从土中水冻结点下降到 - 50 ~ - 60 ℃,其强度增大的速率稳定地高于冰和沙。压缩实验查明了温度达 - 35 ~ - 40 ℃之前冻结黏土强度低于冰的强度,温度达 - 50 ℃之前,低于沙的强度。断裂实验也揭示了温度达到一定的负温值之前,黏性土的强度值低于沙质土,随后,黏性土的强度大于沙质土。此时研究了含水量的影响:较高的含水量(0 ~ 0.8 饱和容水量范围内)使黏性土的强度开始超过沙质土强度的温度上升。

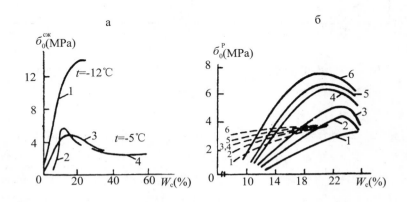

图 4.34　冻土瞬时相对强度与含水量之间的关系曲线

a—抗压强度:1—沙,2—亚沙土,3—黏土,4—粉质黏土(据 Н. А. Цытович(1973)的资料);

б—抗断强度:虚线—沙,实线—亚沙土,1— - 10 ℃,2— - 20 ℃,3— - 30 ℃,4— - 40 ℃,

5— - 50 ℃,6— - 60 ℃(据 Е. П. Шушерина(1970)的资料)

上述黏性土随温度下降而变化的规律性首先与黏性土中结合水的相变可在很宽的温度范围内发生有关。高负温下未冻水含量大,导致亚黏土和黏土的强度值低于沙质土和冰。但随着温度的降低,黏性土超微毛细管中未冻水不断结晶,使冰与土粒的胶结连接逐渐加强,平面接触的相互作用能量增大。由于黏性土的分散性比沙质土高而产生的这种较大的接触量,显然也能用来说明低温下冻结黏性土的强度增大(较之沙质土)。在土孔隙完全被冰和未冻水所充填之前,冻土强度在各类荷载作用下都是增大的,此时的总含水量约为饱和容水量的 0.8～0.9。一旦总含水量超过此值,则当冻结时形成使冻土总强度下降的微缺陷时,土将发生冻胀(图 4.34)。

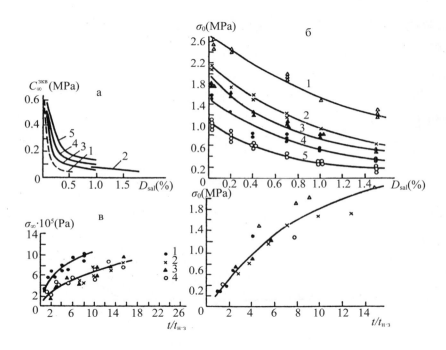

图 4.35　冻土强度与盐渍度(D_{sal})和同系温度($t/t_{н.з}$)之间关系曲线

a—长期极限等效内聚力与 D_{sal} 之间的关系曲线:1—沙($t = -3$ ℃),2—淤泥($t = -3$ ℃),3、4、5—温度分别为 -3 ℃、-4 ℃、5 ℃的亚黏土(据 В. И. Аксенов、Ю. Я. Велля(1979)的资料);

б—冻结多矿物黏土的瞬时相对强度与 D_{sal} 和 $t/t_{н.з}$ 之间的关系曲线:1— -12 ℃,2— -9 ℃,3— -7 ℃,4— -5 ℃,5— -3 ℃;

в—长期极限抗压强度与 $t/t_{н.з}$ 之间的关系曲线:1—沙,2—粉沙,3—亚沙土,4—亚黏土(据 Л. Т. Роман、В. И. Артюшина、Л. Г. Иванова(1994)的资料)

易溶盐的存在能降低土中水的起始冻结温度,增大未冻水含量,因此也较大地影响着冻土的强度。所生成的冰的结构和强度与孔隙溶液浓度和盐的化学成分有关。小浓度溶液冻结时结晶出致密的冰,冰中杂质起加固作用,因为杂质集结在错动处,所以阻止了它们的位移从而防止了土的破坏。提高水的矿化度有助于形成较疏松的、不太坚固的冰,在冰的孔隙和洞穴中含有不流动的盐液。观测到随着含盐量的增加所有强度特征值都降低了(图 4.35a,以及图 4.33г)。在估算温度降低值时,可写出强度特征值与同系温度(土温与土中水的起始冻结温度之比)之间的关系式。这一广义的结果对冻结盐渍土的瞬时相对强度和长期强度的情况都是正确的(图 4.35б,в)。

冻土冷生组构对力学性质有着重要影响。从冻土强度形成中可相对区分出冰胶结内聚力($C_{\text{п}}$)的作用和矿物骨架的结构内聚力(C_{c})的作用。根据 В. В. Врачев (1974)的资料, $C_{\text{п}}$ 值约为单轴压缩时黏性土总强度的 75% 。 $C_{\text{п}}$ 和 C_{c} 都与土冻结前形成的和冻结状态时所出现的构造有关。这在整体状构造的冻结层状黏土的抗剪实验中可清楚地观测到(图 4.36a)。长期强度曲线的比较结果表明,当剪切面顺着层理时,抗剪强度要小于垂直层理的抗剪强度。各向异性对强度的影响在含冰量增加、温度下降、分散性减小时是减小的。高负温时,含有大量未冻水的冻结黏土在整体状冷生构造时的抗快速剪切的强度小于网状冷生构造,若剪切面垂直层理,则网状冷生构造时的强度随冰条纹厚度的增大而增大。此时,通过冰发生的剪切面积越大,则层状土的抗剪强度就越大。最大的瞬时相对抗剪强度是从取自冻土层的冰样上得到的。

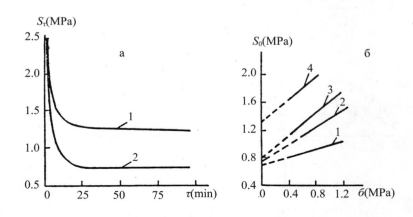

图 4.36　冷生构造对冻结黏土抗剪强度的影响

a—$t = -10$ ℃ 和 $\sigma = 1$ MPa 时的长期强度曲线:1—垂直于层理,2—平行于层理(据 Е. П. Шушерина(1963)的资料);

б—$t = -2$ ℃ 的快速剪切曲线:1—整体状冷生构造($W = 30.5\%$),2—小网状冷生构造($W = 30\%$),

3—小网状冷生构造($W = 33\%$),4—冰(据 Н. К. Пекарская(1963)的资料)

因此,整体状冷生构造的冻结黏土的抗剪强度取决于与胶结冰接触处的连接强度,而这种强度是最弱的。在这一情况下剪切面沿土粒间的接触处、沿着未冻水薄膜伸展,而不通过较强的冰区。

§4.4　岩石的电学和声学性质

岩石(包括冻土)电学性质的主要参数是电阻率 ρ 或其倒数电导率 $\sigma = 1/\rho$、介电常数 ε、极化率等。

电阻率 ρ $(\Omega \cdot m)$ 决定了岩石传导电流的能力即岩石的电导率 $(\sigma = 1/\rho$ $(\Omega^{-1} \cdot m^{-1}))$。冻土是多组分和多相系统,因而其电导率与各组分的电导率有关。土的气相是电介质,组成土骨架的大部分造岩矿物也是电介质,其电阻率高达 $10^8 \sim 10^{15}$ $\Omega \cdot m$。冰的电阻率总的来说是很高的。单晶冰是电导率很低的稳定电介质,纯冰的电阻率为 $10^8 \sim 10^{10}$ $\Omega \cdot m$(Фролов,1976)。多晶冰和盐渍冰由于缺陷和未冻水膜而具有较大的电导率。

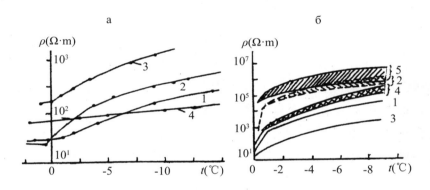

图 4.37　冻土的电阻率与温度之间的关系曲线

a—岩石:1、2、3—不同含水量的沙岩,4—页岩(据 M.C.Кинг(1977)的资料);
6—分散性土:1—整体状冷生构造的沙,2—带冰条纹整体状冷生构造的沙,3—整体状冷生构造的亚沙土和亚黏土,4—带冰条纹整体状冷生构造的亚沙土和亚黏土,5—冰川冰
(据 А.Д.Фролов(1976)的资料)

冻土主要的导电组分(与未冻土和融土一样)是孔隙溶液,而溶液导电具有离子性质。在未冻土和融土中尤其是饱水未冻土和融土中,载流子主要是自由溶液中的离子,冻土与其不同,其导电性有赖于活动性较弱的双电层扩散部分的离子。土在冻结状态时导电率减小的主要原因是导电组分——未冻水含量减小、导电路径延长和变窄、由土中析冰作用使导电路径间断等。岩石的电阻率主要取决于严格受孔隙空间和岩石节理限制的冰包体的体积和形状。因此岩石在冻结时电阻率的增加是有限的(图 4.37a)。只有在岩石转变为所谓的"可拆分岩石"时,富有裂隙的冻结岩石的电阻率可以达到几万欧姆米。冻结的喀斯特化石灰岩、多孔沙岩、构造破坏带不同类型的岩浆

岩、变质岩等的电阻率的增加最大。微孔隙岩(粉沙、页岩、喷发体、侵入岩)的电阻率经常发生不大的变化,若岩石仅含有强结合水(干寒土),则电阻率甚至在转变为负温域时也不发生变化(图 4.37a)。

　　对冻结分散性土的电阻率与成分、组构和状态各参数之间关系的研究最为充分。它们在负温域的电阻率在很窄的温度范围内,特别是在主相变区内可增加几个数量级。此时土的成分、分散度(通过未冻水量 $W_{нз}$)和含冰量 i 对电阻率值增加的强度和绝对值有着重要的影响(图 4.376)。

　　不同分散性冻土的电阻率与总含水量之间的关系也具有不同的特点。根据 B. C. Якупов 的资料,粗碎屑土和粗粒土的电阻率在含水量不大时就已经有了剧烈增加,后来的变化就很小了。含水量不大的分散性土在全部孔隙水都是强结合水时,即使转变为负温,电阻率也几乎不发生变化。大含水量冻土的电阻率开始时单调增加,而随着含水量的进一步增加和条纹状冷生构造的形成,电阻率急剧地增加。随着孔隙水矿化度的增大,孔隙溶液和冰的导电性增大,溶液冻结温度下降,液相含量增加。当浓度相当高时,矿化度的影响胜过土的成分的影响。

　　冰包体的分布特点即冷生构造类型对导电路径结构的影响较大。甚至在土的含水量差别不大时,条纹状冷生构造土的电阻率要大于整体状冷生构造的土(图 4.376)。条纹状冷生构造的分散性土的电阻率在总含水量和矿物组分的电阻率相同时按下述序列减小(图 4.38):层状、角砾斑杂状、网状冷生构造的土(曲线 1~3)、透镜状和不完整网状冷生构造的土(曲线 4、5)、斑状和层状(电流顺着层理流动)冷生构造的土(曲线 6、7)。

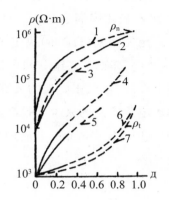

图 4.38　冻土电阻率与冷生组构和冰包体的体积含量之间的关系曲线

1—层状冷生构造的试样(电流垂直于层理),2—角砾斑杂状冷生构造的试样,3—网状冷生构造的试样,4—透镜状冷生构造的试样,5—不完整网状冷生构造的试样,6—斑状冷生构造的试样,7—层状冷生构造的试样(电流顺着层理流动);实线—最可能的冰包体体积含量值范围(据 Т. Н. Жесткова 和 Ю. Л. Шур(1982)的资料)

　　冻土导电性的各向异性与冻土的结构和构造特点有关,它可以用各向异性系数 $\lambda = \sqrt{\dfrac{\rho_t}{\rho_n}}$ 来表示,式中 ρ_t 和 ρ_n 分别为电流顺着或垂直于冰条纹或冰夹层的主走向(对于分散性土)流动,顺着或垂直于片理和节理(沉积岩和坚硬岩石)流动时的电阻率。冻结分散性土的各向异性系数要大于未冻土和融土,层状冷生构造的土的各向异性系数最大,图 4.38 的曲线 1 和曲线 7 很清楚地说明了这一点。

土的介电常数 ε 确定了交流电磁场作用下土中束缚电荷有序定向的极化能力。极化机制可以是各种各样的,因此极化的确定时间有较大的差异。某种极化机制要占优势,不仅与土的成分、组构和状态有关,而且还与电磁场的频率等有关。

冻土的介电常数与各组分的介电性质有关。土的气态组分的介电常数像真空那样等于 1,而大多数造岩石矿物的介电常数不超过 10。纯自由水的介电常数约等于 80(电磁场频率 $f = 0$ 时的静态值),即要比大多数矿物高 1 个数量级,这就决定了含水量对土的介电常数有很大的影响。但结合水的介电常数很小,接近于矿物。冰的介电常数也很大,可达到 $100 \sim 150$($f = 0$ 时的静态值)。但冰的介电常数随着电磁场频率的增高而减小的速度要比水快得多,在高频段($> 10^4$ Hz)冰的介电常数可较水小。转变为负温域时,总的来说土的介电常数是减小的(图 4.39),可看到温度下降时随着未冻水含量的减小,未冻结合水的介电常数也在减小。

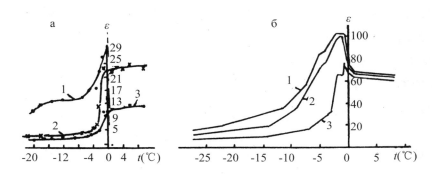

图 4.39　冻土介电常数与温度之间的关系曲线

a—$f = 10^6$ Hz 时不同成分和含水量的土:1—黏土($W_c = 35.5\%$),2—沙($W_c = 9\%$),

3—沙($W_c = 3\%$)(据 Б. Н. Достовалов(1967)的资料);

б—不同频率时的沙($W_c = 10\%$):1—1.5 kHz,2—3.3 kHz,3—25 kHz

(据 А. Д. Фролов(1976)的资料)

冻结坚硬岩石介电性质的研究相当薄弱。裂隙不多且相应较干燥的岩石在转变为冻结状态时,介电性质没有明显的变化,其介电常数值不大。不同成分的分散性土的 ε 与温度之间的关系曲线的特征是不一样的(图 4.39a)。冻结细分散性土与沙不同的是 ε 接近于渐近线终值的温度要低得多,并且介电常数存在渐近线中间值。沙土的介电极化强度与温度之间关系的研究还揭示了 ε 的异常变化特征——在土转入冻结状态时,ε 值增大(图 4.39б)。$\varepsilon(W)$ 关系在很大程度也取决于电磁场的频率。总的来说总含水量增加时,介电常数增大,但在冻结沙土中,这种变化要比融土小。矿化度对介电性质的影响的研究表明:含盐冰和海冰中极大的未冻盐液含量使介电常数大大增加,这可能是因为盐液孔隙中产生大偶极子之故,而冻土(例如沙土中)在矿化度增加时,其介电常数大大增加,可达到 200 或 200 以上。

极化率 η 表示土在直流电场的极化能力,在数值上等于切断外部供给电流后所测量的激发电位差 $\Delta V_{вп}$ 与电流通过时测量的初始场的电位差之比:

$$\eta = \frac{\Delta V_{вп}}{\Delta V} \times 100\% \tag{4.4}$$

不含有半导体矿物的岩石的激发极化主要与土在固相与液相接触处发生的浓缩－扩散现象有关,因而取决于冻土孔隙中的电过程动力学。对于未冻岩土来说,块状结晶岩和一些为淡水饱和的沙质黏性土具有最大的极化率(3% ~6%),坚硬的沉积岩和为矿化水所饱和的沙质黏性土具有最小的极化率(<1%)。沙质黏性土的激发极化与黏粒含量有关,在其为 1% ~3% 时达到最大值。实验查明了,粗分散性土的极化率最大(图 4.40),土的极化率分异作用随分散度的增加而减小。矿化度对极化率的影响不是单解的。根据野外工作的资料,极化率随孔隙水矿化度的增加而减小;但这种影响随分散度的增加而减小。总的来说,在上述所有冻土电性质参数中,极化率的多解性较大,与冻土特征值的关系较复杂。

冻土的声学性质与其成分、含冰量、冷生宏组构、冷生微组构和温度有着重要的关系。于是就能利用声学方法(就像电学方法那样)来定量评价岩石的一系列工程地质特征值。在外部动力作用下,土中传播着可按介质颗粒位移特征划分的不同类型的弹性波(纵波、横波和面波等)。土的最重要的声学参数是弹性波传播速度:v_P——纵波传播速度,v_S——横波传播速度,v_R——面波传播速度。其中研究最为详细的是纵波传播速度 v_P。在土进入冻结状态时,弹性波传播速度增大,这首先取决于冻结时的相变和出现新的组分——冰,因为冰具有极大的传播速度(v_P = 3500 ~4000 m/s),要比液相水(v_P = 1450 m/s)大得多。冻结坚硬岩石的弹性波传播速度最大。冻结坚硬岩石的矿物成分对弹性波在冻结岩石中的传播速度影响较大,因为矿物成分是冻结坚硬岩石最高速的组分之一。基性岩具有最高的传播速度(v_P = 5000 ~

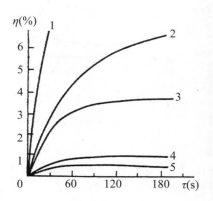

图 4.40　冻土极化率与电流
通过时间之间的关系曲线
1—冰;2—粗沙;3—细沙;
4—亚黏土;5—黏土
(据 A. M. Снегирев(1972)的资料)

7000 m/s),酸性岩的 v_P = 4000 ~6000 m/s,沉积岩的弹性波传播速度还要更小。节理和孔隙度会大大降低 v_P 值,因为气态组分的 $v_P = 340$ m/s。风干岩石冻结时,含水量最小, v_P(v_S 也同样)没有很大的变化(图 4.41a)。湿润岩石冻结时, v_P(v_S)值在 0 ~ −2 ℃温度范围内急剧增大,然后变化不大(直至 −20 ~ −30 ℃)。

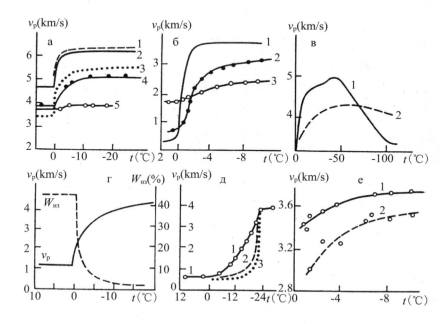

图 4.41　纵波速度 v_P 与温度之间的关系曲线

a—不同成分的坚硬岩石:1—整体的玄武岩,3—多孔玄武岩,2—整体花岗岩,
　　4—饱水沙岩;5—干燥沙岩(据 O. H. Воронков(1974,1976)和 A. Тимур
　　(1968)的资料);

б—不同成分的分散性土:1—沙,2—亚黏土,3—黏土(据 Φ. Φ. Аптикаев
　　(1964)的资料);

в—不同冷却速度时:1—快速冷却时,2—缓慢冷却时;

г—未冻水含量变化时(据 E. Накано 和 H. Фроула(1973)的资料);

д—不同 NaCl 盐渍度时:1—1%,2—2%,3—3%(据 И. H. Вотяков(1975)的资
　　料);

е—对于层状冷生结构:1—顺着层理,2—垂直层理(据 Ю. Д. Зыков 等(1981)
　　的资料)

总的来说,坚硬岩石的弹性波传播速度的变化如下:融化整块岩 v_P > 冻结多裂隙岩 v_P > 融化多裂隙岩 v_P。有可能通过各组分的传播速度来定量估算坚硬岩石的体积含冰量。此时可用三组分介质的平均传播时间公式来计算含冰量:

$$\frac{1}{v_{\text{м}}} = \frac{n_{\text{об}} - i}{v_{\text{в}}} + \frac{i}{v_{\text{л}}} + \frac{1 - n_{\text{об}}}{v_{\text{ск}}} \tag{4.15}$$

式中 $n_{\text{об}}$ 为总孔隙度, i 为含冰量, $v_{\text{м}}$、$v_{\text{в}}$、$v_{\text{л}}$、$v_{\text{ск}}$ 分别为冻结岩石中、空气中、冰中和矿物骨架中的纵波传播速度。

冻结分散性土冻结时 v_{P} 值的变化与土的成分有关(图 4.41б)。粗碎屑土和沙质土在温度经由 0 ℃ 变化时观测到速度有最大的突变。纯沙中速度的这一变化达 300% ~ 500%,并且速度最急剧的增加发生于 0 ~ -2 ℃ 的温度范围,这是由于自由水冻结之故。冻结黏土中 v_{P} 与温度之间的关系的特点是温度经由 0 ℃ 变化时速度的突变不大(10% ~ 20%),当温度进一步降低时,速度有很大的增加。图 4.41г 详细地表示了纵波速度与未冻水含量($W_{\text{нз}}$)之间的关系,由图可见,高岭土冻结过程中 v_{P} 与 $W_{\text{нз}}$ 的变化曲线甚为一致。融化过程中也可看到类似的曲线特征。

Ю. Д. Зыков(1989)在 -1 ~ -100 ℃ 的温度范围内所进行的专门实验室研究表明:在 0 ~ 40 ℃ 的温度范围内 v_{P} 增大,这主要与相变及冰的强度和弹性增大有关。当冻结沙的温度进一步降低时,产生了降低土的刚性并导致纵波速度急剧减小的微裂隙(图 4.41в)。

含水量对 v_{P} 值的变化有重要影响。所有的分散性土的总含水量的增加都会导致 v_{P} 增大。纵波传播速度随孔隙充填度的提高而增大,这主要与气态组分和胶结冰含量的降低有关。沙土的矿化度增大将引起温度位移,此时速度从 0 ℃ 向负温域急剧增大。

冷生构造的形成,尤其是层状冷生构造的形成,将明显引起冻土速度传播性质的各向异性(图 4.41e),这种各向异性可用各向异性系数 $\chi = v_{\text{P}}^{\parallel}/v_{\text{P}}^{\perp}$ 来描述,式中 $v_{\text{P}}^{\parallel}$ 和 $v_{\text{P}}^{\perp}$ 分别为顺着和垂直于层理的传播速度或为按冰条纹的主要排列方向传播的速度。此时 $v_{\text{P}}^{\parallel} \geqslant v_{\text{P}}^{\perp}$,而各向异性系数与土的成分、冰夹层厚度、温度、含水量等性质有关,按照 А. Д. Зыков(1989)等人的资料,各向异性系数可达到 1.25 ~ 1.3。

横波(v_{S})和面波(v_{R})在冻土中的传播速度的研究要少得多,尽管在确定许多弹性特征值时需要这些波的知识。总的来说,横波传播速度随温度的变化与 v_{P} 的变化相类似。根据冻土中 v_{P} 和 v_{S} 的综合测量结果,查明了冻土中 $v_{\text{S}}/v_{\text{P}}$ 之比大致是稳定的,约等于 0.5。

根据冻土的速度特征值(v_{P}、v_{S}、v_{R})可计算动态杨氏模量($E_{\text{д}}$)、泊松比($\mu_{\text{д}}$)、剪切模量($G_{\text{д}}$)和体积膨胀模量($K_{\text{д}}$):

$$E_{\text{д}} = v_{\text{P}}^2 r \frac{(1 + \mu)(1 - 2\mu)}{1 - \mu}, \quad \mu_{\text{д}} = \frac{v_{\text{P}}^2 - v_{\text{S}}^2}{2v_{\text{P}}^2 - 2v_{\text{S}}^2},$$

$$G_{\text{д}} = \frac{E_{\mu}}{2(1 + \mu)}, \quad K_{\text{д}} = \frac{E_{\text{д}}}{3(1 - 2\mu)} \tag{4.16}$$

但是,用声学方法确定的动态弹性参数值与静态弹性参数值彼此之间是不相等的,这是因为动态值是在不大的且短时间的力作用下确定的,而静态值是在长期力学实验中确定的。土体流变性越大,土体偏离理想弹性体越远,上述差异就越大。例如,松散土动、静态模量 $E_{\text{д}}$ 和 E_{c} 的比较结果表明:$E_{\text{д}}/E_{\text{c}}$ 之比可为 2 ~ 5。

已详细研究了冻土强度特征值与声学参数之间的关系(图 4.42)。目前关于抗压强度($\sigma^{\text{сж}}$)的资料数量最多,关于抗断强度(σ^{p})和抗剪强度($S^{\text{сд}}$)的资料数量最少。

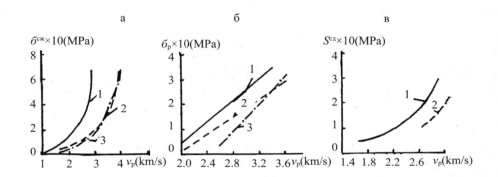

图 4.42　冻土声学参数(v_{p})与强度特征值($\sigma^{\text{сж}}$、σ^{p}、$S^{\text{сд}}$)之间的关系

1—黏土;2—沙土;3—亚黏土(据 Б. Г. Хазин(1973)的资料)

中篇　多年冻土区的成岩作用及其特点

第五章　多年冻土区沉积物质
的形成（风化作用）

　　在主要由坚硬岩石和半坚硬岩石构成的多年冻土区，地形上最常出现的是岩石的力学破坏过程，这种过程与岩体、大岩块和碎岩块的体积变化、薄膜水的劈裂作用、自由重力水在裂隙中的冻结作用等有关，它们都使这里清晰地表现出物理风化过程的特点。但在堆积平原上也可看到最为完整的物理化学风化和生物化学风化的结果。多年冻土区的综合风化过程形成了独特的最终产物——冷生残积层。

§5.1　物理力学风化

　　物理力学风化过程可划分为若干机制和阶段。在风化过程影响区岩浆岩、变质岩、胶结沉积岩生出之前很久，坚硬岩石和半坚硬岩石就出现地质构造力学预破坏。这种情况下的岩石存在复杂大裂隙和微裂隙系统，裂隙的成因、形状和延伸既与岩石的形成特点有关，也与岩石中随后发育的应力（取决于岩体压力和地质构造性质的力）有关。岩石出现于地壳近表面部分时会发生卸载和应力消失，使早就存在的微裂隙扩展起来，使大裂隙变大变长，产生了新的卸载裂隙群。在地壳近表面部分形成的裂隙带称为预破坏带。预破坏带的厚度从地台区的几十米到褶皱区（山区）的几百米。因此，还在与风化外营力相互作用之前很久，岩石就好像准备着遭受破坏，这决定了岩石进一步表生改造的进程和特点。这一机制可称为地质构造力学机制，是所有包括冷生沉积成岩类型在内的成岩作用类型所固有的机制。

　　风化的温度机制建立在岩石和矿物的线性膨胀和收缩以及水的相变之基础上。随着致密岩体接近地表，岩石越来越大地经受着温度因素即温度的季节变化和日变化的作用。

　　日温度和年温度变化层的垂直剖面的温度梯度导致不均匀的并随深度衰减的拉伸变形或压缩变形和相应的三向梯度的拉应力或压应力。在坚硬岩体和半坚硬岩体的近地面部分产生裂隙带。

　　水在大裂隙中冻结使温度因素在致密基岩的破坏中继续进一步起作用。当水变成冰时发生膨胀劈裂效应。这一过程虽然有可能自下而上地进行，但自上而下地进行是肯定无疑的，裂隙就好像上面被冰塞子堵塞，因而水的进一步冻结已在封闭系统中进行，在此系统中可产生巨大的达几十兆帕的劈裂压力。

　　温度变形和水在已产生的裂隙中冻结的后果就是最初的整块坚硬岩石分裂成许多碎块。

　　正是由于温度因素对岩块表面的持续作用产生了由一层一层的薄片状裂理——小鳞片——形成的典型鳞剥壳。结果许多岩块变成了好像被"研磨过"的圆形，类似于滚圆的漂砾（图 5.1），在这种情况下，难怪有人推测它们是被古冰盖带到山的平顶上的。剥落作用也"研磨着"从冰下释放出来的山脊地区。例如，在南洲"绿洲"，岩石表面上的日温度幅度几乎达到 40 ℃，因而岩石上层发生剥落，剥落壳厚度为 3～25 cm。

图 5.1　一个花岗岩块，由于鳞剥作用而平顺的漂砾形状；
还可见到将岩块劈成两半的温度裂缝（И. Д. Данилов 摄）

　　与温度同时起作用的还有破坏致密岩石和半坚硬岩石的**水合机制**，水合机制取决于最薄的水膜的劈裂作用。А. Г. Черняховский（1966）将这种机制称之为**水合风化**。水合机制在于：矿物颗粒内和颗粒之间接触处的微裂隙和超微裂隙通常充填着结合水薄膜,而结合水薄膜是由水汽的水合或吸附形成的。薄膜的厚度由矿物层自由表面能确定,随时间而变化,与温度、空气的相对湿度或岩石孔隙中水汽压力等的变化有关。这些参数值的变化决定了薄膜厚度的脉动,因而产生结合水劈裂压力,劈裂压力首先产生于强度小的区域(缺陷、超微裂隙)以及开敞裂隙的尖部。在冻土区,除了固有的水合机制外,下面所述**风化的冷生水合**机制也在广泛地起作用。逐渐扩大的微裂隙能够容纳一定数量的自由水(随时间越来越多)。当这些水变成冰时,体积增加 9%,冰产生剩余劈裂压力 P_p^n,就像已指出的那样,剩余压力可达到很大的值。

北极和亚北极条件下温度风化机制和冷生水合风化机制的综合作用产生了为 Ю. А. Билибин,然后为其他一些研究者所指出的一种特殊现象——在一定的条件下许多坚硬岩石的岩块能够突然被破坏,一下子就变成碎石、角砾,有时直接变成细粒土。在这种情况下产生一些为岩块和碎石堆所围绕的含碎石和角砾(或碎石、角砾群)的细粒土斑(或斑群)。

§5.2　生物化学风化

关于冻土区沉积物形成中化学过程的参与程度的问题是一个有争议的问题。在温暖和炎热的潮湿气候条件下,破坏作用区的岩石及其破坏产物通常与水和水溶液发生复杂的、形形色色的化学相互作用和反应:水合作用、溶解、水解、置换和离子交换等。在这种情况下,土溶液自身发生的各种复杂的过程也很重要,它将形成新的化合物和矿物,而在一定的条件下,最终将形成新的岩石。这就是离子和盐分的电解游离过程、渗透过程和扩散过程,盐分从过饱和溶液中沉淀的过程,孔隙和岩石节理的胶结和淤填过程,胶体溶液中的过程等等,大部分情况下这些过程是同时地、连续地和相互联系地发生的。

下述原理(范戈弗 - 奥斯特瓦尔德原理)是众所周知的。按此原理,温度下降 10 ℃,化学反应速度就减一半。因此,证明了 Страхов(1960)等人的观点:极地和亚极地纬度的低温环境使成岩作用各阶段尤其是表生作用阶段(但沉积和岩化阶段也同样如此)的化学过程强烈被抑制。同时也存在另一些观点。在冻土层发育区,当年平均温度为负值时,处于三相(液相、固相和气态)的水起着成岩因素的作用。这种现象可用水自身的复杂结构来加以说明。众所周知,岩石中存在结晶水、强结合水、弱结合水和自由水(毛细管水和重力水)。重力水与物质表面无分子键合。岩石中自由水的数量取决于岩石孔隙度、压力、温度等。弱结合水处于自由水和强结合水之间的中间位置,在固体颗粒的表面上形成分子层。在此分子层与固体近表面分子层之间产生力场。在这一双分子层中集中了大量能量,就好像能量在这里凝聚和浓缩。

分散性冻土中水的所有存在形式都可视为一个复杂系统,该系统中,当热量变化时,各种存在形式都将经历相变。业已知道:由于固体物质的比表面积,强结合水在很低的温度下(冰－100 ℃,细分散性土－180 ℃)都能以液相存在。矿物骨架中水的两种状态大大提高了整个系统的潜能。冰从一个状态变成另一种状态时以自己的方式成为化学反应的催化剂,由此加强了物质迁移和元素积累。液相中水的氢离子浓度增加,其侵蚀性接近于酸。此时,单质气体(氧、氢)含量增加,它们产生于冻土层温度变化之时和季节融化层冻结－融化之时。例如,1 m³ 水变成冰时释放出 120 g/mol 的单质氢。

按照 А. И. Тютюнов(1960)的观点,相互作用的相系统表面能凝聚程度的变化是固－液相界面上物理化学过程产生和发展的基础。表面能随物质温度的下降而增加,使矿物颗粒与矿物颗粒沿毛细裂隙所吸附的水膜之间的物理化学反应强度增大,最终导致矿物颗粒发生强烈的水合作用。这本身就能在系统中产生新的应力源,因为出现了新的颗粒界面。水合过程是从岩块新鲜劈裂面上的残积壳中开始的,在粗碎屑－细粒成分混杂的湿土中一直持续到碎屑颗粒达到粉质粒级时为止。在粉质成分的土中,毛细裂隙中固－液相界面上的化学反应在很大程度上因各粒子间的距离增加而衰减(Черняховский,1966)。当氧化的和水合的粉质物质进一步改造成黏土质胶体时,在能量上是不利的。在这种条件下,只有释放热量的放热反应(例如氧化反应)才是能量上有可能的反应。

在稳定冻土层中,由于未冻水的体积及其活动性均较小,达到化学平衡的时间比周期性冻结和融化的岩石要快,因此地球化学过程的强度衰减得较快,但并没有完全停止。这与某些原因有关,正由于这些原因,化学组分从未冻水中析出。这些原因首先是在温度梯度、压力梯度、电位势和其他势梯度的作用下未冻水及其溶解物质的迁移作用,其次是未冻水中从岩石迁移出来的离子浓度增加时冰的稍微融化。随着溶液浓度的增大,扰动了系统中未冻水－冰的平衡,由于冰的稍微融化和水分子从冰结构转变为结合水结构,岩石中的未冻水量增加。因此,能不断地均衡未冻水中盐的浓度,直到降至初始浓度时为止(勒夏蒂利埃－布郎－崔托维奇平衡偏移原理)。上述的一切都表明冻土不是地球化学静止区。冻土中的化学反应并没有完全停止,而是在冻土存在的整个时期中具有不大的、但不等于零的反应速度。

生物成因因素在坚硬的和半坚硬的岩浆岩、沉积岩和变质岩的头几个风化阶段就已经表现出来了,这是 М. А. Глазовская、Е. И. Парфенова、Е. А. Ярилова 在天山和高加索山的雪蚀带、南极及其他许多极地地区所确定的。在坚硬岩体和一些被劈裂的岩块裸露不久的新鲜表面上长有水锈般的叶状地衣,绿藻、硅藻和鞭毛藻,以及各种细菌和真菌。根据 М. М. Голлербах 的资料,在南极从冰下裸露不久的班赫尔绿洲地表上发育着约 30 种地衣、20 种苔藓和 50 种藻类。沿湖岸和海岸堆积的蓝绿藻正在变成黑色腐泥。

例如,由于上述有机物的、与冷生水合风化机制同时进行的生物地球化学作用,在天山(泰尔斯凯山脉)雪蚀带裸露不久的新鲜花岗岩表面上形成了厚 1~2 cm 的明亮的壳。根据 M. A. Глазовская 的资料,此壳化学成分与未变花岗岩成分的比较分析结果没有发现大的差异,而同时它们在矿物成分上有较大的不同。壳中的硅酸盐含量比原始岩石减少一半,并含有相应数量的新生硅酸盐——水云母和伊利石类矿物,它们有时完全取代了长石粒子。壳中方解石含量增加 3 倍,其他许多矿物的含量(石英、绿帘石、磷灰石、锆石)也相应地增大。观测到新生的棕褐色(含铁)集合体和蛋白石。

厚 10~15 cm 的近表面层岩石经历了一般的生物地球化学改造过程。裂隙侧壁和剥落层下表面覆盖着赭锈色或橙红色的铁锰析出物斑块,这些析出物是由于 Fe_2O_3 和 MnO 在被推近表面时从溶液中沉淀出来以及溶液蒸发时形成的。在风化层下部观测到在 HCl 作用下快速沸腾的稍带黄色或粉状次生方解石的泉华、被膜,亦堆积着钙质的非碳酸盐化合物(其中有石膏)。显微镜下研究岩石的壳层发现了原生矿物分解的阶段性。层状硅酸盐首先被分解:开始时是绿泥石被分解,然后是角闪石和黑云母被分解,长石上覆盖着黄褐色细粒集合体——次生黏土质矿物。

B. O. Таргульян(1971)在研究新西伯利亚群岛大利亚霍夫岛上斜长花岗岩的风化作用时发现铁从矿物(主要是黑云母)晶格中释放出来并氧化。矿物粒子上(不仅在黑云母上,而且在长石和石英上)通常覆盖着红色壳层和氧化铁膜。在"泥灰岩"含铁膜和含铁壳层下发现了与原生硅酸盐(黑云母和长石)的溶解有关的蛋白石膜。根据化学分析资料,格陵兰冰盖边缘附近的花岗岩风化带的铁、钛和镁含量要低于新鲜花岗岩(Лаврушин,1976)。看来,生物化学风化在其出现的早期(地衣、细菌的作用)对坚硬岩块表面剥落现象的产生不像温度风化那样起决定作用,上面已提到过这一点。花岗岩类型的结晶岩浆岩常经历这一生物风化过程。

§5.3　黏土矿物的表生形成过程

研究土壤对解决关于冻土区内表生成矿过程特点的问题具有重要意义(Таргульян,1971)。在风化和成土过程的一般特点中可看到原生硅酸盐母岩化学的和生物的改造速度很小,而从经历成土过程介质释放出可溶产物的冲出物速度较大,两者之间不相适应。在坚硬岩石和半坚硬岩石上发育的山上含石、沙的土壤的基本标志是:(1)母岩强烈破碎时的化学 - 矿物变化微弱,它表现为残积土层厚度不大,新生矿物(其中包括黏土矿物)数量不多;(2)土中迁移的有机物质的活动性和侵蚀性;(3)

土剖面的酸反应、淋溶性和不饱和性。这些因素的共同作用导致上述结果。

在冲刷状态条件下沿残积土层剖面发生细分散性悬浮体形成过程,即成土过程,这一过程表现为所堆积的细分散性部分由粒径小于 0.01 mm 的颗粒组成。这一部分的堆积有几个原因:(1)这是层状的和结构上与其相近的母岩原生硅酸盐的阶段性变化所致,风化的结果是释放出黏土矿物和氢氧化铁。(2)像长石、火山玻璃等这样的矿物在风化时能被破坏到组成的元素和晶质氢氧化铁、晶质氢氧化铝,可能还有晶质水铝英石氢氧化物。然后,活跃的有机物质与残积土层硅酸盐相和非晶质氢氧化铝、氢氧化铁之间的相互作用形成细分散性的、沉淀的、已丧失活动性的有机 – 矿物化合物相,即淤泥质部分。这一部分几乎完全由硅、铝、铁和水铝英石的非晶质氢氧化物和有机 – 矿物化合物组成。在这些最初产物的基础上不发生进一步的合成黏土形成过程,则说明气候很寒冷。

然而,许多作者(E. M. Наумов、Б. П. Градусов)指出:破坏火山玻璃和长石的非晶质产物可能合成冻结土壤中的黏土矿物(鄂霍茨克海北岸)。黏土矿物的主要形成途径就是层状硅酸盐或结构上相接近的原生岩石的矿物的阶段性变化。由分子形式的硅、铝、铁合成的新生黏土矿物具有次要意义。因此,新生细分散性(淤泥质)部分成分上的主要差异取决于原生母岩成分上的差异。在地表上分布着主要由层状硅酸盐组成的岩石的地方,发育于其上的残积土堆积就含有继承性黏土矿物——硅酸盐阶段性改造的产物。在地表发育由长石、基性玻璃和辉石组成的基性火成岩(玄武熔岩和火山岩滓)的地区,新生淤泥质部分完全或几乎完全由上述矿物完全分解产物即铝、铁、硅的非晶质氢氧化物和有机 – 矿物化合物构成。

在原生基岩残积土改造过程中产生的占优势的黏土矿物是 3 – 八面体的和复八面体的水云母、蛭石、高岭石、混层矿物(水云母 – 蛭石、水云母 – 蒙脱石等)、蒙脱石,它们是通过水云母或蛭石阶段性变化形成的。常见的不是很有代表性的黏土矿物是绿泥石和多水高岭土(Таргульян,1971)。根据 H. A. Шило(1981)的资料,在季节融化残积土层中,铝硅酸盐类经由水云母阶段相继变成贝得石和蒙脱石,而铁镁硅酸盐变成水黑云母 – 水蛭石类的水云母,并最终变成铁贝得石或多水高岭土。观测到白云母阶段性地改造为水云母,改造成高岭石的情况不多见。季节融化层中这种物理化学风化和次生(表生)黏土矿物形成趋势是由一般的酸性或中性介质及其在冻土顶面融化时由于流入的水而过湿所决定的。有这样一种观点:风化和表生矿物的特点在多年冻土层之上的季节融化层中与在多年冻土发育区之外的季节冻结层中是相类似的甚至是相同的。但情况不是这样。在秋季发生自上而下和自下而上冻结的季节融化层中的能量过程总是要高于仅自上而下地进行的季节冻结层。

关于确实查明了新生黏土矿物的多矿物成分的资料与关于在冻土区风化产物黏

土质部分中水云母成分的不发达并几乎排除在外的已有概念是相矛盾的。应特别强调高岭石的存在,它证明了母岩原始内生硅酸盐是可能发生深刻的矿物学变化的。

原始硅酸盐完全分解产物的存在——铁和铝的游离氢氧化物,也证明了原生岩石深刻的表生地球化学改造。在由基性岩浆岩的破坏而形成的残积土层中,堆积着下述硅酸盐最终分解产物:铝和铁的非晶质氢氧化物、结晶氢氧化铁(针铁矿、含水针铁矿),可能还有结晶氢氧化铝;有机－矿物沉淀的铁和铝的非晶质化合物,其中包括螯合物;在一些个别情况下观测到水铝英石和铁硅非晶质混合物(Таргульян,1971)。偶尔看到铁盘型的致密铁结核。表生作用带常形成大量游离非晶质氢氧化物堆积这一事实与硅酸盐被阶段性地改造成高岭石的趋势一样,与广泛传播的一个观点是不相一致的,这个观点就是:这些矿物形式只能由潮湿的热带和亚热带气候条件下的风化作用形成。冻土区风化时也发生这些矿物的世代过程,但规模要比炎热而潮湿气候条件下小得多。除此之外,冻土区风化壳中大量堆积的铁、铝、硅抑制了它们的高度活动性。看来,冻土区黏土矿物的形成过程与水合风化和冷生水合风化过程有关(Черниховский,1969)。例如,在天山的泰尔斯凯山脉雪蚀带(绝对高度4200~4300m)花岗闪长岩残积层成分中可见到原始母岩的全部矿物组分:长石、绢云母、绿泥石、少数石英粒子。但小碎片尤其是绢云母和绿泥石小鳞片被强烈风化。后者在水合作用下变成褐色,失去清晰的晶形,并转变为水白云母、水蛭石成分的黏土质产物,观测到方解石被淋蚀。在较大的碎屑颗粒周围可看到最小的新生鳞片状黏土质产物团块。它们从碎屑中被冲走,少数以灰褐色粉质亚黏土形式堆积在风化带下部的岩屑之间。亚黏土中的黏土物质含水云母－水蛭石成分。小矿物碎屑的风化程度使 А. Г. Черняховский 做出下述结论:雪蚀带的寒冷气候不能阻止物理化学反应和化学反应的进程,但它们仅出现在毛细裂隙和孔隙最薄的未冻水膜内、矿物的液相与固相界面上及细分散性物质之中。在沿较大裂隙边缘的自由水中,由于能量不足,不可能发生这种反应。

§5.4　沙－粉沙粒纹矿物成分的表生改造

原生岩石在物理和物理化学风化作用下的表生改造过程中沙－粉质部分不同矿物成分颗粒比例发生变化。确实观测到的并为实验证实的最明显的变化与季节融化层和季节冻结层的冻结－融化循环有关(Минервин,1982;Конищев、Рогов,1985;等)。发现最大的变化发生于潮湿岩石冻结－融化之时,干燥时变化缓慢得不可比较(表5.1)。潮湿－干燥过程(水合风化)不会使参与实验的矿物破碎。

表 5.1　不同条件下粗粉沙粒级形成的模拟结果

(据 A. B. Минервин(1982)的资料,经删节)

实验条件	矿物	不同直径(mm)的粒级含量(%)					
		0.1～0.25	0.05～0.1	0.01～0.05	0.005～0.01	0.001～0.005	<0.001
饱水状态下的冻结(−10℃)−融化(15～20℃)	石英	11	20	68	1	—	—
	斜长石	7	44	48	1	—	—
	方解石	6	15	20	30	29	—
	黑云母	98	1	1	—	—	—
风干状态下的冻结(−10℃)−融化(50℃)	石英	98.5	1	0.5	—	—	—
	斜长石	98	1.5	0.5	—	—	—
	方解石	93.5	5	1	0.5	—	—

注:实验前所有矿物 0.1～0.25 mm 粒级的含量为 100% 。

在饱水状态下循环 100 次的冻结(达−10℃)和融化(加热到 15～20℃)作用后长石(斜长石)、方解石和石英发生强烈破碎,并富集起较细的约 0.1～0.25 mm 的粒级(与原岩相比较),并且石英在很大程度上富集于粗粉质粒级(0.01～0.05 mm),长石既富集于粗粉质粒级也富集于细沙粒级(0.05～0.1 mm),而方解石富集于较均匀的细沙和粗、细粉沙以及粗泥岩(粒径分别为 0.05～0.1 mm、0.01～0.05 mm、0.005～0.01 mm、0.001～0.005 mm)。云母(黑云母)几乎没有破碎。

H. A. Шило(1981)提出了描述矿物表生稳定度的数值,并说明了其依据。此量是表示矿物结构能量状况的矿物硬度(H)与反映晶体中原子堆积密度的比重(P)之乘积。此量的对数称为矿物的**表生稳定性常数**。表 5.2 给出了风化壳最有代表性的矿物的比重、硬度和表生稳定性常数。由表可知:像石英、辉石、角闪石类、长石这样的造岩矿物在表生稳定性方面所占的地位是接近的。但冻土区表生稳定性的特殊性表现在:石英颗粒被破碎到更小的尺度,并富集于粗粉沙粒级(0.01～0.05 mm),而长石富集于更粗和细沙粒级(0.05～0.1 mm)。一些作者将这种特殊性与关于石英晶体微结构的资料联系起来。石英晶体由(10～100)×10 μm 的块组成,块呈复正方柱形,块与块之间由线型缺陷隔开,线型缺陷呈直径为 2000～3000Å 的断错槽沟,每平方厘米有 2×10⁷ 个缺陷(Минервин,1982)。另一些作者(Конищев,1981)认为:冷生破碎极限取决于稳定未冻水层的保护作用。在 0.05～0.1 mm 尺度的石英颗粒中表面的缺陷和微裂隙与多年冻土区最大可能负温值时的稳定层厚度是可比较的,长石的破碎极限由 0.05～0.1 mm 的较大颗粒决定。因此,冷生残积层成分中长石的最大含量对应于这一粒级,而石英的最大含量对应于较小的粒级。

表 5.2　矿物物理性质和表生稳定性常数

(据 Н. А. Шило(1982)的资料,经改变和删节)

矿物	比重 P(g/cm³)	硬度 H	ρ (N)	$K_{r.y} = \lg(PH)$
铂	21.5	4.0	86.0	1.93
金	16.9	2.7	45.63	1.65
锡石	7.0	6.5	45.5	1.65
刚玉	4.0	9.0	36.0	1.56
锆石	4.7	7.5	32.25	1.54
磁铁矿	5.2	5.8	30.16	1.47
钛铁矿	4.7	5.5	25.85	1.41
金红石	4.2	6.0	25.2	1.40
石英	2.6	7.0	18.2	1.26
辉石	3.2 ~ 3.6	5 ~ 6	16.0 ~ 21.6	
角闪石类	2.9 ~ 3.6	5 ~ 6	14.5 ~ 21.6	
长石	2.5 ~ 2.9	6 ~ 6.5	15.0 ~ 18.95	
云母	2.76 ~ 3.1	2 ~ 3	5.5 ~ 9.3	

根据这种情况,仔细研究了关于**冷生对比系数**(KKK)的概念(Конищев、Рогов,1985),这一概念反映上述两个粒级(细沙和粗粉沙)中石英含量与长石含量的差异:

$$KKK = \frac{\frac{石英(\%)}{长石(\%)}(0.01 \sim 0.05 \text{ mm 粒级})}{\frac{石英(\%)}{长石(\%)}(0.05 \sim 0.1 \text{ mm 粒级})}$$

按照该作者的观点,当 KKK > 1 时,冷生因素在表生过程中起决定性作用;当 KKK < 1 时,表生过程发生于冻土区之外的温暖或炎热气候条件下。

暂时尚缺乏大量的关于表生过程中产生某些自生矿物微结核和宏结核的资料(Данилов,1978,1983;Конищев,1981;等),其中首先是氧化铁锰结核和氧化铁结核(图 5.2)。在水生条件下,当氧难以进入表生作用带,且具有充足数量的有机物时,产生硫化铁,而在半干旱气候条件下,例如中雅库特,当水分不足时,则形成新生方解石结核(Зигерт,1979)。

图 5.2　大地苔原地区季节融化层亚黏土质岩石中草本植物根周围富含氢氧化铁
的同心组构的结核（И. Д. Данилов 摄）

第六章　多年冻土区集水地沉积物质的搬运和堆积

§6.1　一般特征

力学剥蚀和化学剥蚀

不同气候和地形条件下从陆地搬运沉积物质的力学和化学作用强度指标之一是一定时间内可从单位面积携出的碎屑颗粒和已溶物质的数量。H. M. Страхов（1960）引入了描述具体河流流域力学剥蚀强度的固体径流模量 K 的概念，并做了分析：

$$K = \frac{T}{p}$$

式中 T 为河流每年的固体径流量（t）；P 为集水地大小（km²）。也以类似的方式计算已溶物质的径流模量，用来描述化学剥蚀强度，并能将它与力学剥蚀强度做比较（图 6.1）。

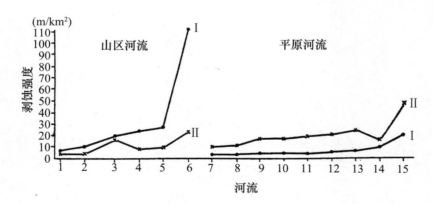

图 6.1　力学剥蚀（Ⅰ）与化学剥蚀（Ⅱ）的对比关系（按 H. M. Страхов（1960）的资料）

温暖和寒冷气候下的北方河流：1—科累马河，2—亚纳河，3—伯朝拉河，4—印迪吉尔卡河，
5—阿穆尔河，6—育空河，7—涅瓦河，8—叶尼塞河，9—卢加河，10—纳罗瓦河，
11—奥涅加河，12—鄂毕河，13—西德维纳河，14—梅津河，15—北德维纳河

多年冻土区内的**力学剥蚀作用**总的来说是较弱的,基本上每年为 4~10 t/km²(表 6.1),在印迪吉尔卡河流域,增加到 24 t/km²,力学剥蚀的最大强度见于阿拉斯加的育空河——103 t/km²,这是由于该河流特殊的水补给所致(该河一些支流的上游存在冰川,冰川融水补给这条河流)。冰川融水携带着大量的从"冰川泥"冰中融出的"岩泥"。但多年冻土区最大的力学剥蚀强度指标达不到炎热潮湿条件下在相同地形上的最大值。炎热气候下的力学剥蚀强度可以达到比多年冻土区大 1 个甚至 2 个数量级的值。

表 6.1　多年冻土区山区、半山区河流流域(1~6)和西伯利亚最大过境

河流流域(7~9)的力学、化学剥蚀(t/km² · a)

(据 Г. В. Лопатин、И. В. Самойлов、А. П. Вальпетер 的资料)

编　号	河　流	力学剥蚀	化学剥蚀	力学剥蚀与化学剥蚀之比
1	阿尔丹河	6.1	18.1	0.34
2	科累马河	7.0	5.5	1.27
3	维季姆河	9.1	6.6	1.38
4	亚纳河	10.0	3.9	2.56
5	印迪吉尔卡河	24.0	11.0	2.18
6	育空河	103.0	22.0	4.68
7	叶尼塞河	4.0	11.4	0.35
8	勒拿河	4.7	22.6	0.21
9	鄂毕河	6.0	12.2	0.49

Н. М. Страхов 分析了各大陆上力学剥蚀强度的地理分布(表 6.2),揭示了这一作用取决于气候的地带性。大部分年平均温度约为 20 ℃的赤道附近地带高度潮湿区的最大力学剥蚀强度为 50~100 t/km²,而有些地方(山区)增大到 1000 t/km² 甚至更大。其附近的亚热带,虽然一些地区的季节降水量很大且分布不均匀,但总的来说,其中干旱区占优势。由黄土构成的强烈垦耕区在力学剥蚀强度上占有特殊地位:密西西比河流域——100~240 t/km²,中国——大于 240 t/km²,以及降水量最大的东南亚的山区和山前地带。

北半球整个多年冻土区(西伯利亚东北山区和远东山区除外)都处在大部分具有最小力学剥蚀值(<10 t/km²)的区域内,其平原区力学剥蚀值尤其小。例如,根据 А. П. Вальпетер 的资料,中雅库特平原的力学剥蚀强度为 5.1~5.7 t/km²(勒拿河下游流域),有时降至 1.5 t/km²(维柳伊河流域)。山区在地形影响下力学冲刷强度有所增大。例如,在上亚纳山脉和切尔斯基山脉地区,力学剥蚀大多增加到 20~30 t/km²,少

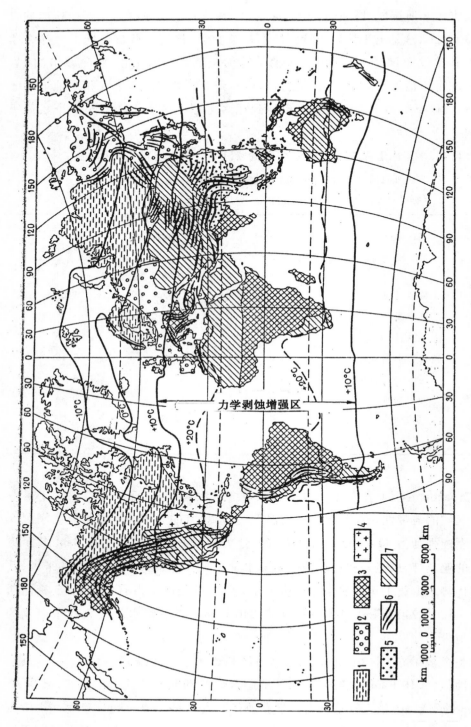

图6.2　现代大陆力学剥蚀示意图
（据H. M. Страхов（1960）的资料）

1—10 t/km²·a；2—10～50 t/km²·a；3—50～100 t/km²·a；4—100～240 t/km²·a；5—>240 t/km²·a；6—山脉；7—干旱区

数增加到 35 t/km^2,在科累马河流域从山区到平原的出口处增加到 19.4 t/km^2,在印迪吉尔卡河流域增加到 36.6 t/km^2。

冻土区的低强度力学剥蚀作用促成了泰加林和苔原植被的特殊性。在泰加林中几乎整个夏季的降雨和大部分融雪水为森林下垫层所吸收。众所周知,森林下垫层具有极高的水容量和导水性。苔原带广泛发育着几乎连续的苔藓 – 草覆盖层(平原和平缓山坡上),此层在很大程度上由具有厚而稠密的根系的莎草组成。苔原带夏、秋季的细雨也有利于低强度力学剥蚀作用。

化学剥蚀与力学剥蚀有着紧密的相互联系:化学剥蚀随着力学剥蚀的增强而增强,反之亦然(Страхов,1960)。无论在大区域上还是在具体的河流流域都揭示了它们剥蚀强度的相似性。因而,化学剥蚀与力学剥蚀一样,也是地带性的,即它们的强度是由气候决定的,而在同一类型气候区内由当地地形决定。在多年冻土区河流中悬浮泥沙量及其流域力学剥蚀强度减小的同时,溶质数量也减小,这与化学风化和化学剥蚀过程的衰退相对应(Данилов,1978)。在这种情况下,平原河流流域(哈坦加河、皮亚西纳河、阿纳巴尔河等)中的溶质要比悬浮泥沙占优势。山区和半山区河流中悬浮泥沙量在大多数情况下都高于溶质数量,其流域内的力学剥蚀强度高于化学剥蚀强度(表 6.1)。

矿物质的迁移形式和化学元素的相对活动性

可按照物质在水中的溶解度划分为四组物质(Страхов,1960)。几乎不溶于水的硅酸盐类、铝硅酸盐(黏土矿物)以及某些氧化物(SiO_2、TiO_2 等)组成第一组物质。它们在水中不仅以悬浮形式而且以沿水底拖曳的形式迁移着。溶解度不大的铁、锰、铝和许多小元素组成第二组物质。力学悬浮在它们迁移中起着主要作用,但胶质溶液具有一定的意义,有时具有相当重要的意义。中等溶解度的钙、镁碳酸盐类,二氧化硅,有机物属于第三组物质。它们主要以溶解状态、部分以胶体溶液、部分虽不饱和但接近于饱和的真溶液的形式迁移。最后,易溶化合物——碱金属和碱土金属的氯化物和硫化物组成第四组物质。它们以远非饱和的真溶液形式存在于地表水中,因而具有最大的活动性。图 6.3 表述了关于溶液浓度增大时盐分依次从地下水中沉淀的概念。

关于多年冻土区物质迁移形式的地球化学资料不多,而且这些资料常常是相互矛盾的。由于下述原因,资料分析变得复杂起来,即有迁移形式定量指标的许多大河局部在多年冻土区内排泄,局部在多年冻土区外排泄。因此,可以主要根据具体景观中河水和土壤水的资料近似地研究这一发展阶段的问题。冻土区土壤水中最易溶的盐(氯化物和硫化物)含量不大,通常每升水中每种盐只有几十毫克。多年冻土区的碱元素和碱土元素在迁移能力上属于易活动和活动迁移型组,无阻碍地从沼泽平原水成潜育土和山区切割地形石 – 沙质土上的非潜育排水良好土中被携带到河水中

(Таргульян,1971)。低温及与此有关的水中气体高可溶性(包括 CO_2)和高含量的有机物决定了水中含有大量被溶的二氧化碳。例如,大地苔原沼泽化平原区残积土层中水的 CO_2 含量达到 186 mg/L,HCO_3^- 离子含量达到 650 mg/L。阿尔丹高原潜育土中水的自由 CO_2 量约为 28 mg/L,而在排水良好的非潜育型土中,水的自由 CO_2 降至 3~6 mg/L。由于 CO_2 易分解,因此多年冻土区土壤水中的氢离子浓度要比潮湿温暖气候区的高几百倍。尽管低正温和负温下水的分解作用相对降低了。正是高 CO_2 含量及其分解作用与有机酸一起决定了季节融化层的酸反应。多年冻土区潜育土的 pH 值减小到 4~4.5,在排水较好的非潜育土中增加到 6.2~6.7。

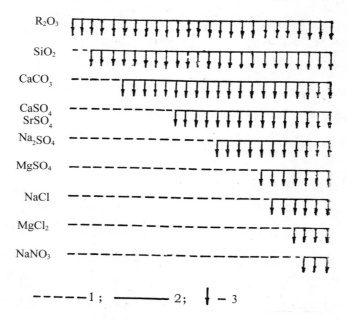

图 6.3　土壤 - 潜水蒸发、盐浓度增大时化合物从潜水中相继析出顺序图

(据 В. А. Ковед(1946)的资料)

1—不饱和溶液;2—饱和溶液;3—沉淀

与此同时,多年冻土区矿化度不大的地表水中在很多情况下 CO_2 含量很低。当地表水中 Ca^{2+} 数量不多时,Na^+ 和 Mg^{2+} 数量增大。可将北楚科特卡河沿岸地区超淡地表水(河和热喀斯特湖)成分的资料作为一例(Данилов,1983)。在一般矿化度下(80~130 mg/L),阴离子中主要有:Cl^-——0.46~1.15 mol,SO_4^{2-}——0.66~1.32 mol,而此时只观测到痕量 HCO_3^-。阳离子主要有 Na^+ 和 K^+,两者之和为 0.79~1.66 mol,而 Ca^{2+} 量(0.17 mol)约相当于 Mg^{2+} 量(0.16 mol)。

一些作者将多年冻土区矿化度不大的水中低含量的 Ca^{2+} 和 CO_2 与夏季近地面层

（季节融化层）冰融化时发生下面众所周知的反应使 $CaCO_3$ 沉淀下来的情况联系在一起（Перельман，1975）：

$$Ca(HCO_3)_2 \rightarrow CaCO_3 \downarrow + CO_2 \uparrow + H_2O$$

关于二氧化硅的溶解度，业已查明在 pH 小于 6 时，溶解度很高，因此，尤其在寒冷地区的天然水中二氧化硅大多远非饱和。二氧化硅主要以离子溶液形式甚至分子溶液形式，少数以胶体溶液形式发生迁移。于是在多年冻土区，主要冲刷走的是被冲刷酸性土壤剖面内硅酸盐遭破坏和变化时释放出来的二氧化硅，这就使非潜育土中极少看到二氧化硅的次生化合物（蛋白石）（Торгульян，1971）。多年冻土区硅的高迁移活动性取决于硅的形成有机－矿物化合物的能力。

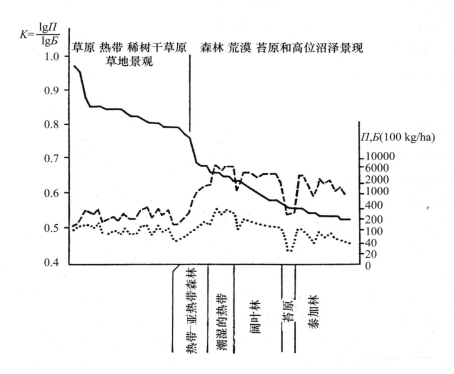

图 6.4　基本景观类型的生物量（Б）、年产量（П）和系数 K

（据 Перельман（1975）的资料，经简化）

有机物极大地影响着许多化学元素主要是金属元素（以金属有机化合物形式迁移）的搬运方式和迁移活动性的增大。在草酸和醋酸作用下形成草酸盐和醋酸盐；结果，含碱金属和碱土金属阳离子的腐殖质化合物（富里酸和腐殖酸）产生富里酸盐，少数情况下产生腐殖酸盐；主要含 Fe、Mn、Al、Cu 的络合物产生螯合物。沼泽水中有机物含量很高，每升水中有几十毫克，有时有几百毫克。此时，过量的有机物以富里酸和腐殖酸的形式处于溶解状态,正因为如此,沼泽水的 pH 值降至 4(有时降至 3)。在阿尔丹高原地区的研究表明:沼泽土和潜育土水中的有机物量占所有溶质总含量的 40% ~ 80% ,而在排水较好的非潜育土中减少到 15% ~ 30%(Никитина,1977)。由有机物含量与所有溶质含量总和之比定义的有机矿物系数在第一种类型水中等于 0.5 ~ 2.5,在第二种类型水中等于 0.02 ~ 0.4。相应地,在第一种类型的水中的氧不超过 6 mg/L,而在第二种类型水中接近于极限值——10 ~ 12 mg/L。

　　多年冻土区的水在有机物含量上接近于热带森林区的水,例如南美洲河流中有机物含量达到干残余物的 70% 。在前一情况下,除地区极大沼泽化之外,亦是有机物分解度很弱的结果,有机物几乎完整地进入河流中。在后一情况下,是热带雨林的高生物生产量的结果。每年产生的生物量每公顷达到 30 ~ 50 t 的干物质量,同时,在森林苔原和"冻土泰加林"中,不超过 5 ~ 6 t/ha,在苔原中不超过 2.5 t/ha。生物量总量在上述各景观类型中分别为:600 ~ 700 t/ha、100 ~ 200 t/ha 和 25 ~ 28 t/ha。

　　图 6.4 表明了一些景观类型用系数 $K = \dfrac{\lg \varPi}{\lg \emph{Б}}$ 表示的总生物量($\emph{Б}$)与每年产量($\varPi$)之比值。

　　根据 И. Б. Никитина(1977)的资料,多年冻土区土壤水的特点是:土壤水中的富里酸含量可比腐殖酸含量高 4 ~ 5 倍甚至更高。富里酸比起腐殖酸来不太"成熟",侵蚀性较强,如果说腐殖酸主要分解硅酸盐,形成二氧化硅,那么富里酸就不太"挑剔",可分解各种各样的矿物。

　　多年冻土区土壤水和地表水中高含量的有机物本身也能够大量地溶解铁、锰、二氧化硅。换言之,上述元素的地球化学活动性增强,这可用这些元素以稳定有机－矿物化合物的形式出现来加以解释,而对铁而言,可用有机胶体对 $Fe(OH)_3$ 的保护作用来解释。正是因为这样,沼泽化平原(例如西西伯利亚平原)河流中的铁含量达到 10 ~ 14mg/L,而潮湿地带河水的典型值是 0.57 mg/L(Страхов,1960)。

　　在最富集溶解有机物的沼泽水中,铁几乎完全以亚重碳酸盐的形式伴随着大含量 CO_2 一起迁移。当这种水以紊流进入河中时,CO_2 不断地挥发,而氧不断地氧化重碳酸铁,使之变成不易溶解的氧化物而沉淀下来。但部分铁继续随地表水迁移,处于有机胶体的有效保护之下,或者成为铁有机化合物。集水地的沼泽化和排出含大量溶解有机物的水有利于加强除铁以外锰、磷、重金属(V、Cr 等)的元素迁移。

　　由于没有进行过大量测定,关于富含溶解有机物的土壤水和河水中铝的活动性的资料及关于铝的迁移能力的资料极少,而且这些资料相互矛盾着。例如,А. И. Перельман 指出,铝在发育潜育土的沼泽化地区条件下属不易活动的迁移型元素,即较易堆积于残积土层中。В. О. Таргулян(1971)的资料证实了这一结论,但根据他的资料,在排水较好的条件下,铝的活动性增强,能以与铁相同的强度从残积土层(苔原潜育灰化土)中被搬运走。根据 И. Б. Никитина(1977)的资料,铝的迁移能力类似于铁和锰,并与有机物含量呈正比(图6.5)。她将土壤划分为两种基本类型:潜育还原土(富集有机物)和非潜育氧化土。潜育水的迁移系数为:$K_{Fe} = 0.8 \sim 1.8$,$K_{Mn} = 0.8 \sim 1.1$,$K_{Al} = 0.4 \sim 0.5$;非潜育水的迁移系数为:$K_{Fe} = 0.2 \sim 0.3$,$K_{Mn} = 0.2$,$K_{Al} = 0.1$。换言之,在主要发育于沼泽化平原的潜育还原土中,Fe、Mn、Al 是易活动的,在主要发育于较为切割的山地地形条件下排水较好的非潜育氧化土中,Fe、Mn、Al 变得不易活动。

多年冻土区的山区河流与其他地区一样,水较清洁,常常是透明的,大部分有机物不是以溶解状态而是以悬浮状态被搬运的,即在物理化学方面是最不活动的。因此,有机物对铁、锰等元素的地球化学作用减弱。总的来说在山区所有以溶解状态搬运的物质要比力学搬运的物质少得多(图6.1)。此时,任何地区的构造活动性因素会影响物质迁移过程。在山区河流中甚至像 $CaCO_3$ 这样的"溶液沉积"组分也越来越多地以力学悬浮的方式被搬运,而铁、锰、磷、小元素几乎以唯一的力学形式被搬运。多年冻土区山地和切割高原上铁的迁移也在减少,因为这里分水岭的沼泽化程度和水中溶解有机物的富集程度都减小了。在山区和高原上大面积地分布着呈被冲刷状态的非潜育石质和沙质酸性土,从这种土中搬运的铁极为有限。在这些地方铁的迁移能力比沼泽化潜育土分布区约减小 9/10(Таргульян,1971)。

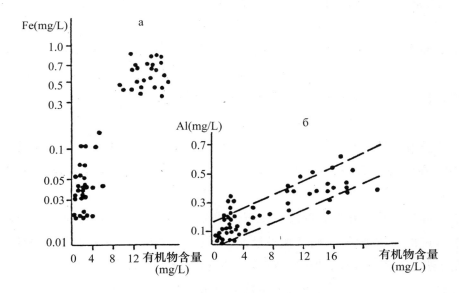

图6.5 阿尔丹高原北方泰加林冻土景观中水的铁
和有机物的含量(a)及铝和有机物(б)的含量

(据 И. Б. Никитика(1977)的资料)

正如从上述资料中所得出的那样，多年冻土区沼泽化平原和山区铁、铝的迁移有着较大的差异。铁和一定条件下的铝从富集有机物的水成泥炭化潜育土中被积极地搬运走，堆积到缺乏潜育和过湿稳定指标的土中。就地土内风化的结果是土发生铁化和铝化（铁硅铝化），同时在淋积、腐殖、灰化过程中铁和铝沿土壤剖面发生某种重分布。

§6.2　斜坡上沉积物质的搬运和堆积

平原尤其是山区的大部分地表（约 70%）由斜坡组成。斜坡的岩石成分和结构 – 构造特点以及坡度决定了在山坡上形成的并堆积于山麓附近的碎屑物质的特征。斜坡上的沉积成岩作用取决于两种互相制约又同时作用的过程（剥蚀和堆积）的辩证组合。正是在这里沉积物质开始发生面上分异，形成各种岩相类型的斜坡沉积物。

在崩塌和岩屑陡坡上（30 以上），重力过程的作用表现得最为显著，这里以重力作用和岩屑位移作用为主。但在平缓的（5°～15°）和极平缓的（2°～5°）斜坡上，重力的作用很小，并与水的活跃的地质作用结合在一起：融雪水和雨水冲刷着风化产物、过湿土的流动等。总的来说，斜坡上沉积物质的最初分离作用是：重力作用、蠕流、雪蚀作用、雪崩和泥石流搬运碎屑物、滑坡、塌陷、泥流作用、坡积物的冲刷作用。上述各种作用都对应于一定的斜坡形态和一定的沉积物堆积类型。

崩塌和岩屑坡在冻土区内、外没有重要的差异。崩塌是纯粹由重力作用下所产生的粗碎屑物的位移，是在地表面倾斜大于土的天然倾角情况下发生的。在崩塌之前，风化作用使岩石被裂隙破碎成块，促使斜坡的沉降。在岩屑之间失去内聚力之时以及由于河、海、湖掏蚀边坡底部而瞬时失去支撑之时才发生崩塌作用。崩塌后斜坡上部产生断崖壁或断裂面及壁龛，而崩塌物堆积在坡脚附近形成崩堆。断崖壁的坡度通常超过 40°，在坚硬岩石中，其坡度往往与构造断裂破坏走向面或大倾角层理面是一致的。

崩塌碎屑的数量和形状取决于岩石的成分、强度、结构 – 构造特点和裂隙发育程度。若致密的岩体遭破坏，则产生横径大于 1～2 m 的粗大、带棱角的岩块堆。当不太致密的、裂隙较多的岩石崩塌时，则在断崖壁脚下产生小岩块碎石堆。

冻结状态的细分散性沉积物也能发生崩塌。但一般不形成大的石堆，通常在断崖底部被河水、湖水和海水所融化并遭冲刷。当崩塌物与冻土层结合在一起并封存起来时，崩塌岩块在地质上可长期保持岩石的原始冷生组构。细分散性胶结物（岩块之间的充填物）随着原始含水量的不同而具有各种冷生构造。沿岸（海岸和湖岸）快速堆积的沙土层中埋藏的崩塌冻结泥炭块最为典型。

　　塌落与崩塌一样是在没有水参与下发生于陡坡上的重力过程,是由于岩石风化而被破坏所形成的岩块逐渐滚动或滑动时发生的。由塌落形成的岩屑坡有活动岩屑坡和不活动岩屑坡之别。岩屑坡坡度在很大程度上是由其组成岩石的岩性成分及其强度决定的,因而坡度的变化范围很宽:从 15°～20°到 35°～40°甚至更大。在完整的岩屑坡上,其上部是裸露的,即没有风化产物,因为风化产物被不断地从这里搬运走。沿坡往下分布着岩屑过境区,呈沿斜面延伸的凹地形式即"岩屑槽"(图 6.6)。在坡脚底部形成岩屑锥,岩屑锥彼此汇合时形成岩屑堤或裙。年青岩屑裙的特点是:整个表面陡而平整,常与负地形(谷、盆)平坦的底部相衔接。老岩屑裙剖面呈凹形,这是岩屑体逐渐压密和沉陷的结果。若岩屑坡坡脚附近在春季和大部分夏季存在多年积雪体,则在雪体之外离岩屑坡若干距离处形成延伸很大距离的岩屑堤,这是由于从坡上崩落的物质经由雪体堆积其外所造成的。

图 6.6　楚科奇半岛雪蚀围谷中的槽形岩屑坡(槽口分布着岩屑锥,坡脚附近
(下面是多年积雪体)有岩屑堤)
(И. Д. Данилов 摄)

　　库鲁姆形成作用是多年冻土区山地最有代表性的同时又是特殊的斜坡作用之一。用"库鲁姆"这一术语来表示在山坡上堆积的大石块(图 6.7)以及在山体顶部几乎平坦或微倾斜的表面上堆积的石堆。按照形态和成因释义,库鲁姆有各种名称:山坡上的库鲁姆称为石流或石河、碎石带、活动碎石流等,在平坦和微倾斜的分水岭上称为石海、库鲁姆场或海、大石堆等。

图 6.7　普托兰高原山坡上由西伯利亚暗色岩块构成的库鲁姆

（И. Д. Данилов 摄）

　　按照 А. И. Тюрин 及其合作者(1982)的意见,库鲁姆应指在严寒气候条件下形成于坡度小于天然倾角的山坡上的大块石堆积物。它在某种冷生和热成蠕流作用,有时还在其他机制作用下移动,其移动速度为每年几厘米。

　　热成、水成、冷生蠕流的实质在于:在沉积物升温、膨胀、冻结时,沿山坡法线发生冻胀,而在冷却、干燥或融化时,在重力作用下沿垂线向下移动。结果,山坡上的岩屑物会阶跃式沿山坡向下移动。负地形(沿山坡向下延伸的浅沟和带状地)是最有利于冷生蠕流过程发育的条件,这里形成具有清晰、固定流床的石流。在这些地形中聚集了地表水和冻土层上水,这也创造了有利于潜蚀的条件。径流聚集时这里就强烈形成库鲁姆。根据 J. R. Mackay 的长期定位研究资料,带状地石块的位移仅发生于冷生茎状蠕流作用之下。

　　在库鲁姆沿山坡从上向下移动时,观测到库鲁姆形态上的差异,它反映库鲁姆形成过程的动态。可划分出 3 个彼此有规律地替换的基本高度带(Тюрин 等,1982)。高处是准备移动的粗碎屑物的产生地。这里在平整或极微倾斜地表上形成岩块－碎石堆,随后,它们逐渐发生移动。向下在较陡的山坡处是过境带,这里的库鲁姆是移动着的石坡和石流。在下带,库鲁姆粗碎屑物发生堆积,它们的移动逐渐减弱,最后完全停止。此时库鲁姆转入被埋状态,为其他成因的沉积物所埋藏,成为另一种斜坡生成物或被河流、冰川所剥蚀。

多年冻土区山坡上沉积物改造和移动的大部分工作是由稳定的(雪冰体)和活动的(雪崩)积雪完成的。前者底部是不活动的或沿坡极缓慢蠕动的大部分是雪或雪冰的物体,仅存在于部分夏季或整个夏季(隔年雪)。在多年冻土区的山区或是平原地区都有积雪,它们存在于山坡弯曲处和阶地状台阶或坡脚附近。雪冰体是稳定的自然生成物,每年在同一种地形中再生。正是由于这一性质,雪冰体在山坡完成了重要的称为雪蚀作用的地质地貌工作。雪蚀作用这一术语包括与雪冰体对下伏岩石的作用而形成特殊地形和沉积物有关的成岩和地貌形成的综合过程。在雪冰体的作用下,山坡上部形成雪蚀围谷(图 6.6),较低处形成山岳阶地。雪冰体在地形和岩石改造中的作用可主要归纳为山坡上的湿源和冷源。雪冰体周围,主要在其聚集融水的脚部,发生强烈的温度和冷生风化作用,土的流动和塌落(图 6.8)、面流、潜蚀、岩石的溶解等。换言之,雪冰体使某些地区具体景观中表生的、斜坡的等一系列典型的过程激活起来。在夏季凉爽的条件下雪冰体的长期存在创造了有利于发育雪蚀作用的最佳环境,因而主要在平原地区能形成特殊的产物——雪蚀细粒土。根据 Н. А. Солнцев 的资料,雪蚀细粒土以细分散性成分(粉沙)为主,在结构 - 构造方面是均一的,其厚度很少超过1 m。雪冰体边缘附近温度经由 0 ℃ 的变化和大量的水在雪蚀细粒土的形成中具有特殊意义。水在岩石的毛细管、孔隙和微裂隙中的多次冻结使岩石强烈地被粉碎并富集起粉沙颗粒。春季和秋季,温度最频繁地发生经由 0 ℃ 的变化,即白天不高的正温与夜间的负温交替着。紧挨着雪冰体的空气总是比离雪冰体某个距离的空气要冷一些,因为雪的融化消耗了热量。

大量运动着的雪,以雪崩(类似于崩塌)的形式从山坡上坠落或滑动,具有极大的破坏力。山坡的上部是雪崩补给区——雪蚀围谷。沿坡较低处,存在从上而下地延伸的深凹地——由雪体运动挖掘而成的雪崩槽。在坡脚附近槽口部分形成厚达 20 ~ 40 m 的雪崩锥。雪崩也能沿大坡度的平整未切割山坡"坠落"。有湿雪崩和干雪崩之分。干雪崩由干粉状雪组成,坠落时几乎完全雾化,不形成沉积物。湿雪崩本身携有大量岩石块和植物残体,它们被堆积在坡脚附近。这些沉积物常称为"雪崩垃圾"。

发育于多年冻土区南部山区 **泥石流坡** 上的沉积物的搬运和堆积过程是很特殊的。将由水和石块混合物组成的、置于切割山坡的侵蚀地形内的集中河床流称为泥石流。泥石流具有脉动(波动)性质和作用时间短(一般 1 ~ 3 h)的特点,运动速度很大,破坏力很强。

按最初的水分种类可将泥石流分为:雨水泥石流、雪泥石流和冰川泥石流,其发生的原因分别是暴雨、雪和冰川冰的强烈融化。上述类型泥石流周期性地发生(分别以2 ~ 3 年、10 ~ 15 年、5 ~ 10 年和 15 ~ 20 年的周期)。较少见的泥石流原因有:地震、火

山喷发、湖堤溃决、人类的经济活动。按照泥石
流的运动方式可再分为非黏性的、黏性的。非黏
性泥石流的大部分水处于自由状态,成为搬运固
体岩屑的介质。碎屑物在搬运和沉积时发生局
部粒度分选。黏性泥石流几乎没有自由水,固态
和液态组分形成统一的黏塑性体,共同处于重力
运动状态。碎屑物搬运和沉积时不发生粒度分
选。按照泥石流固态成分特征及其与液态成分
的比例可将泥石流划分为水石流、泥石流、泥流、
水雪流(固态组分为雪)和水冰流(固态组分为
冰)。

　　多年冻土区内和多年冻土区外季节冻土区
的缓坡上发生**泥流**或过湿细分散性土的流动。
为了强调多年冻土区泥流作用的特殊性,将它称
为融冻泥流(Я. Дылик 提出的术语)。如果所说
的是多年冻土区和季节冻土区,则类似的作用称
为泥流作用(Г. Болиг 提出的术语)。划分出固有
泥流(有时也称为"缓慢"泥流)和塌落泥流(或
"快速"泥流),这是按照其接近于滑坡或塌落的
特征划分的。缓慢泥流呈均一层状,不伴随有草

图 6.8　喀拉海沿岸的雪冰体激活
位于其上疏松土塌落的过程
(И. Д. Данипов 摄)

土层的断裂。沿山坡移动的土是黏塑性的,具有内聚力和摩擦力,含水量不超过液限,
水处于结合状态。发生快速塌落泥流时土通常发生阶跃式流动,在湿度最大处发生塌
落,在这种情况下,草皮断裂成一些平行条带或块体,似乎漂浮在过湿土流沙中(图 6.
9)。此时,土沿坡向下的前进运动与土的挤压作用交替着,在坡上产生了阻碍运动的
堤。土的泥流迁移不仅发生在夏季活动层融化时期,也发生于活动层自上而下和自下
而上冻结的秋季。

　　沉积物质迁移的坡积过程发生于平缓的松散土坡上。迁移是在细股的彼此交织
在一起的雨水或融雪水的密集覆盖之下进行的。由于细股水流的能量很小,因此只能
从坡上带走细分散性土并将其堆积在坡脚附近。这一过程在自然界起重要作用,因为
正是通过这一过程从近地面层中淋溶出细小的胶体和亚胶体颗粒。坡积坡的坡度一
般不超过 10°~15°,最常见的为 3°~5°,坡脚附近形成坡积裙。

　　坡积物的洗蚀速度极为不同,这首先与植被的性质有关。在长草的斜坡上面上洗
蚀强度不大,因为稠密的草皮、树木的根系和林区的森林铺垫层抑制了侵蚀作用。在

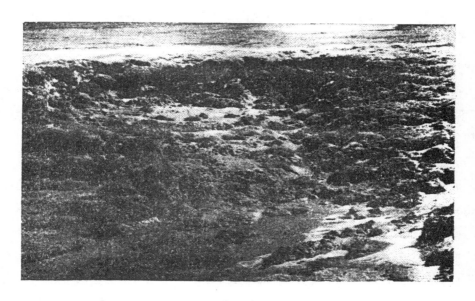

图 6.9　亚马尔半岛粉沙质斜坡上的快速（塌落）泥流

（И. Д. Данилов 摄）

不长草的斜坡上，坡积物的剥离强度急剧增大，若斜坡为易冲蚀的黄土和黄土状土坡，则剥离强度达到极大值。每年从植被人为清除的山坡上可冲走 100～150 t/km² 甚至约高达 300 t/km² 的坡积物。在造林集水条件下细分散性颗粒为春季融水所冲蚀的量微乎其微，每年总共为 0.0001～0.0003 t/km²（或 100～300 g/km²）。同时具有较大的水容量和极大的渗水性的森林铺垫层在减小平面侵蚀中起着巨大作用。在灌木苔原带和莎草－苔藓－地衣苔原带，由于这里存在几乎连续的稠密草被以及蒙蒙细雨的特点，因此坡积过程的强度也很小。尤其是具有厚而稠密根系的莎草植被的抑制作用很大。北极苔原带的植被极为贫乏，没有连续的植被，坡积物的侵蚀较为显著。

除沉积物的岩性和植被特点之外，山坡本身的形态（平整的、下凹的、上凸的）也影响平面冲蚀强度。在笔直的坡上地表径流强度自上而下地增大，于是，离山顶约 500 m 的坡脚附近的地表水浊度约增加 6 倍。在上部坡度较大的凹坡上，径流强度在上部最大，按照 А. П. Павлов 的观点，在坡脚附近形成"疏松的雨水冲积土带或坡积层带"。由于这里虽然水量增大，但坡度急剧减小，流动速度降低，因此发生堆积。在凸形坡上，坡积物冲蚀最为严重，因为坡度向下增大，同时汇水量也增大。

土壤土的结构状况较大地影响平面冲蚀强度，例如，按照 В. Р. Вильямс 的资料，团粒结构土能吸收 85% 的年大气降水量，而此时渗透到非结构土中的雨水不超过 30%，70% 的雨水沿地表面流走。春季的融雪水一般不能渗透到非结构土中。

§6.3　冰川搬运和堆积沉积物

冰川作为表现沉积成岩作用的介质,在地球上的分布相当广泛,是冻土区最为独特的生成物之一(表6.2)。冰川主要由大气降水形成的并在重力作用下运动的冰组成,可呈河流状、水系状、穹窿(盾)状或浮动板状(陆架冰)。在现代冰川学文献中,将冰川划分为地面冰川(冰床高于海平面)、"海洋性"冰川(内部埋于低于海平面的石床上,而其周围部分是浮动的陆架冰)。

地面冰川还可细分为山地冰川(被称为冰川径流)、冰盖或漫流冰川。山地冰川的厚度达到几百米;冰盖厚度为头几公里,在格陵兰达 3.4 km,在南极地区超过 4.5 km。冰川形成的必要条件是固体降水即雪的多年正平衡。所有的冰川都有补给区(这里发生雪的堆积,然后改造成冰)和消融区(这里观测到冰川体因融化、蒸发、冰崩、雪被吹走、冰山脱离而减小)。补给界线或雪线(地表的相对水平线)从这两个冰川区之间通过,雪线之上雪的堆积要超过雪的融化和蒸发。这一水平线随气候(温度和湿度)的变化而变化。

冰川按照其热状况可分为冷型、暖型和中间型。冷冰川中温度年变化层(活动层)之下以负温为主,冰底与冰床冻结在一起。中间型冰川近底层的温度达冰的熔点。暖冰川活动层以下整个冰层具有固定的熔点温度,每加深 100 m,熔点下降 0.08 ℃。

冰川运动是由重力作用造成的变形引起的。冰的堆积厚度要约够 20 m,冰才开始运动。冰川冰以两种方式运动:沿冰床或内层的黏塑性流动以及沿冰床和内部薄弱面(断裂、断层等)的滑动。山地冰川的运动速度从每年几米(小冰川)到每年 50 ~ 200 m(大冰川),按照 Т. К. Тушинский 的资料,平均为 100 ~ 150 m/a。冰盖大部分的运动速度一般为每年几十米(在南极冰盾中心为 10 ~ 130 m/a,在格陵兰冰盾中心为 25 ~ 30 m/a)。冰盖内存在外流冰川——在大部分缓慢流动的冰中的特殊类型的一股快速冰流。小的外流冰川以每年几十米和几百米的速度运动,大的外流冰川的速度达每年几千米(格陵兰较大外流冰川的运动速度达 5 km/a,有时更大)。冰川径流是由冰床中延伸的谷状凹地决定的。陆架冰漂浮着,与冰床没有摩擦,但也在运动。碰到无冰基岩面,陆架冰在其上的运动速度是最缓慢的,形成称为滞冰带的不流动地带。

表 6.2　地球现代冰川作用面积(《冰川学辞典》(1984),经简化)

区　域	冰川作用	冰川作用面积(km^2)
南极地区	南极大陆	13975000
	近南极岛屿	4000
	总　计	13979000
北极地区	格陵兰	1802600
	加拿大北极群岛	149990
	俄罗斯北极岛屿	56125
	斯匹茨卑尔根群岛和扬迈因岛	35245
	北美大陆北极地区	260
	亚洲大陆北极地区	30
	总　计	2044250
欧洲	冰　岛	11785
	斯堪的纳维亚半岛	3060
	阿尔卑斯山脉和比利牛斯山脉	2880
	高加索山和乌拉尔山	1455
	总　计	19180
亚洲	中亚	116735
	西伯利亚和远东地区	1570
	前亚细亚	50
	总　计	118355
北美洲	阿拉斯加	103700
	沿海山脉和落基山脉	19990
	墨西哥火山	10
	总　计	123700
南美洲		32300
非洲		20
大洋洲	新西兰	810
	新几内亚	15
总计		16317630

　　在冰运动和变形过程中,冰中产生构造性结构,即为许多研究者(П. А. Шумский、М. Г. Гросвальд、В. Патерсон 等)所描述和分类的各种冰岩产状破坏形式:褶皱、裂隙系统、正断层、平移断层、逆掩断层、不整合等。按冰体、冰层的形态、尺度、原始产状的

破坏类型和程度以及其他指标来划分构造性结构。按尺度可将结构划分为若干级：从最大的、为整条冰川或部分冰川所固有的结构到最小的、在显微镜下薄片上可分辨的结构。按照冰川运动的两种类型划分出冰的构造性结构的两种基本类型：不破坏连续性的黏塑性变形形成的连贯褶皱结构（图6.10）和由破坏冰岩连续性的脆性变形形成的断裂、断层结构：断裂、裂缝。在冰川的边缘部分观测到向冰川末端呈扇形扩散的并包围鳞形块的斜剪切系统，它们被称为鳞状逆掩断层。

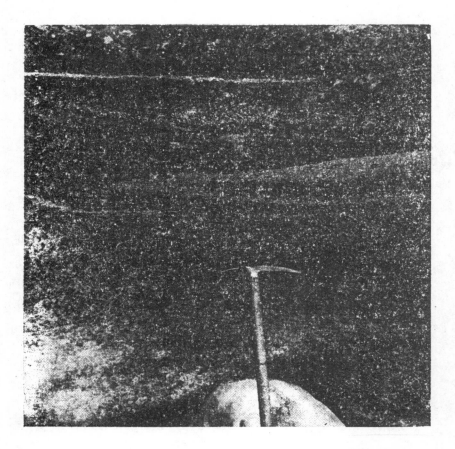

图6.10　山地冰川基底、富含沙的水平方向排列的褶皱和夹层

（Е. Д. Ермолин 摄）

冰川搬运沉积物质的方式

冰川运动时搬运被称为冰碛物的碎屑物质。冰碛物以不同的方式进入冰川。

山地冰川的冰碛物，主要来自四周的崩塌坡、塌落坡，冰盖的冰碛物来自高于冰盖的冰原岛峰顶。这两种冰川类型的冰碛物还可来自冰床。冰碛可划分为表碛、内碛和底碛。表碛中可分为冰碛覆盖层、侧碛、中碛、前方碛，在冰舌末端形成同心堤而转入沉积状态变成终碛。在山地冰川边缘部分冰面上常盖有一层密实的碎屑物质。内碛的形成既有赖于上部碎屑物质下沉入冰内,也有赖于碎屑物质沿冰内断裂向上进入冰内。底碛位于冰川基底。这里的冰最富含碎屑物质,称为含冰碛冰,并几乎呈连续层状,其厚度随冰川类型及冰川某部分的动态而变化:从几十厘米到几十米(常为 5 m)(图 6.11)。基底面不太移动的冰盖的底碛厚度最小,外流冰川尤其是它的边缘部分的冰碛厚度最大(在南极大陆上,可达 100 m,平均 40 ~ 50 m)。含冰碛冰的碎屑物质饱和度变化较大,但平均值不大。根据 C. A. Евтеев 的资料(1964),在南极大陆冰盖中,仅等于 1.6%。在南极绿洲,当冰盖完全消融时,仅在谷盆底部,冰碛物的厚度可达 1 ~ 3 m,最大 5 m,在山坡上和分水岭上厚度要小得多(不到 1 m),在而大部分面积上一般没有冰碛物。只有终碛垅可达到 10 ~ 20 m 高度。

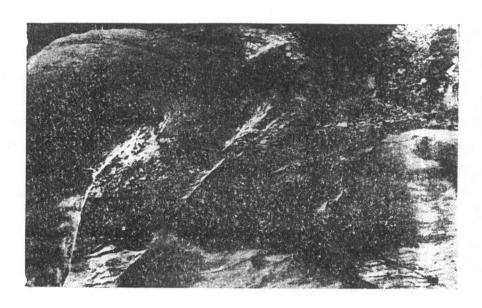

图 6.11　天山一条冰川基底厚 2 ~ 3 m 的含冰碛冰层——底碛

(И. Д. Данилов 摄)

冰碛物的来源和冰川刨蚀问题

人们对山地冰川表面的冰碛堆积并无争议。碎屑来自周围的山坡,山谷冰川作为传输带,携带着这些碎屑。冰盖表面上的碎屑来自高于冰盖的山顶。但关于基底和近基底冰碛冰层的碎屑物质的成因却没有达成一致的意见。一般认为碎屑物质是在冰与冰床的相互动态作用过程中(冰好像"剥蚀"冰床)岩石被运动着的冰同化而进入含冰碛冰层中的。此时形成了刨蚀地形——谷和浅沟,在平原上其深度可达头几十米和几百米,而在山区可达头几千米。例如,挪威冰川成因的松恩峡湾长 204 km、宽 1.5 ~

6 km、深约 2400 m(从周围山顶到峡湾底部)(P. Флинт,1963)。冰川侵蚀的计算速度估计为 4～6 mm/a,这就能够将它作为最强大的外成地表形成因素来讨论。显然,如果是这样的话,则冰川谷中几乎不可能保存包括冰前的冲积物在内的任何东西。然而,正如所已知的那样(Шило,1981),在可能不止一次地发育山谷型冰川作用的东北亚和阿拉斯加,存在大量的冰前冲积物。在推测为更新世平原冰盖中心的卡累阿和科拉半岛上广泛分布着主要为晚第三纪少数为中生代－古生代的第四纪前的古风化壳。

　　坚硬的、常常是十分致密的岩石为缓慢运动的塑性冰所剥蚀的物理力学原理仍然不清楚。可推测冰川的磨削和刨蚀过程取决于运动冰川基底中的岩屑作为研磨料对坚硬冰床的磨蚀作用(Лаврушин 等,1986)。最大的岩屑在坚硬的冰床上留下了擦痕和浅槽,而对又小又纯的冰仅仅进行刨光而已。众所周知,冻在蒙布兰冰川冰中的巨砾留下的擦痕长 0.5 m,宽 5 mm,深几毫米。但这些事实还不能成为一些冰川可能发生下述如此巨大刨蚀的证据,例如美国俄亥俄州深 1～2 m、长 20～100 m 的刻槽,加拿大深 30m、长 1.5 km 的巨大刻槽。在推测的古冰盖发育中心(例如科拉半岛),将被"磨平""削平"的致密坚硬高地与冰川刨蚀作用联系在一起。В. Г. Чувардинский (1992)的研究令人信服地表明:大部分被"磨平"的表面具有纯粹的构造地质性质,即为滑动面,它们在暂时尚未遭破坏和剥蚀的坚硬均质岩体之下经受"磨蚀"。

　　还可列举北方平原第四纪沉积物中存在的平凸巨砾这个事实说明冰川刨蚀的可能性。其有代表性的标志是上表面被决然削平,表面上一般有端正的平行条纹,按照这些条纹可恢复所重建冰川的运动方向。平凸漂砾堆常形成似乎由其铺设的面,T. Чемберлен 和 P. Флинт 将此面称为"条纹漂砾桥面",在我国文献中称为卵石桥面或石桥面。漂砾常深入疏松岩石,其削平的上表面水平地埋于一个平面上。漂砾的压入痕很明显,可使下伏岩层弯曲。平凸漂砾所铺的"卵石桥面"被认为是冰川刨蚀活动的标志。"显然,这些漂砾的削平上表面在其本身不运动或无论如何都大大落后于上覆冰的运动时由运动冰的磨蚀作用而形成的,是上覆冰刨蚀活动的证据"(Лаврушин 等,1986)。虽然平凸漂砾被冰川冰削平的推测具有外观的明显性和可信性,但在现代冰川作用区的研究中没有找到其确证。С. А. Евтеев、А. П. Лисицын 等研究者在南极大陆及其濒临的海洋中对粗碎屑物质所进行的大量研究中没有发现类似形状的漂砾。同时,漂砾上凸部分被切掉是冰海沿岸和多年冻土区河流中广泛出现的现象(Данилов,1983)。岸滩和冲刷坡上部分埋入土中的漂砾冬季与土冻结在一起。春季当沿岸冰流动并积成冰群时以及河上流冰块挤向河岸时,石块凸起的上表面则被磨平或切平(图 6.12)。南极地区的研究也没有发现有代表性的熨斗状的漂砾,这种漂砾属于冰成多面体类型,被认为是冰川沉积物最重要的判别标志(Шанцер,1981; Лаврушин 等,1986;等)。来自南极冰盖的几千块岩屑的检查结果表明:它们几乎具有不规则的尖角形状（达99.5%），好像"破碎的石头"；没有"熨斗状"巨砾和卵石，大部分碎屑表面上没有任何条纹、浅沟和磨光面；虽有个别带有条纹的样本，但几乎完全没有平滑的磨光面，它们是一般规则之例外现象，而不是相反。

图6.12 "冰川刨蚀"河床之例证

叶尼塞河下游冲刷坡的漂砾上表面被河冰切平并划上条纹（И. Д. Данильв 摄）

冰川沉积物的冷生改造

虽然冰川沉积物发生强烈力学改造是一个公认的议题，但这一现象的本质至今没有单值地予以揭示。碎屑物在冰川搬运过程中的强烈破碎和磨损被认为是冰川沉积物机械成分形成的最重要因素。细沙粒级和粗粉沙粒级被认为是冰川粉碎岩屑的极限（Е. В. Шанцер、Е. В. Рухина、И. Элсон 等），冰川不能粉碎细粉沙和泥质颗粒，因为它们的尺度小于自然界可观察到的最小冰晶尺度。这个结论清楚地表明：岩石（包括坚硬岩石）碎块的粉碎与冰本身对碎块的力学作用有关，尽管该过程的物理本质仍然不清楚。

近来，М. Ю. Москалевский 在北地群岛和南极地区进行的研究和 А. Р. Гептнер 在现代活火山活动区（冰岛）进行的研究阐明了冰川碎屑物的改造过程。这些研究结果成为下述认识的基础：冰川中发生的不是冰对岩屑的纯粹的力学磨损和磨碎，还有由周期性生成的复冰水及其随后的冻结所引起的内部风化作用，包括冷生水合风化作用。复冰作用是个周期性的作用，包括在摩擦、压力或对冰的热作用等变质作用下冰晶发生局部融化及随后融水在冰岩孔隙和洞穴中冻结。在这种情况下，在冰晶接触处出现融水膜,当荷载和压力消除时,又重新冻结成冰。当然,冰中的碎屑颗粒还周期性地(循环地)经受水合作用和冻结薄膜水的劈裂作用,于是,岩屑的破碎过程不仅仅是力学过程,正如所认为的那样,还基本上类似于冷生风化过程,近年来的研究证实了这一点。例如,冰岛现代冰川地层中火山灰夹层的研究结果表明,火山玻璃颗粒特别是最细的粒级有某种溶解痕迹。最小的颗粒没有现代喷发玻璃的典型尖角和面,常形成不规则形状的黏在一起的堆积。在一些较大的岩屑上可看到玻璃表面水合层成片剥落的痕迹。当火山灰粒被冰川搬运的路径足够长时,在其表面上有极松散和溶解的痕迹。粉碎的松散物质经常从粒子的风化面上掉落。

亚南极岛屿(南设得兰群岛)含冰碛冰中的碎屑粒子也具有冷生改造的痕迹。在电子显微镜下可看到石英粒子微结构的形成与周期性冻结水膜的劈裂作用有关。大多数粒子表面极为不平整,这是"侵蚀"所致,即复冰水的不均匀化学溶解所致,结果在石英粒子表面上出现侵蚀坑和由溶解石英产生新生蛋白石小球状体。蛋白石球状体呈不同尺度的半透明气泡状。在一些球状体表面上有由 SiO_2 凝胶干缩产生的微裂隙。

因此,看来正是冷生水合风化作用成为冰川沉积物质破碎,最终形成"冰川泥"的主要作用,而不单纯是冰的物理力学本质难以表述的力学磨损作用所致。

冰川中的化学过程

冰川的地球化学环境是中性、微酸性或微碱性的(pH 值为 4.9 ~ 7.4)。冰川冰的总盐渍度一般不大,处于海洋性气候条件下积雪厚度大的冰川盐渍度最小,平均为1 ~ 20 mg/L;处于大陆性气候条件下积雪厚度小的冰川盐渍度要高一些,平均为 20 ~ 150 mg/L(Котляков,1984)。靠近海洋的冰川(南极、格陵兰等冰盖边缘部分)近地面部分含有以钠离子和氯离子为主的海洋型盐成分,它们是由大气降水带来的,随着冰川深度的加大,硫酸盐的含量增大。

气泡在冰的地球化学环境的形成中有一定意义。在冰川近地面部分中气泡成分接近于大气成分,随着深度的加大,由于氧的含量减小,CO_2 气体含量增大,气泡成分发生变化,结果在深层冰中矿物的风化加速,复冰水中的重碳酸盐溶解量增加,产生碳酸盐沉淀。

还出现了关于冰川冰中碎屑物发生化学改造的直接资料。查明了现代冰川中有两类碳酸盐新生物质:格陵兰冰与碳酸盐岩类冰床接触处的碳酸盐壳层及含冰碛冰层中漂砾周围的含大量方解石混入物的细粒土带(夹层)(Лаврушин 等,1986)。在从冰川下和冰川下裸露出来不久的石灰岩和其他碳酸盐岩类表面上有厚几厘米的层状壳。推测这种壳层形成于冰下,因为它们随着远离冰川边缘而逐渐消失,在离冰川边缘 100 m 距离以外被大气降水所冲刷。壳层成分中约有一半是方解石,有时含白云石粒混入物,其余为细陆源物质。壳层内呈薄层状,几个夹层互层:由柱状方解石晶体组成的完全不含杂质的夹层;由放射状(针状)方解石组成、掺杂一些细分散陆源粒子的夹层;最后是泥岩状细粒方解石、大量掺杂以粉沙粒级为主的粒子(主要是石英和碳酸盐碎屑)的夹层。方解石的形成与其从复冰水膜的溶液沉淀有关,而白云石粒看来是碎屑物。在格陵兰冰盖含冰碛冰的石块上也观测到方解石壳层,壳层具有浅灰色泥质薄膜的特点。

因此,暂时还没有大量资料来证明冰川冰在化学方面不是"死"区,这里发生着使碎屑物破碎的某些物理化学过程及表现在形成自生矿物上的沉积物的地球化学改造过程,但后者的强度不大。

冰川沉积物质的堆积和冰碛物冷生组构的形成

冰川消融过程中在其边缘地带冰内所含冰碛物融出形成冰川沉积物综合体,冰川所固有的堆积(冰碛堆积或单纯冰碛)和冰水堆积都属于这种综合体。冰水沉积作用尽管与冰川有关,但已经不是由冰川自身形成的,而是由冰川融水或在近冰川湖泊水体条件下形成的。严格地说,直接由冰所沉积的三种类型冰碛——终碛、消融碛和底碛——是冰川沉积物,它们的形成方式有较大的差异。

在冰川的边缘部分沿其轮廓形成垅——由非分选粗碎屑物掺杂细粒土的堆积物组成的终碛。终碛垅内常保存着已经停止运动的冰块(死冰块),随着冰川边缘的后退而融出。终碛仅形成于活动的、不停止运动的冰川边缘,冰川前进到这里时与冰川融化之间处于零平衡状态。在这种情况下,冰川边缘保持稳定,同时有越来越新的碎屑物进入此处。只有在冰川边缘位置长期固定时,才能形成相当大的终碛垅。正如所推测的那样,推入和挤出即冰碛物的挤压机制可参与终碛垅的形成。推移冰碛和其他疏松沉积物时,冰川似乎起着类似于推土机的作用(冰川的推土效应)。饱水的冰下沉积物(冰碛等)被推向冰川边缘挤压终碛垅。冰下碎屑物在不均匀的压力作用下能挤入冰下洞穴和隧道,从而形成平面上呈网状分布的大垅与小垅。

冰川表面和冰川内的碎屑物质在冰川消融和退化时形成消融碛。消融碛有两个形成机制。一个是在已停止运动的死冰川床上形成的表碛和内碛。以这种方式形成的消融碛(融出碛)以粗碎屑成分为主。其空间分布的规律性与其在冰面上和冰体内的分布规律性是一致的。此时形成侧碛长堤,有时形成中碛长堤,产生丘 – 盆地形。第二个形成消融碛的方式是不同分散性的表面饱水碎屑物沿冰川边坡的流动、塌落和蠕动。这种消融碛称为流碛或"flow – till"。在很多情况下,消融碛是融出碛与流碛的混合物。推测这两种消融碛形成方式是在融化状态下的沉积作用。因而,它在多年冻土区的冻结作用及其向多年冻结状态的转变是以后生方式自上而下地进行的。

关于底碛的基底覆盖层沉积方式的认识是最有异议的。按照 P. Флинт、K. K.

Марков、С. А. Яковлев 等的传统观念（近年来经 Г. Боултон、А. Дрейманис 等修正），
冰碛沉积物基底盖层形成于冰川随着消融而后退（停止运动）的边缘部分。此时细分
散性物质和粗碎屑物杂乱无序地混合在一起。结果，冰盖的冰碛沉积物是无层理、无
分选、以细分散性沉积物为主、其中无序地分布着粗碎屑包体的沉积物。与此同时，这
些土或成分相接近的部分土具有不清晰层理，含有沙和粉沙的透镜体和夹层。土的构
造常具有变形特征，这种变形类似于上述冰川冰（包括含冰碛冰）的断错变形。由此得
出结论（Шанцер，1966，1980；Лаврушин，1976）：沉积的冰碛继承了冰川含冰碛冰的构
造包括断错构造。从而推测：底碛是在冰川下运动冰碛冰中碎屑物含量越来越大的情
况下沉积下来的。

这一现在广泛流传的观点不能被一系列事实和论据所接受。现假设在冻土区条
件下，冰碛（"冰川构造岩"）保持自己起始冻结状态。若冰碛中曾有含冰碛冰块，则冰
碛保持原生形式，成为冰川成因多年冻土的一部分。正因为这样，可用冰川学观点来
解释西西伯利亚北部和其他一些北方沉积平原区层状地下冰的成因（Каплянская、
Тарноградский，1993；Соломатин，1986；等）。南极冰盖边缘附近的观测资料与上述认
识不相一致。现描述冰碛物的两种沉积方式（Евтеев，1964），第一种较为少见，第二种
几乎通用于冰盖边缘与无冰地面的各种接触类型。

在第一种情况下，从冰中融出的、构成大台阶的物质向下滚动，堆积在台阶脚下附
近，形成高达 10 m 的堤状堆积物。这一过程发生于夏季，含冰碛冰急剧消融，大碎屑
向下滚动，而细小粒子被水带入冰川附近的湖中。第二种情况是冰碛物最为普遍的堆
积方式，即含冰碛的冰块的分解及相继融化而沉积下来。在这种情况下冰川边缘在基
岩上逐渐地蠕动，不形成台阶。由于冰川边缘部分在地面上缓慢运动，近底部的含冰
碛冰层被抬起，融出的冰碛物便堆积在冰盖与无冰坚硬岩石表面接触处。

正如上述那样，这两种冰碛物堆积方式不能说明运动着的南极冰盖底部保存含冰
碛冰及其转变为沉积岩（冰碛）的可能性。格陵兰、斯匹茨卑尔根群岛（Лаврушин，
1976）和其他现代冰盖边缘附近的观测资料也没有能够阐明这一点。在转变为沉积物
时含冰碛冰丧失了构造特征，这里沉积的不是非分选的碎屑堆积物，就是被冰川融水
多次冲刷的沉积物，沉积物已经具有水的层理性。于是，得到的结论是：冰碛物主要是
在冰川退化过程中堆积在冰川边缘地带的。这里冰川通常发生分裂，变成一些死冰块
和死冰体以及它们的消融。由于死冰完全融化后冰碛物的富集是不均匀的，便形成了
典型的冰川丘－盆地形（图 6.13）。在丘部，冰碛物厚度急剧增加，在盆部，冰碛物厚
度急剧减小。如果关于运动冰川下形成不活动的冰碛层的假设是正确的，那么这一冰
碛层在很大范围内的厚度应大致相同，因而沉积物厚度相差甚大的丘－盆地形不会是
冰碛分布的典型地形。

图6.13　天山地区已退缩的山地冰川边缘附近由冰碛形成的丘－盆地形(正面)

(И.Д.Данилов 摄)

石冰川

石冰川是多年冻土区山区的特殊生成物,其特点是:粗碎屑物的含量很大,约与冰的含量相同,但此时石冰川保持运动状态。这反映在石冰川的形态上:平面上呈舌状,表面上有弧形垅,垅的拱起部分向外缘凸出,并平行于前缘台阶,台阶坡度很大,大于台阶岩屑的天然倾角,岩屑因此而塌落(图6.14)。

石冰川主要有两个成因类型,一个是由碎屑物过载的不大的冰川或冰川外围部分形成的向冰中聚集的碎屑物既大量来自周边崩塌岩屑坡也来自冰的消融。

第二类石冰川是土内的新生冰将厚几十米的巨大岩屑堆胶结起来而形成的。其成因与大气降水的渗透、雪充填孔隙、周期性发生的雪崩有关,雪被岩屑埋藏起来,逐渐变成粒雪,然后变成冰。石冰川的碎屑物与一般山地冰川的碎屑物相接近。其差别在于:石冰川的碎屑物尺度较大,以碎石岩块为主,含少量的细粒土,因为其来源是附近的岩屑坡。大碎屑几乎无滚圆度,有锐棱,有时略有磨损。

§6.4　河床径流搬运和堆积沉积物

关于多年冻土区河流及由其形成的沉积物的特点的问题是有争议的。Е.В. Шанцер(1951)的许多追随者(И.П.Карташов、Ю.П.Казанский、Ю.А.Лаврушин

等)认为气候(包括冰缘气候)基本上不破坏冲积层形成的统一模式。相反地,另一些作者根据古冰川作用或现代冻土区的冰缘条件下冲积物的形成、成分、组构的特点划分出冰缘冲积层或冷生冲积层(Г. И. Гарецкий、Н. А. Шило 等)。看来,不能一般地谈论多年冻土区冲积物的形成特点。山区和平原、径流发展的不同阶段的冲积物特点是不同的,它们取决于各种因素:来自山坡的物质性质和数量、水流的深度、河床和河漫滩条件下冲积物的堆积与冻结(冷生成因)之间的关系、水面冰的活动性(不同类型河系中的活动性表现也不同)。

图 6.14　天山的石冰川正面——前缘陡台阶,从其上塌落粗碎屑,台阶逆掩于长草的古冰碛丘 - 盆状表面

(И. Д. Данилов 摄)

多年冻土区大部分平原河流强烈地呈蛇曲状,当水流坡度为 0.03 ~ 0.05 时,河床的曲折度为 1.5 ~ 2,甚至更大(小河)。在不大的河流上游和较大河的源头,水流坡度增大到 0.5 ~ 0.6 (平原内)。极宽的河漫滩是河床强蛇曲作用和侧向侵蚀大于底部侵蚀的结果。例如,西西伯利亚北部纳德姆河谷的河漫滩占其河谷面积的43%,普尔河占 42%,塔兹河占 37%,而在亚马尔半岛和格达半岛较小河流的谷地中,河漫滩占河谷面积的 50% 以上(Экзогеодинамика…,1986)。大河的河漫滩宽度达到 5 ~ 10 km,而在像鄂毕河、叶尼塞河、勒拿河这样的超大型河流的谷地中,可达30 ~ 40 km,甚至更宽。

多年冻土区河流具有独特的水文状况。其主要特点是冬季河床径流量急剧减小,因为季节融化层的冻结使近地面地下水停止补给河流。例如,勒拿河下游在 7 个月的封冻期间的水流量总共只有年径流量的 10%(Сомойлов,1952)。小河、小溪和许多甚至是中等大小的河流都冻至底部,所以冬季的径流完全停止。较大河流的冬季径流有赖于沿融区和构造破坏带上升到地表的冻土层中水和冻土层下水。在冬季液态径流急剧减少的同时,河流的固体径流(溶质、悬浮物和沿底部曳动的泥沙)则完全停止。在多数情况下不冻河流冬季的固体径流与全年固体径流之比不超过百分之零点几。

多年冻土区山地河流水补给的特点决定了产生像冰锥这样的现象。冰锥造成河流平衡纵剖面的弯曲,使剖面呈阶形,在产生冰锥的地区形成特殊类型的冲积层,可称之为冰锥冲积层。冰锥冲积层的特点是:由埋住新草皮的再沉积物质形成的垅丘,河漫滩和河流阶地的沉积物残层,裂隙和热融沉陷,土锥,被冰压密的平整场地,铺上粗碎屑物的石路面或卵石路面等。

多年冻土区河流水文状况的特点还有:持续 1~2 个月,有时为整个夏季(达 4 个月)的冗长洪水期;除春汛外,还有秋汛。在很多情况下,较小河流,甚至中等河流的春季融水在河床冰盖上和谷底积雪(被冬季的风所密实)上流淌。当然,这种水和洪水的浑浊度不大。这决定了在这种类型河流上河漫滩相和牛轭湖相冲积物的发育较弱,尤其在山地和半山地河流上发育的几乎完全是河床相冲积层,只有部分河漫滩相冲积层。山地河流的谷底几乎完全被分散成支流的河床所占据,支流之间分布着河漫滩小岛(图 6.15)。从山区流出前往平坦低地的平原河流(例如亚诺 - 印迪吉尔卡河)分成许多支流。支流和天然水道合起来保证了河流相当于洪水期和汛期水流量的巨大过水能力,结果,河流较少溢出河岸,使得甚至在河水浑浊度较大时河漫滩相冲积物的堆积过程也是很弱的。多年冻土区河流的这种类型水文状况称为印迪吉尔卡型水文状况(Лаврушин,1963)。它有三个主要特点:春汛过后,河流的夏季水位多次发生上升和下降;春汛和夏汛的水位都不高,甚至最高的水位也仅淹没河漫滩最低的部分;最后,水搬运大量的悬浮粒子(水的浑浊度较大)。上述特点所造成的后果是河谷中广泛发育着不同成因的"河流草地"、河漫滩上的局部低地、与主河床分隔和半分隔的支流和天然水道、牛轭湖以及河湾平底热融湖,即所谓的"叠置"河漫滩地段等。

图 6.15 楚科奇半岛的一条山地河流的谷底(几乎完全被分成许多支流的河床所占据)

(И. Д. Данилов 摄)

　　水面冰使多年冻土区平原上的沉积过程具有明显的特殊性,水面冰搬运着大量碎屑物和粗碎屑物,这些碎屑物常进入细分散性河漫滩沉积物中,决定着河漫滩沉积物的特点。在从南往北流的大河上,冰远距离搬运碎屑物的过程具有最大的波动范围。在这种情况下,河流下游的低气温和低水温有利于长时间保存冰盖。此外,解冻的河流不是处在热量因素的作用下,而是处在力学因素的作用下——来自河流上游的水的压力,这压力能破开下游有大量来自河岸和残水区碎屑物的冰。自北向南流动的河流由于岸边冰的逐渐融化而解冻,进入较暖地带的冰快速融化,几乎使全部碎屑物都留在了河床中。沿纬度方向流动的河流(黑龙江、阿纳德尔河等)亦搬运较少的碎屑物。

　　由于从南向北流动的西伯利亚大河能够搬运大量的冰,因此在天然冲刷坡和低河漫滩上形成高5~10 m,长50~75 m的堤形堆积(Данилов,1978,1983),这种堆积由横径为1.5~2.0 m的漂砾组成(图6.16)。漂砾的年代定为现代是没有疑问的,因为漂砾之下埋藏着人工漂木(圆木、板材)。在相似的地貌条件下观测到形状和大小相接近的河冰块堆积时,堤形漂砾堆积的成因逐渐地为人们所接受。北方河流沿岸广泛分布着浅滩和弧石——由漂砾、卵石、砾石组成的独特地形。И. А. Лопатин 和 Л. А. Ячевский 以叶尼塞河为例研究了这种地形的形成条件,而在加拿大,J. R. Mackay 也进行了研究。在多年冻土区河流天然冲刷坡和低河漫滩上常见的现象是一些漂砾及其堆积——卵石路面。

图6.16　叶尼塞河下游河岸上由河冰搬运的大漂砾堆积(其中有圆木和板材)

(И. Д. Данилов 摄)

河冰搬运的岩屑富集于细分散性河漫滩沉积物中,使其因此而成为多年冻土区特有的冲积堆积成因类型,为其他成岩地区所不具有的。从冲积物中可划分出一系列冰冲积相(冷生冲积相):天然冲刷坡和岸堤上由漂砾和岩块组成的漂砾(卵石)铺石、由漂砾和块石组成的岸堤、由含漂砾亚沙土和亚黏土组成的沿河河漫滩等。这一过程在冻结作用和地下成冰作用之前就具有上述多年冻土区沉积作用的所有特点。

冲积物的机械成分和矿物成分、结构 – 构造特征和冻土相组构的形成与河流的水文状况、集水区被冲刷岩石的性质和当地的地貌条件都有着直接的关系。平原和山地的河流冲积物在成分和组构上差异较大。山地河谷中堆积的沉积物以粗碎屑成分为主,物质分选差,层理不清晰,沙粒组的多矿物成分的特点是基本造岩矿物成分的组合不固定。山地河流冲积层中常不发育或初期发育河漫滩相和牛轭湖相。在深而窄的狭谷中几乎没有冲积层,河流切入自己的河床。在这种情况下谷底几乎完全为河床所占据,岩块和漂砾散布于河床中,有些地方直接堆积在基岩上,形成蚀余堆积相。

平原河流形成的冲积层的粗机械成分要比山地河流少得多,并且沿河而下的物质粒度减小,分选程度增大,矿物成分越来越均匀。

冲积层可划分为三个基本相:河床相、河漫滩相和牛轭湖相(Шанцер,1951)。河床相由沿河底曳动的粗泥沙形成,它们构筑着河床地形——河底、浅滩、岛和沙嘴。山地河流的河床沉积物主要是卵石层和含漂砾卵石堆积。平原河床在自身河床中主要沉积具有典型斜层理的沙土。河床相还可划分出亚相——固有河床亚相和沿中线亚相。后者形成于最活跃的水力环境,是颗粒最粗的冲积层。

河漫滩上的沉积物是在汛期堆积的,是悬浮物的沉淀物,因此以细分散性成分为主,其分选比河床沉积物差,特点是具有不清晰的水平层理、水平波状层理和典型的浑浊构造。层理是每次汛期过后留下的季节性淤泥沉淀成层产生的。

河漫滩上的牛轭湖沉积发生于湖泊过程和河漫滩过程(洪水过程)相结合条件下。多年冻土区河漫滩不同于只存在残余湖泊(牛轭湖)的温暖地区的河漫滩,除这些残余湖泊之外,还因热融作用而形成许多新湖。河漫滩上的牛轭湖呈固有的细长的新月形且深度较大。牛轭湖发育过程中可被热融作用大大改造,失去本身最初的形态,变成圆形或等轴形。牛轭湖沉积物的垂向组构反映一般湖泊的发育阶段。在较深湖泊存在的早期,沉积下被分散有机物富集的黏性土成分的细分散性沉积物。随着沉积物充填湖泊,湖泊淤浅,在湖泊参数和水动力学的影响下开始堆积以含较多植物残体和泥炭夹层的沙土、粉沙和亚黏土为主的沉积物。最后,牛轭湖体进入沼泽发育阶段,此时形成泥炭堆积。因为沼泽位于河漫滩内,所以周期性地被洪水淹没,因而泥炭富含粉沙淤泥的陆源颗粒。

上述三个基本冲积相在冲积层中有规律地组合在一起,E. B. Шанцер(1951)以温带平原河流为例说明这一点。在河流迁回进程中每一谷底区在冲积物开始沉积之时都被河床占据,然后,或者一下子转变为周期性地被淹没的河漫滩的状态,或者在此之前还经过中间的牛轭湖阶段。一个河谷区接着一个河谷区地不断地交替着沉积类型,最终形成有规律地构筑的冲积层,冲积层剖面下部是河床沉积物。河床冲积物或者马上被河漫滩沉积物覆盖,或者其中楔入牛轭湖沉积物透镜体。因而,大部分平原河流的冲积层具有双层组构:下面是河床沉积物(有时上部含牛轭湖透镜体),上面是河漫滩沉积物。若冲积层由三相综合体组成,三相的顺序是有规律的,则冲积层具有清晰的韵律组构和"旋回沉积"特征。Е. В. Шанцер 引入了"沉积层的标准厚度"的概念,此厚度等于河谷已知横剖面汛期河流水位标高与河床底面标高之差。对大的平原河流而言,此值为 20 ~ 30 m,有时更大。

多年冻土区河流沉积物的矿物成分由陆源矿物区(排泄区)的特点决定。总的来说足够大的平原河流的河床沙的主要成分是石英和长石。重矿物成分中以角闪石、辉石、绿帘石、钛铁矿、磁铁矿为主。杂质通常为锆石、石榴石、榍石、白钛石、金红石、电气石、磷灰石、黑云母等。多年冻土区河流沉积物中自生矿物的形成及其特点暂时尚了解得很少。人们极大地加深了下述认识:在堆积过程中正冻结的(共生成因)河漫滩淤泥没有形成自生矿物,这就是通常所说的缺乏黏土矿物是多年冻土区河流冲积物的一个典型特征(Ю. А. Лаврушин、А. И. Попов、Г. Э. Розенбаум 等)。同时,Х. Г. Зигерт 利用光学方法进行的微观研究结果查明了各种常形成结核的新生矿物。氢氧化铁和方解石是中雅库特河漫滩各相亚黏土、沙质亚黏土、细沙等沉积物的标型自生矿物。铁锰新生物质也是大部分河漫滩沉积相的典型新生物质。此外,堆积在沼泽化丘间低地的腐殖质和泥炭化亚黏土,部分为湖泊占据,可看到硫酸铁和蓝铁矿。河漫滩沉积物的细分散性粒级(< 0.01 mm)由以水云母为主的黏土矿物组成。从 Х. Г. Зигерт 的资料做出的结论是:河漫滩沉积物尤其是河漫滩上浅水体的沉积物在其转变为多年冻结状态之前还来得及经历复杂的地球化学改造和形成自生矿物的阶段。

在北方河流现代沙滩和天然冲刷坡上常能在河漫滩或超河漫滩阶地沼泽和泥炭田的水出口处观测到鲜赤褐色或蓝黑色的薄壳。这种水中有机物含量高,其中铁、锰化合物呈易变的亚氧化物形式,进入河岸就转变为氧化物形式并沉淀于河床附近的浅滩和天然冲刷坡的沙土中。于是在河沙中形成富含铁、锰氢氧化物的透镜体和夹层,它们常集结于,尤其是沿着植物的根大量集结于管状或椭圆状结核中。结核中 Fe_2O_3 的含量为 4% ~ 7% ,有时达到 30.5% ,但在含新生铁的沙中约为 1% ;结核中的 MnO 含量为 2.1% ,在周围的沙中为 0.1% (Данилов,1978)。在冲积沙中循环的地下水也富含铁、锰氢氧化物。氢氧化物沉淀在沉积物上形成致密的表壳。

§6.5　风搬运和堆积沉积物

风在目前和过去的多年冻土区沉积岩形成中的作用是相当大的,尽管不同作者从截然相反的观点来评价它。风在多年冻土区与其他成岩区一样进行着破坏、搬运和堆积工作。

多年冻土区风的破坏作用

风的破坏作用方面与其他成岩区一样,表现为吹蚀和磨蚀。由于空气中存在尘埃、细沙粒甚至粗沙粒,风的破坏力增大好几倍。能被风搬运的颗粒尺度与风速有关。在相同的速度下,风从近地表处搬运较粗的颗粒,随着高度上升而搬运越来越细的颗粒。因此,山脊和残山的岩石在磨蚀作用下遭受破坏较剧烈的是它们的基底处,形成风蚀龛、风蚀穴、风蚀崖、风蚀柱,在北方前乌拉尔山和极地前乌拉尔山地区被称为"石木模"。风以不同的速度破坏不同密度的岩石,因此岩石表面形成了蜂窝状结构。

图 6.17　西西伯利亚北部内达河一个阶地基底上的坚硬岩石漂砾残骸,
漂砾周围散布着沙土,漂砾棱被风搬运的粒子所磨削而变成风棱石
（И. Д. Данилов 摄）

多年冻土区风的吹蚀作用在沙和粉沙组成的平坦地表上形成风蚀凹地———一些圆形或伸直的负地形。这种盆地大小不一,横径为几米至几百米,深度可达几米(有时达 10 m 以上)。风蚀凹地是沙构成的海洋阶地和河流阶地所固有的现象。大片发育

风蚀凹地便产生了"风蚀荒漠"。致密基底上的巨砾是含粗碎屑包体的被吹沙地中有代表性的形成物(图6.17)。风所搬运的颗粒在盛行风方向上沿侧面磨削巨砾,因而这种巨砾被称为"风棱石"。

空气的搬运能力因其密度小而比水低300倍。甚至力量较大的风也只能搬运沙粒大小的颗粒,只有飓风才能以显著的规模搬运砾石颗粒。以沿地面跳跃的、曳动的方式搬动沙砾,结果形成一般高2 cm、长20 cm(有时高达60 cm、长达20m)的不大的波纹状沙垄。正是这种搬运方式形成了沿岸沙丘和沙漠的新月形沙丘。风一般以悬浮状态搬运粉土大小的颗粒。厚层黄土堆积的形成与这种搬运类型有关。在发生沙尘暴时,在离地面几百米高度上空气被粉土颗粒所饱和,当风暴极强时,粉土可上升到5～6 km的高度,并被搬运几千千米远。

在极地地区,风的搬运主要发生于冬季。夏季近地面正融层较大的湿度和较小的风速不利于风的搬运。冬季,在积雪被吹走的地区,近地面土层因寒冻而变干,强烈的暴风雪撕掉了生草层,于是发生沙粒和粉粒的强烈风蚀。在被任何一个因素破坏了植被(烧毁、陡壁)的地区,细分散性物质特别强烈地被冬季大风搬运走。在北极地区,冬季的飓风能搬运砾、卵石,在南极地区飓风能移动直径达几个厘米的石块。根据 Н. Ф. Григорьев 的资料,南极地区的风成细粒土主要由掺杂砾石的沙粒组成,粉粒仅占1.8%,没有黏粒(表6.3)。法兰士·约瑟夫地的一个冰穹地表上离冰穹边缘500 m处的风成细粒土(这里可看到最近的风蚀源——顶部无积雪的小山)主要由细沙(0.05～0.25mm)和粗粉土(0.01～0.05 mm)组成(Суходровский,1967)。

根据 М. А. Глазовская(1952)的资料,泰尔斯凯山脉冰川上风成细粒土中粗粉沙的颗粒占多数(表6.3)。由蓝绿色藻类产生的团聚性(成粒性)是风成细粒土的特点。这种藻类似乎是彼此之间交结着矿物颗粒。

在海冰上也观测到风成搬运物。例如,В. И. Влавец 在翁曼角与科柳钦岛之间离北极海岸10 km处的冰中发现了下述成分的细粒土:沙(0.05～1 mm)——5.84%,粉土(0.005～0.05 mm)——44.46%,黏土(<0.005 mm)——49.70%。看来,风在搬运北极海域沉积物中起显著的作用,这种作用由于风力搬运因素与冰的搬运因素的共同作用而得以加强。无雪、裸露和冻结的北极海岸受到冬季大风的强烈破坏。在沿岸冰上堆积的风成物到夏季被流冰驱散。例如,在北地群岛沿岸、加拿大北极群岛沿岸观测到沿岸冰面上的风成粉土。Ф. Нансен 指出风成粉土在极地盆地冰中有着广泛的分布,并且,粉土堆积往往很大。对多年冻土区风的堆积活动研究得不够。由于上面研究的风搬运物质的特点,随着沉积的自然环境的不同而形成不同成分的风积物。

表 6.3　冰川上和冰川边缘附近风成细粒土的机械成分(%)

(据 Н. Ф. Григорьев(1962)、В. Л. Суходровский(1967)、М. А. Глазовская(1952)的资料)

地区(作者)	冰川类型	细粒土特点	粒级(mm)							< 0.001	HCl 处理时的损耗
			1.0 ~ 10.0	0.5 ~ 1.0	0.25 ~ 0.5	0.05 ~ 0.25	0.01 ~ 0.05	0.005 ~ 0.01	0.001 ~ 0.005		
南极地区 (Григорьев, 1962)	冰盖边缘 (班格拉绿洲)	沙质	7.6	17.7	31.20	41.7	0.6	1.2	—	—	
法兰士·约瑟夫地(Суходровский, 1967)	离冰穹边缘 500 m	沙质粉土	—	—	3.63	54.61	23.44	4.96	5.04	8.32	
天山 (泰尔斯凯山脉) (Глазовская, 1952)	平顶冰川 (贝尔塔冰川)	无结构	—	—	—	6.88	37.92	25.60	21.76	7.84	3.08
		粒状	—	—	—	5.25	41.00	26.76	17.44	6.10	3.51
	山谷冰川 (阿舒托尔冰川)	粒状	—	—	—	8.33	39.48	22.30	20.48	6.00	3.45
		粒状	—	—	—	7.40	40.50	24.70	18.15	5.30	3.90
	山谷冰川 (萨瓦冰川)	粒状	—	—	—	23.97	47.79	12.64	17.53	8.15	3.10

在多年冻土区,以粉沙成分为主的厚风积层的堆积可能性方面有着尖锐的针锋相对的争论。一些作者承认这种可能性,并极力捍卫这种可能性(Т. Л. Певе、С. В. Томирдиаро 等),另一些作者却积极地否定这种可能性(А. И. Попов、Н. Н. Романовский、В. Н. Конищев 等)。如果风积层构成相应的地形——新月形沙丘、沙丘、不大的风积丘和垅,那么多年冻土区风的堆积活动的证据就更充分了。

新月形沙丘形成于没有被植被固定的沙体发育区,而这种沙体在多年冻土区是很少见的。新月形沙丘的高度主要为 3 ~ 8 m,常成群分布,相邻的新月形沙丘端点相连,形成扁长的沙垅或新月形链。风向的季节性和多年性变化使得新月形沙丘的移动和排列方向频频改变,其结果是新月形沙丘形成了复杂的形态。岸沙丘生长于主要由植物屏障滞留了来自海岸或河岸的流沙的地方。发育良好的弧形或抛物线形沙丘高度为 2 ~ 8 m。在风从海洋吹向海岸时,沙丘逐渐地向陆地深处移动。在风没有盛行方向的地区和在风交替地从不同的方向吹来的地区,则产生环形沙丘。相邻沙丘彼此相连形成年代和成因各异的沙丘链或沙丘垅。多年冻土区的沙丘广泛地沿着河流(其河岸由阶地沙积物构成)分布,以及分布在北极海域沙质沿岸。

§6.6　评价多年冻土区的沉积物搬运和堆积因素

在总结多年冻土区集水地沉积物搬运和堆积的各个营力的资料时可做如下的说明:因为缺乏定量指标,每个营力的比较评价是极为困难的;只能在定性的水平上进行。斜坡过程和流水过程无疑在北半球大陆沉积成岩中起着主要作用。斜坡过程包括大面积的集水地,同时流水过程最大距离地搬运着沉积物。冰川因素目前在南半球陆地多年冻土区起主要作用。在北半球,现代冰盖约占陆地多年冻土区面积的1/8,分布在格陵兰岛、加拿大北极群岛、欧亚大陆北极大陆架西部岛屿上。陆地冰川目前主要占据山区不大的面积,但更新世冷期冰川占据的面积无疑要大得多。

即使在定性的水平上也难以比较评价风力搬运沉积物的意义。这种评价在很多方面与亚洲和北美洲北部的厚层黄土状岩石的成因解释有关。若其成因与风力因素有关,则风在更新世气候干燥期的成岩作用是巨大的,并完全可与斜坡和坡积作用相比较。

还应强调多年冻土区的一些特殊的沉积成因标志。首先是存在多年冻土本身这个因素影响着沉积成因的特点。因此,季节融化层基底斜坡过程(融冻泥流、塌落、滑坡)活化,广泛发育库鲁姆和热侵蚀过程。热侵蚀过程不仅出现于斜坡上(细沟、水洼、冲沟),还出现于主要为不大的长流水的沟谷内。所有搬运碎屑物的营力活动的季节循环性显著地影响多年冻土区的沉积成岩作用。一年中有 7 ~ 8 个月像融冻泥流、塌落、滑坡这样的搬运机制中止了工作,河床水流的搬运活动降至最低,冰川停止消融。这是多年冻土区的机械剥蚀和化学剥蚀一般较缓慢,被北方河流从陆地上搬走的陆源物较少的原因之一。例如,被欧亚大陆北部河流搬运到北极盆地的全部悬浮泥沙量仅为每年 102×10^6 t,约等于赞比亚河流的年搬运量,比密西西比河每年的搬运量小 4/5 ~ 6/7,比亚马孙河或湄公河少 9/10。

由于河流搬运陆源物质的能力较弱,因此陆源物质都堆积在陆地上的谷地、山间盆地、岩屑坡和融冻泥流 - 坡积坡的坡脚附近,与多年冻土区外相比,赋予多年冻土区北方山地地形以较平整的特征和柔和的外形(Ершов,1982)。

第七章　多年冻土区径流终端水体
的沉积成岩作用

§7.1　多年冻土区内陆水体的沉积物形成和成岩作用

陆地径流的终端水体(径流的中间水体)是有淡水、淡盐水和少数盐水的封闭或半封闭的盆地(湖、泻湖)。按多年冻土区湖泊的成因,与其他地区一样,分成残余湖(海成湖、河成湖(牛轭湖))和冰川湖、热融湖、岩溶湖、构造湖。发育于北极沿岸的泻湖在某种程度上是淡化水体,由于沙嘴、沙洲、沙堤将被淹河口、海湾与海洋隔离而形成的。多年冻土区北方地带的大多数湖泊的水是淡水和超淡水。同时,在海岸附近可见到淡盐水湖。在气候干燥的多年冻土区(中雅库特、蒙古、青藏高原等一些地区)可见到淡盐水湖甚至盐水湖。多年冻土区从泻湖隔离的湖泊和泻湖本身在一定程度上被盐咸化(表7.1),并且其含盐度发生局部变化、日变化和季节变化。

因为多年冻土区湖泊主要是淡水湖,所以从岩石成因的观点进行的研究是最多的。因此,主要以淡水湖为例进一步给出陆地径流终端水体沉积成岩过程的特征。淡水湖的成因类型可按盐的定性、定量成分和有机物含量再分为贫营养湖和富营养湖。

沉积物的分异作用和岩相类型

湖盆底部组构对所有径流终端水体来说是有代表性的,这种组构决定了湖盆中沉积物相的差异(图7.1)。通常在陡岸的稍深处分布着起风浪时可被淹没的沙质或沙卵石岸滩。在有浅滩的岸上分布着周期性被潮水淹没的沼泽化低湿草地,它具有平多边形地形,并由沙质淤泥与泥炭质淤泥互层韵律构成。沿陆地方向向上泥炭开始堆积在低湿草地不遭水淹部分之上,发育起多边形埂状泥炭田。湖泊水位之下的低湿草地或浅滩逐渐变成水下浅滩,水下浅滩过了陡转弯就是由不同程度沙质的淤泥或淤泥质沙构成的水下斜坡。最后,湖体最深的部分(湖床)一般铺着淤泥(沙质或黏土质淤泥)。若湖盆是热融湖盆并且其湖床下埋藏着含冰岩土,则当含冰岩土上部融化时将失去最初的冷生组构而发生较大的变形。

不同类型湖泊水体的沉积物分异作用有极大的差异。在富营养型浅水湖泊中,分异作用表现较微弱,这里的沉积物常无层理并富含有机物,这些有机物一般来自周围

表 7.1　北楚科奇半岛沿岸平原湖泊和泻湖水的化学成分

（据 И. Д. Данилов（1983）的资料）

水体类型	总矿化度		阴离子						阳离子					
	硬残存物	总离子量	HCO$_3^-$		Cl$^-$		SO$_4^{2-}$		Ca^{2+}		Mg^{2+}		K$^+$ + Na$^+$	
	mg/L	mg/L	mg/L	毫克当量	mg/L	毫克当量	mg/L	毫克当量	mg/L	毫克当量	mg/L	毫克当量	mg/L	毫克当量
热融湖	84	63	痕量	痕量	24.5	0.69	15.8	0.33	痕量	痕量	痕量	0.16	23.5	1.02
	96	94.9	痕量	痕量	16.3	0.46	47.5	0.99	3.4	0.17	1.9	0.16	25.8	1.12
	98	94.9	痕量	痕量	16.3	0.46	47.5	0.99	3.4	0.17	1.9	0.16	25.8	1.12
	114	111.8	痕量	痕量	40.8	1.15	31.7	0.66	3.4	0.17	1.9	0.16	34.0	1.48
	122	119.7	痕量	痕量	16.3	0.46	64.8	1.32	3.4	0.17	1.9	0.16	33.3	1.45
	132	126.5	35.5		35.5	1.0	47.5	0.99	3.4	0.17	1.9	0.16	38.2	1.66
残余湖（在不同时期与泻湖隔离）	514	511.1	36.6	0.6	235.7	6.64	64.8	1.32	6.6	0.33	4.0	0.33	181.7	7.90
	2016	1902.8	24.4	0.4	1034.5	29.14	158.4	3.30	26.4	1.32	60.2	4.59	611.1	26.57
	5272	4818.2	36.6	0.6	2613.1	73.61	443.5	9.24	52.8	2.64	188.6	15.51	1501.9	65.30
不同部位的泻湖	5378	5167.8	36.6	0.6	2792.8	78.67	475.7	9.91	66.0	3.30	180.6	14.85	1633.7	71.03
	7888	7456.1	48.8	0.8	3984.5	112.84	745.9	15.54	85.8	4.29	272.9	22.44	2342.6	101.85
	9540	8934.8	61.0	1.0	4902.9	138.11	745.0	15.52	92.4	4.62	321.0	26.40	2843.0	123.61
近岸海（作为比较）	26748	25894.3	97.6	1.6	12101.6	340.89	4525.4	94.28	244.2	12.21	886.8	72.93	8087.5	351.63
	27710	26266.4	109.8	1.8	14491.1	408.20	2171.5	45.24	277.2	13.86	987.1	81.18	8284.6	360.20

沼泽化地方。这种湖泊发展到最后阶段能堆积有机淤泥。与有机物一起进入富营养浅水湖泊中的还有有机－矿物化合物形式的大量铁和锰。

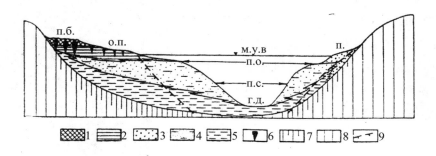

图 7.1　湖盆岩相结构原理图

1—沼泽泥炭;2—沙质淤泥与泥炭质淤泥互层(低湿草地相);3—中、粗粒沙(岸滩相);4—淤泥质沙和沙质淤泥(水下浅滩和斜坡相);5—淤泥(深水河床相);6—冰脉;7—湖底已融和重新冻结(таберированная)的沉积物,下伏含冰岩土;8—湖盆下和湖盆周围的冻土和融土;9—多年冻土上限;М. У. В—平水位,П—岸滩,О. Л.—低湿草地,П. Б.—沿岸沼泽,П. О.—水下浅滩,П. С.—水下斜坡,Г. Л.—深水湖床

　　贫营养型的大水体中沉积物发生较好的分异,常具有层理。但这里的物质分异也远非完善。例如,根据 Л. А. Выхристюк(1981)的资料,普托兰高原湖群中深 90 多米的阿扬湖底部沉积物分选较差,并且分选程度随沉积物的分散性增加而减小。粗粉沙的特拉克分选系数平均值 S_0 为 3.2,细粉沙为 3.7,黏土质淤泥为 4.7。甚至堆积在最深处的湖泊最中心部分的淤泥分选程度也很差($S_0 = 3.7$)。

　　此外,带层状黏土和粉沙是多年冻土区封闭和半封闭水体沉积物极有代表性的、极特殊的岩相类型。它们由双带结构循环交替而构成。每一带(纹泥)是较淡色的含较多沙的夹层与较暗色的含较多黏土的夹层的组合。彼此逐渐转换,但有清晰的外边界。通常认为带状黏土和粉沙仅形成于近冰川的湖泊中。但是观测资料表明,带层状沉积物的形成过程也是多年冻土区其他陆源物质迁移中出现清晰韵律的地带的水体所固有的。湖面结冰现象在带状层理形成中起很大的作用,此时湖泊中的沉积速度减低 19/20,甚至更低(Россолимо,1949)。浮冰参与带层状沉积物形成的直接证据是在这种沉积物中观测到砾、卵石大小的粗碎屑物包体(图 7.2)。

　　多年冻土区淡水和淡盐水大水体带层状沉积物形成的主要阶段对应于晚更新世的干燥气候条件和极大陆性气候条件。该时期的带状黏土和粉沙广泛地发育于芬兰、卡累利阿、伯绍拉低地、西西伯利亚东北部(叶尼塞河沿岸地区)、普托兰高原的山间谷地和盆地、北西伯利亚低地和太梅尔岛以及加拿大的许多地区和美国的东北部。这些地区的盆地沉积物在成岩改造过程中原生沉积层理发生断裂变形和塑性变形。

沉积物化学 – 矿物成分的形成

北极和亚北极冷水体(淡水和淡盐水)盆地沉积物几乎无碳酸盐类。贫、富营养湖泊沉积物中的有机物含量截然不同,就像不同岩相类型一样。例如,曾提到过的阿扬湖(贫营养湖)近地面沉积物的有机物含量平均为:粗粉沙中——1.57%,细粉沙中——1.93%,黏土质淤泥中——2.55%,即 C_{opt} 量随着土的分散性和沉积深度的增加而增加。在长满植物的富营养水体中,C_{opt} 含量达到百分之几十。

湖泊和泻湖底土的淤泥(孔隙)溶液矿化度一般要比底部以上的水高几倍。沉积物中可溶于水的盐成分总的来说对应于水

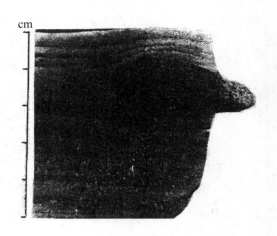

图 7.2　由浮冰搬运的、埋藏在深湖相水平状黏土中的卵石

体水的成分。在富营养水体富含有机物的底部沉积物中,淤泥水的成岩改造是另一种形式,并且 C_{opt} 含量越大,则成岩改造越强烈。Н. П. Анисимова(1981)用中雅库特平原地区一个不深的(1~3 m)热融湖的资料证实了即使是最上层的、最新的沉积层(以有机淤泥为主)的淤泥溶液矿化度也不同于湖泊水的矿化度。其水的矿化度随季节不同而变化于 0.4~0.8 g/L 至 2.14~5.41 g/L 之间(冬季增加若干倍,夏季减小)。而淤泥溶液矿化度总的来说随深度而增大,在离底面 1.2~1.65 m 处达到 5.56~8.87 g/L。

丰富的有机物及其被微生物的强烈分解导致氨化、硝化、脱硫过程,形成氨、硫化氢和二氧化碳。在硫酸盐还原过程中形成的硫化氢部分以自由态析出,部分与铁发生相互作用,以硫化铁(水陨硫铁)的形式沉淀于沉积物中。在小湖冻结到底时,形成了不利于还原硫酸盐的厌氧细菌的生命活动的条件。在这种情况下,硫酸盐可以保存、积累于沉积物中。

现代泻湖底部淤泥中和淤泥质沙中可溶于水的盐量总的来说是很高的(Данилов,1983),在淤泥下的沿岸海沙和含沙质亚黏土充填物的卵石中盐量稍减小(图 7.3)。盐成分的特点是完全没有重碳酸盐类,而占绝对优势的盐类是 NaCl,并含大量的硫酸盐离子。硫酸盐离子含量沿剖面的变化很可能与被分散有机物饱和的泻湖沉积物中的硫酸盐还原作用和产生硫化物的作用有关。

淡水和淡盐水盆地沉积物黏土矿物的成分具有陆源成因,并对应于剥蚀区沉积物的成分(Данилов,1983)。由表 7.2 可知湖泊黏土和泥质部分(<0.001 mm)的化学成

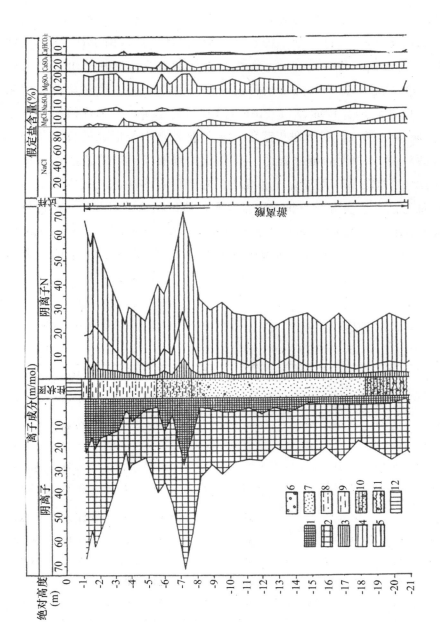

图7.3 泻湖淤泥和淤泥质沙及其下伏沿岸海洋沉积物的水萃取物中
易溶盐含量分布曲线图（楚科奇海沿岸雷皮利泻湖）

1～5—离子（1—SO_4^{2-}，2—Cl^-，3—Ca^{2+}，4—Mg^{2+}，5—Na^++K^+）；6～11—沉积物（6—卵石，7—沙，
8—淤泥质沙，9—淤泥，10—含沙质亚黏土充填物的砾、卵石，11—含碎石黏土）；12—现代泻湖水

分总的来说是一致的,这证实了黏土矿物的成岩作用较弱。在黏土细分散性成分(<0.001 mm)中可看到铁和铝在二氧化硅相应减小时(5% ~8%)有不大的增加(分别增加 1% ~3% 和 5% ~6%)。

湖泊和泻湖底部淤泥中**自生矿物的形成**由其地球化学状况决定。近地面氧化带富集了以有机 – 矿物化合物形式进入湖中的铁、锰氢氧化物。正是由于铁、锰氢氧化物的高浓度,才能形成铁、锰成分的微结核。在微结核横剖面透明薄片上可见到放射状组构。在分散性有机物相对富集的底部淤泥的还原环境下产生了磷酸盐类和硫化铁(蓝铁矿、黄铁矿(白铁矿))。例如,Х. Г. Зигерт(1979)查明了勒拿河河漫滩和雅库茨克附近热融浅盆地(阿拉斯)中湖沼型灰蓝色 – 灰色亚黏土中新形成的自生黄铁矿胶态颗粒。覆盖在岩石个体和大的植物残体上膜壳状的鲜蓝、浅蓝、紫色蓝铁矿析出物是富含有机物的湖沼、湖泊和泻湖亚黏土和黏土的特点。在多年冻土区中的干旱气候带(中雅库特),细分散的自生方解石析出物是淡水水体沉积物所固有的。这种析出物或者呈泥岩状(颗粒直径 <0.005 mm),或者形成横径 >0.01 mm 的滚圆形、不规则形颗粒。上述所有造岩矿物除了可看到埋藏于土中的形态外,还形成土中结核和结核体。

表 7.2　湖成黏土及其泥质部分(<0.001 mm)的化学成分比较(重量百分比)

(据 И. Д. Данилов(1978)的资料)

	ППП	SiO₂	Fe₂O₃	Al₂O₃	TiO₂	CaO	MgO	MnO	SO₃	总计
岩石	6.97	58.61	7.60	17.44	1.02	2.02	2.84	0.54	0.31	97.35
	6.28	59.03	8.02	17.62	1.05	1.91	2.94	0.37	0.23	97.66
	6.51	58.11	7.73	17.79	1.02	1.59	3.30	0.42	0.47	96.64
	6.32	59.10	7.51	17.23	1.00	1.80	2.65	0.52	痕量	96.13
	5.69	61.30	7.27	16.89	1.05	1.67	2.77	0.33	0.39	97.36
<0.001 mm 的泥质部分	6.76	53.94	10.06	23.64	0.87	1.31	2.87	0.10	0.26	98.81
	7.10	54.24	9.23	22.37	0.88	0.68	2.86	0.10	0.14	98.10
	7.54	52.89	9.24	24.04	0.84	0.85	2.76	0.08	0.22	98.46
	6.73	54.23	9.47	21.88	0.90	0.67	3.21	0.13	0.31	97.53
	7.62	53.47	10.22	23.16	0.80	1.13	2.35	0.15	0.15	99.06

结核的形成

在多年冻土区淡水和淡盐水盆地沉积物中发现了成岩作用早期的蓝铁矿、硫化铁、碳酸盐类(含方解石和方解石 – 文石)的结核以及含氧化铁的和含铁 – 锰的结核

（Данилов，1979，1983）。

蓝铁矿结核形成于富含分散有机物的泻湖和湖泊沉积物的黏土质和沙－粉沙质土中。其横径为 2~5 mm，呈球形或椭圆形。在剖面上的分布或者是不规则的，或者堆积在饱含细碎植物碎屑的带层状沉积物的一些沙－粉沙夹层中。结核中 Fe_2O_3 含量为 40.0% ~ 41.12%，P_2O_5 含量为 18.06% ~ 21.95%，然而在其周围的黏土中，Fe_2O_3 含量为 9.13%，而 P_2O_5 不超过 0.82%（表7.3）。结核中的硫酸盐含量高于周围沉积物。钙和镁在结核体中的含量不升高。蓝铁矿新生物质的存在是成岩阶段由于有机物分解而建立强还原条件的标志。多年冻土区湖泊－泻湖沉积物中蓝铁矿蚕豆石和北极软体动物群化石、介形虫微动物群化石的共同存在这个事实证实了上述过程发生在冷水体条件下。

表 7.3　蓝铁矿结核及其周围湖泊黏土的化学成分（重量百分比）

（据 И. Д. Данилов（1979）的资料）

分析物	结　核	结　核	周围黏土
H_2O	11.80	9.89	2.88
ППП	12.11	13.59	11.11
SiO_2	16.30	13.31	51.84
Al_2O_3	8.97	2.85	21.60
Fe_2O_3	41.12	40.00	9.13
P_2O_5	18.06	21.95	0.00
MnO	0.24	3.69	0.05
CaO	0.49	0.68	0.79
MgO	1.04	2.36	2.40
K_2O	0.65	0.40	—
Na_2O	0.75	0.34	—
SO_3	0.70	0.48	0.08
总计	100.43	99.65	97.53

在构成雅库特热融浅盆地（阿拉斯）的湖成亚黏土中发现了**硫化铁结核**。这种亚黏土以直径 0.1 ~ 1 mm 的煤烟状团聚体结核和滚圆形致密微结核为特征。根据 Х. Г. Зигерт（1979）的研究资料，结核由等轴晶系的胶黄铁矿矿物（其分子式为 $FeS \cdot Fe_2S_3$（Fe_3S_4））组成。同时还见到一些黄铁矿（FeS_2）颗粒。土状硫化铁变种常浸染整个岩石，沿植物残体形成假型和沿介形虫瓣周围形成结核。

碳酸盐结核形成于湖泊、泻湖、河口细分散成分的沉积物成岩过程中，在前第四纪碳酸岩分布区尤为典型。首先是 M. Паppo 于 1840 年研究了卡累利阿和芬兰的晚更新世黏土,后来 П. Н. Венюков(1881)将其命名为"碳酸钙泥沙结核"。它们广泛分布在叶尼塞河下游地区、北西伯利亚低地、普托朗山区和山前地区,主要埋藏于带层状黏土和粉沙中,但也见于非层状的湖泊和河口黏土和亚黏土中。

　　结核一般与围岩分离,被强烈压密,其形状各异,常呈稀奇古怪状:有盘形的、纽扣形的、球形的、环形的、大圆面包形的、马刀形的等(图 7.4)。结核的大小一般为头几个厘米,其长轴最大可达 10 cm。结核常形成几个合在一起的连生体,呈串状、眼镜状等,在这种情况下结核增大。

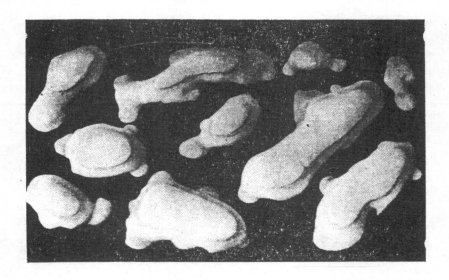

图 7.4　叶尼塞河下游地区带层状黏土中的"碳酸钙泥沙结核"型的灰质结核

　　结核由周围沉积物的陆源物质组成,沉积物被碳酸盐所胶结。在 1959 年 M. Salmi 的著作中列举了芬兰康尼维斯湖区"碳酸钙泥沙结核"型灰质结核及其周围冰川湖泊黏土的化学成分(表 7.4)。在叶尼塞河下游地区结核中碳酸盐胶结物和细分散黏土物质或者等量地形成混合物,或者其中一种组分占优势。结核中黏土矿物的成分和性质与周围沉积物是相同的。在结核的化学成分中(表 7.5),大部分是陆源成分中不溶于盐酸的矿物残留物。碳酸盐总含量为 45.25% ~ 58.46%(有时减少到 22.45%),其中 $CaCO_3$ 占绝对优势。在周围沉积物中,带层状粉沙中的碳酸盐含量最大,在带状黏土中,浅色粉沙夹层最富含碳酸盐。结核中碳酸盐浓度系数为 10 ~ 37,钙——5 ~ 14,锰——8 ~ 18,磷——1.5 ~ 3,铁——0.46 ~ 1.2,镁——0.75 ~ 1.1。镁和铁几乎不形成结核体,尽管在周围的沉积物中可溶于盐酸的铁和镁的含量相当高。

　　在离底面一定深度上,碳酸盐从含饱和 $CaCO_3$ 的淤泥水中沉淀于沉积物中而形成

表 7.4　芬兰灰质结核和周围缩层状湖成黏土的化学成分(重量百分比)
(据 Salmi(1959)的资料)

试样	SiO₂	TiO₂	Al₂O₃	Fe₂O₃	FeO	MnO	CaO	MgO	Na₂O	K₂O	P₂O₅	CO₂	H₂O⁺	H₂O⁻	SO₃	C_{opr}
结核	38.59	0.39	9.06	1.63	2.07	1.06	22.11	1.42	1.85	2.08	0.34	12.33	1.73	0.73	0.08	0.02
	37.77	0.42	9.15	1.53	2.19	0.86	22.73	1.53	1.72	2.13	0.33	17.75	1.62	0.70	0.05	0.01
	20.70	0.37	6.39	1.58	2.03	1.05	34.32	1.47	0.95	1.54	0.35	27.11	1.31	0.76	0.09	0.29
周围的黏土	69.63	0.54	14.18	2.78	1.15	0.08	2.31	1.39	3.05	2.92	0.23	0.00	1.79	—	0.01	0.22
	60.71	0.80	15.98	4.90	2.49	0.13	2.20	2.64	2.66	3.79	0.21	0.00	3.20	—	0.01	0.32
	62.25	0.75	15.59	2.91	3.65	0.10	2.34	2.61	2.75	3.75	0.24	0.00	3.16	—	0.04	0.24
	55.70	0.49	17.18	4.20	4.56	0.13	2.46	3.54	2.29	4.02	0.23	0.00	3.77	—	0.02	0.67

表 7.5　叶尼塞河下游地区碳酸盐盐结核(1~5)和周围缩层状淡水黏土和粉砂的化学成分(重量百分比)
(据 И. Л. Данилов(1993)的资料)

试样	SiO₂	Al₂O₃	Fe₂O₃	FeO	CaO	MgO	MnO	P₂O₅	CO₂	合计	碳酸盐成分				碳酸盐总量
											CaCO₃	MnCO₃	FeCO₃	MgCO₃	
带层状黏土中的结核	26.70	2.26	3.30	0.62	33.14	3.24	1.80	0.026	25.73	96.76	58.46	0.0	0.0	0.0	58.46
	35.70	3.25	1.26	0.65	27.88	4.86	1.80	0.041	20.10	98.47	45.63	0.0	0.0	0.0	45.63
带层状粉砂中的结核	42.10	5.36	1.59	1.08	24.10	3.24	2.64	0.050	20.30	98.13	43.02	2.23	0.0	0.0	45.25
	43.00	3.06	2.11	0.97	24.10	3.24	1.80	0.068	20.50	98.54	43.02	2.92	1.21	0.0	47.15
层理不清晰黏土中的结核	52.70	7.09	4.62	1.95	12.04	3.78	0.78	0.068	9.72	92.53	21.49	0.96	0.0	0.0	22.45
带层状黏土	55.70	15.10	7.96	1.82	2.26	4.32	0.09	0.032	0.27	88.10	0.61	0.0	0.0	0.0	0.61
带层状粉砂	64.20	11.65	6.07	1.36	2.26	4.32	0.10	0.026	0.80	91.21	1.82	0.0	0.0	0.0	1.82
带层状含砂粉砂	77.30	5.54	2.31	0.97	3.01	3.79	0.16	0.022	2.02	96.02	4.59	0.0	0.0	0.0	4.59

结核。淤泥水沿较粗的和渗水含沙、粉沙夹层的循环最为活跃。沿此夹层还发生沉积物的脱气作用和 CO_2 的逸散,众所周知,这导致 CO_2 压力减小,HCO_3^- 数量减少,pH 值增大和 $CaCO_3$ 沉淀。沉积物接近于中性(可能为弱还原性)的环境决定了锰可转变为活泼的低氧化态,通过低氧化态锰富集了结核的碳酸盐物质,而铁仍然持续处在欠活泼的氧化态。根据 H. M. Страхов(1960)的资料,在盆地沉积物岩化过程中,当氧化 - 还原势较高时锰的还原作用早于铁。

氧化铁结核和铁 - 锰结核一般形成于水体通气最好的地带——潮汐带、岸滩的沿岸沙。从湖泊和泻湖周围沼泽化低岸流下富含处于活泼低氧化态的铁和锰的沼泽水。低氧化态的铁和锰在通气良好的条件下转变为欠活泼的氧化态并富集于沿岸沉积物中。它们常胶结成完整的透镜体和透镜状沙夹层。在某些情况下在富含有机物的湖底堆积了大量圆形的含铁和含铁 - 锰的蚕豆石、饼和皮壳,它们彼此衔接成层,形成湖成铁矿。Л. Е. Штеренберг 在科拉半岛查明了湖泊铁锰壳的成矿作用。壳厚零点几厘米,少数为头几厘米。

§7.2　极地海洋的沉积物成因和成岩作用

极地水体沉积物几乎仅由陆源物质组成。这些陆源物质是由河流、风、冰搬运到这里,由于河岸被冲毁而进入水体的。O. K. Леонтьев(1984)对进入北冰洋盆地的这种物质来源进行了比较评价。流入盆地的所有河流的固体径流每年约 0.2×10^9 t。由浮冰(主要是沿岸冰,部分是河冰和冰山)搬运的陆源物质也大致有这么多(0.18×10^9 t)。海岸侵蚀(主要是热冲蚀)在沉积物流入中起特殊作用,每年 0.5×10^9 t。可推断此值过高,因为它是根据白令海北部在被冲蚀岩的平均含冰量为 50% 的条件下的冲蚀速度计算的。大部分北极海域的冰盖(包括沿岸冰)的保存要比白令海北部冰盖长久得多,因此,抑制了热冲蚀作用。还应承认:北极沿岸被冲蚀岩石的平均含冰量总的来说不大于 20%。最后,如果根据拉普捷夫海域和东西伯利亚海域沿岸含冰量极高的岩石的冲蚀速度,这里海岸的后退速度每年为 10 ~ 15 m,有时达到每年 100 m(Арэ,1980),那么,就难以过高评价热冲蚀的作用。但应注意到:在被冲蚀的岩石中陆源组分仅占体积的 10% ~ 20%。注意到这一点并将冲蚀成因的沉积物的估计值降低 1/2,则我们得到每年 0.25×10^9 t 的值,即仍然得到了相当大的数量并比河流搬运到北极盆地的固体物质多。

在太平洋范围内,则是另一种情况,这里由河流流入的固体物质几乎为由于海岸冲蚀而进入的固体物质的 40 倍(Лисицын,1974)。在世界范围内冰为海洋提供沉积物的作用是河流的 12 倍。北冰洋中浮冰和海岸的热冲蚀加起来(按最小的估计)每年

提供 0.43×10^9 t 物质,而河流要少 1/2。这就是多年冻土区内沉积物进入径流终端水体的特殊性。

极地盆地沉积成因还有一个特点是有机成因物质的产量不大。它们每年进入北冰洋(包括各海域) 50×10^6 t。

海洋的沉积过程主要由深度、海底地形、水动力环境等决定。在极地水体中,水体的温度起特殊作用。在有季节性冰盖的深 15 ~ 20 m 的大陆架海域中,海水温度在年内经历着重要的变化。下部水体(海洋暖流影响区除外)具有稳定的负温,主要为 $-1.4 \sim -1.8$ ℃,常见的为 $-1.5 \sim -1.7$ ℃。由于北极大陆架大部分地区近海底部呈负温,使残余多年冻土得以保存(图 7.5),这些多年冻土是在更新世海退时大陆架发育的陆地阶段形成的。冻土层上部在随后的海进过程中部分被侵蚀,而下部保存了下来。沿南极大陆架具有温度为 $-0.5 \sim -1.5$ ℃、含盐量极高(约 34.5%)的特殊类型的水。从北极盆地以负温水体为主的深水部分中可划分出"中间水体"即正温水体。

除负温外,浮冰——冰山、沿岸冰、流入海的河冰——较大地影响极地海域的沉积过程。冰山搬运具有冰川成因及其全部相应特征的碎屑物,这种物质融出时与底部沉积物混杂在一起,结果形成了特殊的海洋冰山沉积物类型(Лисицын,1961)。

海洋浮冰不断地漂浮在约占太平洋 7% 面积的南、北极盆地中。近岸边的冰形成不移动的季节性沿岸冰带,冬末北极海域沿岸冰带的宽度达到 300 ~ 500 km。沿岸冰破碎后,各冰块漂流在海上。В. Г. Чувардинский(1992)以白令海坎达拉克什湾为例详细研究了潮汐带和海滩沿岸冰俘获和搬运碎屑物的过程。当沿岸冰受压并堆积成冰群时,岩屑从底部沿裂隙挤向冰中和冰面,因此冰面上的碎屑物一般赋存于作为潮汐带和亚潮汐带边界的裂隙带中,即由潮汐和风的活动造成的冰场最大应力带中。富含碎屑物的沿岸冰带宽度在近深水岸一侧为 5 ~ 15 m,在浅滩一侧增加到百米。横径达 1 ~ 2 m 的碎屑挤压到冰面上(图 7.6)。在沿岸冰与底土接触带,碎屑土与冰冻结在一起,冰的下层富含底土物质。

大量河冰及其所含碎屑物质一起流入北极海域,并在这里融出。在一些特殊情况下河冰可到达北极盆地的中心部位。形成于河中和海深 20 ~ 30 m 的沿岸地带的底冰在搬运沉积物中起一定作用。底冰浮起时带上了与它冻结在一起的相当大的卵石、砾石和漂砾。底部沉积物富含较多的碎屑物时,浮冰造就了特殊类型冰海沉积物。

极地大陆架沉积物粗碎屑物的含量由下述各因素决定:沉积盆地的冰量、冰的漂流、融化活力和融化速度,以及进入底部的粗碎屑物的数量和沉积速度间的关系、海岸的组构等。根据 А. П. Лисицын 的资料,冰所搬运的现代海底沉积物中块石的饱和度在极大的范围内变化:从 $0.5 \sim 1.0$ kg/m³ 到 $1000 \sim 2000$ kg/m³。也就是说,在一些情况下块石是沉积物中数量不多的杂质;在另一些情况下,在沉积物中数量很大;而有时

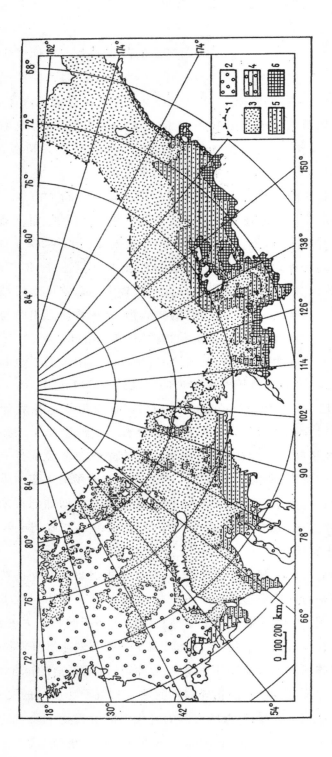

图 7.5 欧亚大陆北极大陆架多年冻土区略图
（В. А. Соловьев 和 Е. В. Телепнев 编制）

1—大陆架边界；2—正温水发育区；3—以含冷液的未冻（融化）土为主的冻土区；4～5—残余岛状冻土带；
4—底部正温岩石区，5—冷液，6—向岛状冻土带过渡的连续冻土带成为沉积物的主要组成部分。块石的含量向海岸即向流入源头增大。

图7.6　沿岸冰上的漂砾,冰底富含海底沉积物与冰冻结在一起的细分散物质,
退潮时的白令海潮汐带

（В. Г. Чувардинский 摄）

极地大陆架沉积物的机械成分由于水体深度、底部地形和水文状况的不同而极为多样。冰因素对碎屑物搬运的影响使大部分碎屑分布区沉积物的分选性较差,用三角形方法编制的三角图解上点的分布反映出这一点(图7.7)。对试样各粒级分布的分析证实了即使最深水体粉沙－黏土成分的沉积物的分选也是很差的。北极海域的现代海底沉积物最细的部分是黏土质淤泥。其机械成分的频率分布图具有清晰的双峰,峰值正好在泥质粒子和粉沙粒子之上。

海床沉积物来自悬浮物、水面上的浮冰、底部冲蚀以及生物成因和化学成因过程。北冰洋深水部分的沉积规律性尚未充分予以揭示,Н. А. Белов、Н. Н. Лапина、Д. Л. Кларк、Т. Г. Моррис、И. Херман 等曾研究过它们。沉积物堆积时的分异由海底主要地貌结构单元决定。

深水海洋盆地的特点是有黏土质淤泥、有些地方存在含粉沙黏土质淤泥的稳定堆积。沉积作用的水动力环境是平静的,水体的层理清晰地表现了这一点,近底部洋流的出现是局部的。估计这里最大限度地表现出沉积分异过程,沉积物应有良好的分选性。同时,冰因素对沉积过程的影响使得即使在海床内也堆积着分选差的淤泥。当中等大小的粒子为 0.004 ~ 0.006 mm 时,特拉克分选系数值(S_0)常为 5.0 ~ 5.5(Белов、Лапина,1961)。印度洋南部沿南极地区部分的现代洋底淤泥沉积物的 S_0 值为 1.2 ~

9.2(Лисичын,1961)。根据 Д. Л. Кларк 和 Т. Г. Моррис(1984)的资料,在离北冰洋沿岸最远的和北冰洋最中心处的沉积物中可见到卵石、砾石,甚至漂砾。用各种计算方法得到下部的沉积速度为 1 ~ 2 mm/1000 a。

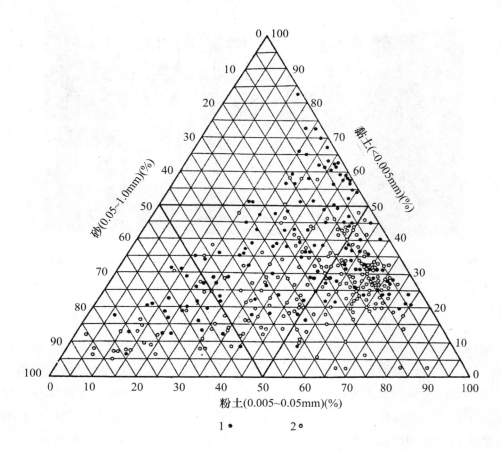

图 7.7　北极海域现代海底沉积物的机械成分

1—喀拉海;2—拉普捷夫海

(据 А. А. Кордиков 的资料编制)

大陆坡、巨大的水下山脉和隆起是相当不均匀的粉沙和含黏土粉沙成分沉积物的主要堆积区,因而这里的物质沉积分异是不充分的,有代表性的是悬浊流和滑动过程,沉积物的分选程度差,沙质淤泥的 S_0 为 4 ~ 5.6(Белов、Лапина,1961)。水下山脉内的堆积速度为 1 ~ 3 mm/1000 a,在大陆坡脚附近增加到 5 mm/1000 a。

成岩作用

因为极地大陆架海底沉积物的堆积发生于未冻的但常为负温的状况下,所以沉积物经历着相当深的一般物理和地球化学成岩改造旋回。水体底部沉积物在成岩过程中就像所已知的那样发生脱水和压密。在第一阶段,胶体硬化具有很大的意义,重力过程的作用随深度而增强。

在细分散性沉积物强烈脱水和压密阶段发生断裂变形,出现长度和宽度不等的裂隙,裂隙中充填着位于其上的饱水液化淤泥,Р. Шрок、Р. Фейрбридж、Н. М. Страхов等多次在海成土中观测到这一点。在极地海洋沉积物中也观测到它们(Данилов,1978,1983)。黏土－亚黏土成分的冰海沉积层的成岩楔形结构就是一个例证。这种结构赋存于亚黏土与叠加于其上的黏土的接触处以及亚黏土与层状沙透镜体的接触处(图7.8)。

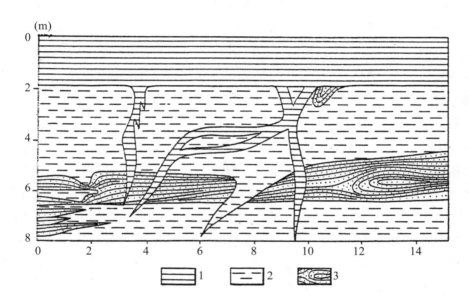

图 7.8　叶尼塞河下游地区细分散性冰海沉积层中的成岩楔形沉陷

1—黏土,2—亚黏土,3—粉沙、细沙(亚沙土)、水平层状沙,部分具有塑性变形构造

塑性变形主要与饱水细分散沉积物沿海底斜坡塌落和滑动的过程有关。液化的和黏塑性土大规模位移的原因之一是由影响到 100～120 m 深度的巨浪引起底部压力变化。此时既可产生大型褶皱,也可产生小型褶皱和波纹褶皱。海底不平整是一些滑动变形的原因。现代大陆架底部沉积物的研究结果表明:底部沉积物中的滑动结构是分布极广的现象。可以援引 П. Карлсон 在阿拉斯加湾的研究作为例证。这里,当70～150 m 深度的底部平均坡度 < 0.5 时,在 > 1000 km² 的面积上可以观测到滑动结构。滑动结构的长度达到 0.5 km,地形落差 2～5 m,组成它的土是未压密的、分选差的含黏土粉沙。滑动结构层的厚度达 35～40 m,为全新世的沉积物。它们沿次水平方向即海底微斜坡的定向排列是塌落－滑动位移的特殊标志。不同岩性层界面上的侵入底

辟褶皱结构也是有代表性的。海成地层剖面的变形沉积层和系与非变形沉积层和系的互层,变形程度也有所变化。

海洋沉积物最上层所含水的化学成分一般有别于近底部水的化学成分(Страхов,1960)。但是,根据现代的和全新世的未压密饱水海洋沉积物中含淤泥水或孔隙水的研究(Н. П. Затенацкая、З. В. Пушкина、О. В. Шишкана、Б. П. Жижченко 等),可做出如下的结论:海底沉积物水中的含盐量和盐成分总的来说反映沉积盆地水的含盐量。这在氯化物方面,尤为正确。而硫酸盐类和碳酸盐类的含量有较大的变化。

埋藏于沉积物中的水成分在成岩时发生变化的主要因素是环境的氧化性和还原性、能起反应的有机物数量、生物化学过程的强度、沉积物的分散性、水合化和碳酸盐化。首先在成岩过程影响下,埋藏的海水大多改造成碳酸氢钠和氯化钙型水。И. С. Грамберг(1973)在研究上述因素对埋藏海水成分的影响效应时认为有机物含量、沉积物的碳酸盐化和黏土物质的水合化程度具有特殊意义。Б. П. Жижченко 强调沉积物机械成分的作用和荷载下孔隙水经由覆盖着薄膜系统的间隙被压出的作用(即不同程度含土粒的结合水薄膜)。

根据 Н. В. Тагеева、М. М. Тихомирова、В. В. Корунова(1961)的资料,北极海域现代底部沉积物中水的平均矿化度明显高于海洋水的正常含盐量(表 7.6)。除数量上的差异外,海水与沉积物中水在成分、性质和盐分一般规律上是相类似的。两者的氯、钠、钾等离子均占绝对优势,硫酸根离子数比氯离子少得多。阳离子中列在钠和钾总和之后的应是镁。钙和重碳酸盐离子含量最低。换言之,北极海域底部沉积物中的水在成岩阶段的早期保存着沉积盆地底部之上水的基本化学特征,尽管形式上有所变化。其变化程度在随后的成岩阶段变大。

在细分散成分的海洋沉积物成岩过程中,源自陆地的胶态黏粒与孔隙海水之间还发生阳离子交换。淡水沉积物吸收综合体最为典型的钙在海洋条件下被钠置换,少数情况下为钾置换。海洋沉积物和淡水沉积物的吸收综合体的比较结果可以证明:在所有的情况下,海盆沉积物吸收综合体都具有较高的钠、钾(少数情况下还有镁)阳离子含量。成岩过程中淤泥水吸附大量的微量元素以及常利用其含量来判断海洋沉积物的碘和硼。

黏土矿物研究资料不是很多,但这些资料表明,极地海域底部沉积物中黏土矿物以水云母和蒙脱石为主,其中混杂着一定数量的绿泥石、高岭石等。在北冰洋内可观测到水云母片的大小随距剥蚀区距离的增大而减小。这与其他因素一起证明了它的陆源成因(Лапина、Белов,1961)。在北极盆地中心部分的沉积物中,水云母最为分散,其微粒呈等粒状,边缘被强烈侵蚀。岩化镁硅酸盐数量沿海底淤泥柱状图剖面向下增加,并观测到水云母的斑脱土化。这一过程在极地大陆架沉积物中也很有代表性:水

表 7.6　北极海域现代底部沉积物孔隙水的化学成分

（据 H. B. Тареева 等（1961）的资料）

被分析物质	取样点	总矿化度		Cl^-		SO_4^{2-}		HCO_3^-		Ca^{2+}		Mg^{2+}		$Na^+ + K^+$	
		g/L	mol/L	g/L	mol/L	g/L	mol/L	g/L	mol/L	g/L	mol/L	g/L	mol/L	g/L	mol/L
海水*		35.94	1263	19.8	558.3	2.76	57.50	0.14	2.30	0.42	20.95	1.33	109.88	11.22	487.8
海底沉积物孔隙水（平均值）	北冰洋	39.46	1363	21.82	615.4	2.99	62.36	0.2433	3.90	0.4048	20.59	1.346	110.70	12.49	550.7
	巴伦支海	42.50	1449	21.48	605.5	5.11	106.42	-	12.99	0.587	29.15	1.544	127.00	13.08	568.7
	喀拉海	44.05	1457	21.57	660.1	3.00	62.95	-	-	-	-	1.267	104.28	14.03	610.0
	楚科奇海	40.02	1374	21.39	602.5	3.916	81.57	0.1026	2.81	0.4861	24.25	1.298	106.75	12.79	556.1

注：* 据 Γ. Харвеу 的资料，用于比较。

云母片轮廓模糊,呈棉絮状,边缘膨胀,转变为蒙脱石 – 水云母混合层(Данилов,1983)。

虽然发生岩化改造,但黏土矿物成分不发生根本变化。无论在现代极地海域沉积物中还是在更新世海洋沉积物中水云母和蒙脱石都是占优势的就证明了这一点。

极地海域沉积物中**沙粒他生组分的分布**受陆源物质流入沉积盆地的特点、矿物的比重及其搬运便利性(浮力)的控制。比重小、浮力大(因其形态所致)的矿物沿海底大致均匀地分布,在水中不易搬运的、较重的矿物聚集在沿岸地区。总的来说能够按毗邻陆地补给的陆源矿物区在海中划出相应的矿物组合。

分散的自生矿物占海洋沉积物的小部分。在极地大陆架上沉积物一般按颜色分异,上层和近底部层为褐色层,下部为灰色层(Горшкова,1957;Кленова,1948;等)。有时在下部较深的地层中见到染成褐色的夹层,它们位于灰色沉积物之间。上部褐色层厚度不稳定,一般为几个厘米。海底沉积物颜色上的差异与沉积物的化学成分的特性有密切关系。褐色淤泥中铁和锰的含量较大,氧化铁超过低氧化铁,有机物和硫的含量较低。下部灰色淤泥富含有机物,造成还原条件,正是因为如此,铁和锰的氧化物才得以转变为低氧化物,从而便于带向底部之上的水中(这里,氧化物减少,低氧化铁超过氧化铁)。在上部褐色沉积层中铁和锰的氢氧化物决定着自生矿物聚合体,在下部灰色层中产生低氧化物系列矿物,然后保存在海洋沉积物中。在含动物化石群的更新世黏土中发现自生海绿石,它们充填于沉积物沙泥体小裂隙中;还发现了自生蓝铁矿析出,它们充填于压密成岩小裂隙中并沿有孔虫类贝壳形成假象。呈微粒状和微体动物、小植物残体假象的自生黄铁矿析出物是很典型的自生矿物。

碳酸盐类大量流入北极海盆。例如,每年搬运到喀拉海的 206×10^6 t 被溶物质中有 68% 是碳酸盐。同时碳酸盐在化学生物沉积中所起的作用不大,于是积聚在沉积物中的碳酸盐量不多,主要溶于冷淤泥水中,并被淤泥水搬运。正是由于如此,极地大陆架沉积物中 $CaCO_3$ 的总含量一般不超过 5%,仅在个别情况下才达到 10%。易溶于含不饱和硅酸的淤泥水中的还有海洋有机物的硅质残体——凝集有孔虫类的介壳、硅藻类瓣。北极大陆架现代沉积物中非晶质 SiO_2 含量为百分之几,而在欧亚大陆北方西部更新世海洋沉积物中不超过 2.5%。在东部,沿太平洋部分的地球化学条件有利于在沉积物中保存甚至积聚有机物硅质残体(主要为硅藻),沉积物的非晶质 SiO_2 含量可达 5%~10%。

在北冰洋深水盆地中,底部沉积物含数量不多的分散碳酸盐,至碳酸盐分布的临界深度即 3500~3800 m 深度的含量为 1%~5%。分散有机物的含量很均匀且不大,平均为 0.5%,铁为 5%,锰为 0.2%。在水下山脉和水下斜坡上,有机物含量 C_{opr} 也为 0.5%~0.7%,但有些地方的铁、锰、碳酸盐含量有较大的增长。沉积物各组分按成分划分的基本类型是：完全陆源型、陆源少铁型（Fe 含量为 5% ~ 10%）、陆源少锰型（Mn 含量为 0.2% ~ 5.0%）、陆源生物成因少碳酸盐型（$CaCO_3$ 含量为 10% ~ 30%，有时更多一些）。底部沉积物生物成因碳酸盐类高堆积区与北极盆地大西洋暖水流贯入带是一致的。因此水下山脉上近底部水的 $CaCO_3$ 饱和度达 100% ~ 102%，而在深水盆地中不超过 97%。典型的自生矿物是铁、锰的氢氧化物以及有机成因的蛋白石和方解石。

结核的形成

极地大陆架沉积物中业已查明的大部分自生矿物都集中在一定的区域，并聚集成结核。已查明结核按矿物成分有以下类型：硫化铁型，碳酸盐型，铁、锰氢氧化物型（Данилов，1978，1983；Суздальский，1976；等）。

硫化铁结核（黄铁矿 – 水陨硫铁结核）在很大程度是极地大陆架沉积物所特有的，见于极地大陆架各处，虽然不是经常遇到。它们最大的特点是具有黏土 – 亚黏土成分的弱分选体，弱分选体中结核彼此分离，沿剖面均匀分散。在致密的、分选相对好的黏土中极少见到结核。

结核的形成以椭圆形为主（球形和卵形），也常见立方形的结核，尺度不大，横径从 0.5 ~ 1.0 cm 至 5 ~

(cm)

图 7.9　放射状中心
结构的圆形结核
（其中自生硫化铁胶结着周围
冰海沉积物的碎屑粒子）

10 cm。最完整的、清楚的结核具有放射状同心结构（图 7.9），中心是由黄铁矿组成的黄色光亮的核。核周围是由胶质硫化铁（水陨硫铁）组成的黑色非晶质物质，有些地方分晶早于黄铁矿。部分黄铁矿晶体沿有机物残体（有孔虫类介壳）和沿植物纤维网形成，也有完整的结核是植物残体假象。在电子显微镜下，能跟踪研究胶质硫化物结晶的各个阶段。非晶质和结晶硫化物形成基底胶结，其中含有沙、粉沙和泥质粒子，这些粒子的含量达到 35% ~ 50%。

表 7.7 列出了结核的化学成分。其中硫化铁（黄铁矿）的含量为 9.01% ~ 24.63%，硫化物（黄铁矿）型硫的含量为 10.34% ~ 28.25%。可溶于盐酸的铁（大概为非晶质的单硫化铁（水陨硫铁）和碎屑铁（Н. М. Страхов 所用的术语）的数量不多。用分析法测定了硫酸盐中的硫和游离硫。结核中几乎没有碳酸盐，其中 CO_2 含量为 0.08% ~ 0.98%，个别情况下达到 1.61%；在围岩中 CO_2 含量为 0.25% ~ 1.89%。结核中分散有机物是常见的混入物，其含量 C_{opr} 平均为 0.5% ~ 1.0%，可增大到 4.02%，然而围岩中只有 0.4% ~ 0.6%。硫化铁浓度系数（结核中的硫化铁量与围岩中的硫化

表 7.7　黄铁矿－水胶硫铁结核中铁和硫的含量（重量百分比）和形态

（据 И. Л. Данилов(1983) 的资料）

区　域	周围沉积物	铁的总含量	硫化物中的铁	溶于盐酸的铁	碎屑铁	硫的总含量	硫化物中的硫	游离硫	SO_3	CO_2	有机物含量
伯朝拉低地	冰海亚黏土	28.87	23.75	4.24	0.88	30.67	27.27		8.48	0.12	4.02
伯朝拉低地	冰海亚黏土	25.44	22.94	2.02	0.48	28.45	26.34		6.28	0.10	0.41
伯朝拉低地	冰海亚黏土	23.43	19.48	2.70	1.25	24.35	22.36		4.95	0.08	0.50
伯朝拉低地	冰海亚黏土	23.36	19.33	2.82	1.21	24.21	22.19	-	5.08	-	-
伯朝拉低地	冰海亚黏土	23.01	18.67	3.41	0.93	25.59	21.40	1.85	5.86	-	-
伯朝拉低地	冰海亚黏土	20.61	19.17	-	-	28.12	21.99	4.80	3.32	-	-
伯朝拉低地	冰海亚黏土	17.48	15.65	-	-	27.92	17.95	7.40	6.42	0.62	0.54
伯朝拉低地	冰海亚黏土	16.01	14.29	1.72	0.00	26.20	16.38	6.42	8.44	1.61	0.59
伯朝拉低地	冰海亚黏土	12.55	11.66	-	0.00	17.39	13.37	2.80	3.05	0.63	0.94
叶尼塞河下游	冰海亚黏土	17.39	17.31	0.08	0.00	23.30	19.83	2.21	0.64	0.52	0.44
		12.57	9.01	0.47	3.09	11.01	10.34	-	1.65	0.38	0.55
伯朝拉低地	冰海亚黏土中的卵石和沙透镜体	29.28	24.63	-	-	34.44	28.25	3.50	6.72	-	-
叶尼塞河下游		10.79	9.64	0.27	0.88	11.49	VI－07	-	1.06	0.32	0.35

铁量之比)为 13～45 至 279,硫化物型硫的浓度系数为从 14～45 至 114～275,硫的总含量是围岩中硫含量的 13～14 倍。结核中的钙、镁、磷少于周围亚黏土;钾、钠在一些情况下结核中高一些,在另一些情况下围岩中高一些。

极地盆地沉积物中硫化铁结核的形成问题尚需要进行讨论。因为这一过程出现于冷水体中的可能性本身就存在争议。还提出了它们由较古老岩石(例如侏罗系或白垩系)再沉积而形成的问题(Сухорукова,1975),这些古老岩石分布在欧亚大陆北部平原和毗邻的北极大陆架。已发现冰海沉积物中有再沉积的黄铁矿结核和黄铁矿－白铁矿结核。它们具有致密性和很好的分晶性,完全由粗晶的黄铁矿和白铁矿组成,几乎不含沙质矿物,尤其不含黏土矿物。极地海域沉积物中岩化结核的黄铁矿仅胶结石英、长石等矿物颗粒,黏土也参与其中。结核和周围沉积物中的碎屑物质的成分和大小完全一样,这成为它们是自生物质而不是由较古老岩石再沉积的包体的可靠证据。此外,结核常呈晶芽状,有疏松、几乎为散粒体的结构,与卵石表面长在一起,硫化铁可处于不同的结晶阶段。

硫化物结核的产状特征、组构、成分清楚地表明,它们是在沉积物岩化的早期阶段还原环境条件下由含淤泥海水硫酸盐还原而形成的。这种还原环境建立于离底部一定深度的大陆架沉积物中。分散有机物的分解维持着还原环境,细分散冰海沉积物中的有机物量虽然不多(0.5%～1.0%),但按照 Н. М. Страхов(1960)的资料,完全足以建立并维持微生物还原硫酸盐和产生硫化物所必需的厌氧环境。结核体的中心是有机物(埋藏的海洋有机物、植物残体等)的局部聚集区。

从理论上看,极地海洋沉积物中不太可能形成**碳酸盐结核**,因为富含碳酸、$CaCO_3$不饱和的天然水和含淤泥水从沉积物中溶解并搬运走碳酸盐(Кленова,1948;Страхов,1960;等)。但是,在北极大陆架底部淤泥中观测到新生方解石(Сакс,1952)。新生方解石在其他矿物和岩屑表面以小晶体镶边以及呈团粒和球粒堆积。在更新世冰海沉积物中也有碳酸盐结核。研究者在西西伯利亚低地东北部最完整地描述、研究了这种结核(Данилов,1978,1983)。结核有球形的、椭圆形的、圆面包形的、圆盘形的、扁圆形的,被强烈压实(达到坚硬岩石的密度),其核部是弱分解的木质碎片、植物碎屑透镜体、海洋软体动物的贝壳、卵石包体,仍保存着塑性的黏土团粒,虽然物质一般已石化。

结核由围岩的破碎物质和碳酸盐胶结物组成。围岩破碎物占 10%～40%,是一些沙、粉沙和泥质粒子。结核中黏土矿物成分与周围沉积物相类似,在某些结核的细分散部分见到一些清晰的黄铁矿小晶体。破碎物从结核中心向边缘有所减少。碳酸盐胶结物由细粒、微粒和隐晶质物质组成,在其背景上可见到不规律的方解石析出物以及晚于方解石的放射状和针状文石。

表 7.8　叶尼塞河下游碳酸盐结核(1~9)、周围的海成亚黏土(10)和黏土(11)的化学成分(在 2% 的盐酸中沸腾 5 min,重量百分比)

(据 И. Д. Данилов(1983)的资料)

试样号	MnO	Al$_2$O$_3$	Fe$_2$O$_3$	FeO	CaO	MgO	MnO	P$_2$O$_5$	CO$_2$	总计	碳酸盐成分					碳酸盐总量
											CaCO$_3$	MnCO$_3$	FeCO$_3$	MgCO$_3$		
1	66.80	2.59	0.45	1.56	14.30	1.08	0.36	0.041	11.27	98.28	25.52	0.13	0.0	0.0		25.65
2	63.50	5.68	0.81	1.24	12.04	2.70	0.12	0.05	11.20	97.21	21.49	0.19	1.99	1.78		25.45
3	61.40	6.15	3.82	2.31	6.78	3.78	0.16	0.064	8.28	92.48	12.10	0.26	3.72	2.74		18.82
4	55.00	0.57	1.52	0.42	15.07	7.58	1.36	0.032	18.00	99.51	26.90	2.20	0.68	9.71		39.49
5	45.80	3.85	3.93	1.85	18.84	3.78	0.28	0.092	17.07	95.39	33.63	0.45	2.98	1.88		38.94
6	44.30	6.25	4.09	4.59	15.06	4.32	0.96	0.11	14.60	93.18	26.84	1.55	5.76	0.0		34.15
7	24.70	3.36	2.80	0.71	27.12	4.34	7.02	0.11	26.93	98.00	48.41	11.35	1.14	1.69		62.59
8	21.30	5.58	2.96	0.56	26.31	5.42	7.80	0.10	26.00	96.02	47.05	12.64	0.90	0.25		60.84
9	17.50	4.60	5.76	11.98	21.84	3.78	4.32	0.14	27.63	95.93	38.98	7.00	19.31	0.88		66.17
10	86.80	2.12	3.20	1.07	2.26	1.62	0.072	0.04	0.35	98.38	0.80	0.0	0.0	0.0		0.80
11	70.30	7.01	5.66	1.73	3.00	3.24	0.066	0.046	1.33	93.12	3.13	0.0	0.0	0.0		3.13

表 7.8 描述了碳酸盐结核的化学成分。碳酸盐总量为 18.82% ~ 66.17%，而在围岩中只有 0.80% ~ 3.13%。碳酸盐中 $CaCO_3$ 占绝对优势，$MnCO_3$（11.35%）、$FeCO_3$（19.31%）和 $MgCO_3$（9.71%）等杂质的含量几乎不变化。形成碳酸盐的元素的浓度系数（$K_к$）表明：结核形成过程中锰具有最大的活动性（$K_к = 5 ~ 118$），然后是钙（$K_к = 6 ~ 12$），铁的浓度变化很大（$K_к = 0.3 ~ 11$），集结于结核中的锰较少（$K_к$ 达 2.7）。结核中磷的含量稳定地高于围岩（高 1.2 ~ 2.5 倍）。碳酸盐浓度系数总的来说变化于 19 ~ 79 之间。

正如上面所指出的那样，北极冷水海域沉积物岩化过程中碳酸盐结核的形成不能完全与现有理论概念框架相一致。同时，也存在一些毋庸置疑的事实，表明结核是岩化阶段早期自生物质的因素。在层状土中，结核或者"穿"在土层上，贯穿土层，或者"拉开"周围的沉积物。在某种情况下，结核显然产生于沉积物沉积之后，那时沉积物或者已经相当密实，或者处于饱水状态并在产生结核之后被压实"坐"在它上面，现在圈定着结核。结核中碎屑物的成分与周围沉积物成分的完全一致也证实了结核的自生性质。结核内与周围沉积物一样发现了砾、卵石包体，在一些情况下还有小漂砾（图 7.10）。

图 7.10　碳酸盐结核由含漂砾的弱分选冰海亚黏土组成，有一半是包裹着暗色岩的卵石，有着磨光的表面（结核长轴长 13 cm）

氧化铁 – 锰结核是北极海域现代底部沉积物最有代表性的新生物。其聚集区趋向于厚层褐色淤泥广泛分布的地域。根据 М. В. Кленова（1948）的资料，现代铁 – 锰结核成分中有软锰矿、硬锰矿、含水针铁矿，Fe_2O_3 含量为 13% ~ 16% 至 22% ~ 24%，MnO 含量达 11.6%。细菌的生命活动在其形成中起重要作用。

在更新世沙质成分的沿岸海洋地层中，铁锰结核体是有代表性的，它形成于通气相当好的氧化环境中，呈球形（横径 2 ~ 5 mm），好像豌豆粒。结核均匀地分散于沉积物中，不成堆，也不富集成单独的夹层。还有大量铁锈褐色的不形成结核体的铁、锰氢氧化物斑和花纹。在含砾石沙夹层和卵石层中铁、锰氢氧化物胶结成相当大的透镜体和夹层，它们的厚度可达几十厘米，长度达几米，从而变成了不太密实的沙岩和含卵石砾岩。沿岸海成沙的结核中 Fe_2O_3 含量为 4.66% ~ 18.75%，MnO 含量为 2.0% ~ 18.0%（表 7.9）。在不富含铁锰氢氧化物的周围细粒沙中，Fe_2O_3 含量仅为 1.4%，而锰一般不做总量分析。结核形成于最早期的成岩阶段，或者甚至形成于沿岸沉积物堆积过程中，将结核的产生排除在沉积物成岩发育后阶段之外，因为那时沉积物处于冻结状态。

表 7.9　伯朝拉低地东北部更新世沿岸海成沙中铁 - 锰结核的化学成分（重量百分比）

（据 И. Д. Данилов（1978）的资料）

所分析物质	结核	结核	结核	结核	周围的沙
SiO_2	79.22	72.00	–	71.40	87.81
Al_2O_3	2.41	7.26	2.95	–	4.66
Fe_2O_3	6.49	4.66	18.75	17.80	1.40
MnO	5.00	2.00	18.00	3.60	0.00
CaO	1.12	4.03	–	–	2.45
MgO	2.40	1.71	–	–	0.40
SO_3	痕量	0.56	–	–	0.34

第八章 多年冻土区沉积物被改造成冻土

§8.1 岩土的冷生改造类型
——共生冻结、后生冻结和成岩冻结

冻结作用和地下成冰作用——冷生作用——使冻土区沉积成岩作用具有最大的特殊性。这种特殊性表现在冻结沉积物的各种冷生组构类型之上。冷生组构随冻结发生于不同成岩阶段和不同的相环境而发生较大的变化:陆面和水下环境的沉积阶段;径流终端水体沿岸地带底部条件下的成岩阶段;综合成岩过程完成之后成岩沉积物以一定程度上石化的岩石从水体水位下露出,即广义的后生阶段。因此,冻土层按其冻结方式分为三个基本亚类:后生冻结、成岩冻结(水成共生冻结)和共生冻结。即使不是大多数情况也是很多情况下冻土层是后生、成岩或共生方式冻结岩石的各种组合体,可称为混合组合或多成因组合。

后生冻土层形成于已经完成物理化学综合成岩过程的脱水石化土自上而下地冻结之时。即使是同一种冻结方式,无论是松散土,还是坚硬和半坚硬岩石的冷生组构都有较大的差异,因而一般可分为后生松散岩土和后生坚硬(刚性结合)岩石。

共生冻土层形成于沉积过程与冻结过程同时发生之时。因此共生冻土层仅由"年青"的上新世-更新世松散土组成。沉积物的堆积和冻结是自下而上地进行的。共生冻结过程发育之初需要后生冻结的冻土层已经埋藏于正堆积层系的基底。

成岩冷生层在变浅的水体底部条件下由于自下和侧向的冷生流而发生冻结。一些研究者将这种冻结方式归于共生类型,称之为水下共生冻结,而将以这种方式形成的冻土层称为水成共生冻土层。

自然界广泛分布着组合上述三种类型的多成因冻土层。不同类型的冻土层在空间上有规律地分布着。图8.1清楚地揭示了以不同方式冻结的冻土层的主要分布区。多年冻土区所有的山地主要是坚硬岩石上后生冻土层的发育区。由松散沉积岩构成的后生冻土层主要发育于因新构造发育阶段以沉陷为主的趋势而招致更新世大规模海进的地区,这首先指伯朝拉低地北部、西西伯利亚北部、北西伯利亚低地、楚科奇半岛沿岸平原。共生冻土层发育于上新世-更新世曾发生缓慢构造沉陷,后被陆地堆积

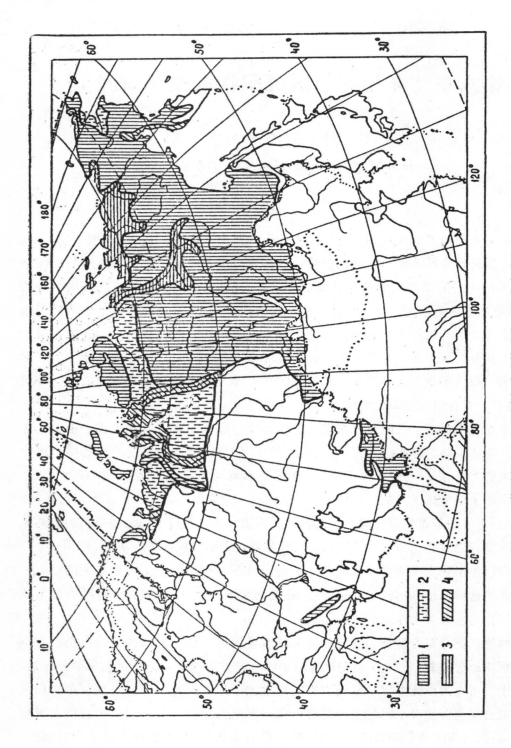

图 8.1　苏联领土上以不同方式冻结的冻土层分布略图

1—后生冻结的坚硬和半坚硬岩层；2—后生冻结的松散土层；3—共生冻土层；4—多成因松散冻土层

物充填,结果发育冲积的、坡积的、低淤泥海滩 – 低湿草地的、风积的、斜坡的等最新陆地沉积层的地区,这首先指西伯利亚东北部的广阔平原:阿纳巴尔 – 奥列尼奥克平原、亚诺 – 印迪吉尔平原、科累马平原、中雅库特平原。此外,共生冻土层还发育于主要分布后生松散冻土的大河河谷、沿岸低湿草地地带、堆积泥炭 – 沼泽生成物的盆地等地区。

后生冻土层通常是在气候普遍转冷或沉积物从水体(其下存在融区的海、湖、河)水位之下出露时发生自上而下的冻结时形成的。

后生冻结坚硬岩石的冷生组构由其原始裂隙、孔隙度、多孔性、多洞性和充水性即孔隙的充水程度决定。冷生构造完全是继承性的,由岩石中原生孔隙决定。冰很少发生单一堆积,只可能为垂直裂隙冰和充填大洞穴(常为喀斯特洞)的冰。业已查明后生冻结坚硬岩石中负温层底面的最大埋深达到 1000 ~ 1500 m(离地面)。一般按其冷生组构自上而下可划分为 2 个或 3 个带。多裂隙岩石的近地面带是冷生风化相当活跃的一个带,实质上是现代风化壳不同程度被改造的下部。这个带对应于负温年变化层,这里的水相变不强烈,正是因为如此,才能在温度风化(导致裂隙冰体积膨胀和收缩)的同时发生冷生水合风化作用。此带的厚度从 1 m 至头几十米不等。其下是含冰量极少、常是干寒土的一个带,垂直方向上可厚达几百米。最后,在坚硬岩石后生冻结层的底部可埋有负温盐水——冷液。此带厚度可达几十米和头几百米。

后生冻结松散沉积物的冷生组构在很大程度上取决于它们的岩石成因类型、冻结前的含水量、含水层的存在与否、土的石化程度和热周转量。主要由细分散性土(黏土、亚黏土、粉沙)组成的厚层盆地沉积物(海洋沉积物、海冰沉积物(冷生海洋沉积物)、泻湖沉积物和湖泊沉积物)以后生方式发生冻结。从冰川中融出的冰碛物、河床冲积沙和卵石层以及古风化壳也以这样的方式发生冻结。

盆地沉积层具有最典型的冷生组构。它们可以发生"封闭"系统型和"开放"系统型的冻结,这取决于冻结时有无能提供"外来"水流的含水层。

粗分散成分(沙、卵石)沉积物在封闭系统条件下发生冻结时,水分从冻结锋面被挤出(活塞效应)。因此,冻土层的含冰量总的来说不大(大多为 10% ,最大为 20%)。最为典型的冷生构造是整体状冷生构造,少数为孔隙冷生构造和壳状冷生构造。作为隔水层的黏土夹层的存在使地下水产生冷生水头,形成具有基底冷生构造、层状和透镜状冰体的饱冰土。粗分散沉积层在有承压或不承压地下水流时,发生开敞系统型冻结,也产生同样的效应,形成层状富冰沉积物及一般含很多围岩粒子混入物的层状和透镜状地下冰体。

厚 200 ~ 300 m 的深水盆地沉积层的成分相当单调,以细分散成分为主(Данилов,1978)。它们主要由含砾、卵石、漂砾包体的轻、中、重亚黏土构成,少数由分选较好的黏土和层状粉沙构成。

具有规则的组构是曾发生封闭系统型冻结、水分向上迁移并分凝成冰的成分均质的后生冻结细分散沉积层的典型表现（图 8.2）。深 5 ~ 10 m（少数离地面 15 m）的上部近地面层含冰量最大。总的来说，它对应于冻土层温度的年（季节）变化层。这一层未冻水→冰和冰→未冻水的相变不强烈。体积含冰量达到 40% ~ 50%，超过分子容水量。冷生构造主要为稠密细条纹状的、网状的、层 - 网状的，在强泥炭化沉积物中是基底状的。冰条纹的间距在其厚度增加的同时随深度增大。在离地面 20 ~ 30 m 的深度上，冻土的总含冰量约减少到 20% ~ 30%，这里主要发育大网状和块状冷生构造（图 8.3）。

块的横径达到 0.5 ~ 0.7 m，有时达到 1 ~ 2 m，冰条纹的厚度为 2 ~ 3 cm，有时为 5 ~ 7 cm，土的总含冰量不超过 20%。在 30 ~ 40 m 深度上主要分布着大块不完整格状冷生构造，其下（有时达 100 m）仅见到零星的破碎冰条，冷生构造主要为整体状的。体积含冰量自上而下地减少，在所述间距上从 20% 减少到 10%。

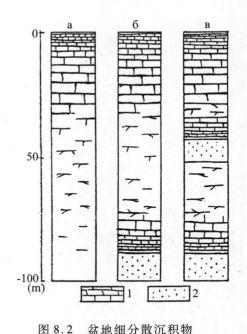

图 8.2　盆地细分散沉积物
后生冻结层的冷生组构类型
а—均质沉积层；
б—下伏含水沙层（冻结前）；
в—下伏含水沙层（冻结前），
并且中部含有类似的夹层；
1—条纹状冷生构造；2—整体状冷生构造

封闭系统型冻结条件下，盆地成因后生冻土层冷生组构的上述规则模式经常会遭破坏。其局部性的较大变化有两种情况：一种情况是在其相当于整个层厚 1/3 的上部含冰量很高，冷生组构均一；另一种情况是在较厚的冻土层整个剖面上可观测到若干高含冰量层。

根据 В. А. Кудрявцев 的资料，后生冻土层上部 1/3 的高含冰量是由不同周期和幅度的温度变化形成的。最短（年）周期的温度变化导致深度 5 ~ 10 m 处冻土层近地面部分的高含冰量。而较长周期的温度下降导致其下 15 ~ 30 m 深度间距上的高含冰量。持续时间更长的温度变化导致更深处的高含冰量，等等。温度变化的总效应使得细分散成分的冻土层上部 1/3 的含冰量变高，在这里形成网状和层 - 网状冷生构造。同时还知道土中的热周转量随深度而减小（几乎按几何级数减小），因此整个冻土层的含冰量不可能都很高。况且，细分散土随着深度的加大由于通常的成岩作用以及水分向冻结锋面迁移时的脱水作用而变得密实和干燥。这些都使下部 2/3 冻土层的含冰量减小以及此间距的上部存在逐渐向下变稀的次水平状、次垂直状冰条纹网,再深处变成少冰整体状冷生构造。

图 8.3　叶尼塞河下游离地面 15 m 深度上冰海亚黏土的大格状冷生构造

(И. Д. Данилов 摄)

　　均质细分散成分后生冻土层冷生组构偏离最典型模式的第二种情况是在冻土层剖面上观测到若干具有网状和层 - 网状冷生构造的高含冰量层。Г. Ф. Гравис 将这种情况与均质土层还是融化的下部冻结时所产生的冷生水头联系在一起。结果是向冻结锋面迁移的承压水导致某些位置上析冰作用增强。看来,这种情况屡次发生于厚层沉积物冻结过程中,这就导致剖面上存在互相交替的若干高含冰量层。

　　当松散细分散沉积层以开敞系统型发生后生冻结时,若沉积层中存在含水沙、卵石夹层,则其冷生组构模式将变得极为复杂。含水层之上形成具有薄层状、网状、层 - 网状冷生构造的高含水量层。经常由过剩含水量以分凝方式形成冰层和冰透镜体。土层不同部位冻结过程的不均匀性使含水层中产生冷生水头,并形成侵入冰、侵入 - 分凝冰和含土冰的透镜体。冰和含土冰的透镜体之上经常直接分布着具有网状、蜂窝状冷生构造的高含冰量带(图 8.4),此带的形成与承压水侵入正冻细分散土有关(Дубиков,1982)。冻土层中高含冰量层的数目也随含水层的数目而改变。

图 8.4　亚马尔半岛涅伊托湖的海成层状粉沙
（具有网状和蜂窝状冷生构造,直接位于层状地下冰之上
的粉沙含冰量很高,层状地下冰不均匀地（按层次）富集陆源物质
（Г. И. Дубиков 摄）

　　在松散土的后生冻结层中形成冰脉,冰脉位于土层的近地面部分,可称为后生冰脉,其特征在下面一章中予以阐述。

　　在很多情况下后生冻土层最上部接近于上限处可划分出厚 1～3 m 的、高含冰量的所谓"过渡层"。此层的饱冰程度达 80%～90%,冷生构造主要为层状的,也常见带状的。过渡层的形成或者与饱水的季节融化层下部向多年冻结状态的过渡有关,或者与季节融化层水分向冻土层上部的迁移有关。

　　盆地沉积物以后生方式冻结时,溶质从沉积物所含的淤泥水中以固相局部沉淀下来。淤泥水也分离为淡水冰和高矿化度的冷冻溶液——盐的冷生富集。高矿化度溶液使负温层下的地下水最大限度地饱含盐分。这里水的矿化度达到 250 g/L,甚至更高。同时,大量的析冰使原先海洋盐渍沉积物终止淡化过程。

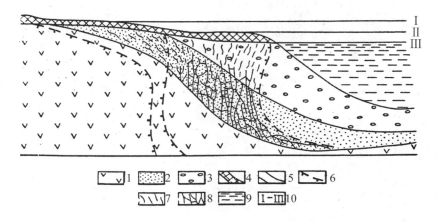

图 8.5 浅水盆地和深水盆地底部沉积物冻结示意图

(据 E. M. Катасонов 的资料)

1—水体床围岩;2—最初产生的底部沉积物;3—第二代底部沉积物;4—季节融化层;5—沉积物不同充填阶段的水体底部;6—沉积物充填水体不同阶段的多年冻土上限;7—具有稠密的断续的较小冰透镜体和冰夹层网格的底部沉积物;8—具有稀疏的断续的较大冰夹层和冰透镜体网格的底部沉积物(堆积于水体较深处);9—水;10—水位的相继位置

盆地沉积物(海洋近岸、湖泊、泻湖、河口湾的沉积物)的冻结成岩类型是很典型的,发生于水体底部条件下的沉积物成岩改造阶段(图 8.5),此时,盆地沉积物还不太密实,饱含水分,冻结中断了成岩过程,并使成岩过程结束。冷流来自水体侧向(岸)和下方(底部)。冻结过程中水从近底层向正冻区迁移,水的迁移量不受限制,温度梯度不大。其结果是造成冻结沉积物的高含冰量,使沉积物往往具有基底状冷生构造以及富冰的格状和网状冷生构造。从侧向冻结的盆地沉积物最典型的冷生构造形式是斜网格条纹冰(图 8.6)。若来自下方冷流占优势,则形成高含冰量的网格状和角砾斑杂状冷生构造。

水体底部条件下的冻结不能像往常所做的那样将它归属于共生冻结型或后生冻结型。共生冻结沉积物在转变为多年冻结状态之前遭受冻结 – 融化过程的循环作用,因而改造较为强烈。其冷生构造与季节融化层底面的形态及其充水性等有关。盆地沉积物在底部条件下冻结时,不受任何情况的影响。盆地沉积物一次就转变为多年冻结状态,不遭受冻结 – 融化的循环作用。不如说冷生过程是按后生型(开敞系统)冻结作用发生的。但同时在后果上有较大的区别。沉积层以这种方式冻结的厚度不大,在空间上呈盘形,而不是呈层状。

图 8.6　叶尼塞河下游地区以成岩方式冻结的湖成亚黏土中向下陡倾斜
（次垂直）的并逐渐向上趋平的冰条纹网
（И. Д. Данилов 摄）

　　正如业已指出的那样,共生冻土层形成于沉积物同时发生堆积和冻结之条件下。在这种情况下,由于冻结作用向位于季节融化层底的饱水土的顶部发展而使冻土层向上增长,亦由来自季节融化层的水分形成冰条纹。在堆积水下－陆面沉积物（河漫滩的、三角洲的、低湿草地的、热融浅洼地的、坡积－融冻泥流的以泥质粉沙成分为主、富含有机物的沉积物）时共生冻结的表现最为充分。陆面风积细分散（细沙－粉沙）沉积物也以共生方式发生冻结。

　　共生冻土层按其冷生组构的特点可细分为"南方型"和"北方型"。南方型的特点是含冰量不很高,水平状薄冰层沿剖面以大致相同的厚度相当均匀地分布着。这是由下述情况决定的:因为冻土层温度仅变化于 $-0.5 \sim -1.0$ ℃至 $-2 \sim -3$ ℃之间,秋冬季节季节融化层冻结时自上而下的冷流占优势,因此,季节融化层下部较干,在基底产生的冰层较薄,也可能完全没有冰层,只形成小含冰量的整体状冷生构造。

图 8.7　西西伯利亚极地地区亚马尔半岛高含冰量的共生冻结沉积物的带状冷生构造
（И. Д. Данилов 摄）

在"北方"类型中,共生冻土层形成于低温（ $-5 \sim -7\ ℃$ 或更低）冻土分布区,其特点是整个剖面的含冰量很高,并在较薄的层状或层－网状冷生构造的背景之上有厚达几个厘米被称为"冰带"的粗冰条纹（图 8.7）。冰带随着决定季节融化层底形态的地面地形的不同或者呈水平状,或者呈中凹形,继承了河漫滩、低湿草地和被排水湖盆底的表面多边形内融化盘的中凹形态。高含冰量带状冷生构造是由堆积沉积物的表面向上稳定地、相当均匀地隆起而产生的。在这一背景上季节融化层厚度随气候的周期性变化而变化（图 8.8）。持续 11、40、100、300 年等的各气候循环彼此迭加在一起,导致剖面上"冰带"的不均匀分布。垂向长 $50 \sim 60\ m$、宽 $8 \sim 10\ m$ 的超大垂直冰脉的产生与共生冻结沉积物的形成互相紧密地联系在一起。共生冰脉的特征及其形成的问题将在下一章予以研究。

与活动层的冻结－融化循环有关的冷生表生过程或冷生残积过程是沉积物和岩石的一种特殊类型的冷生改造。这种冷生改造是多年冻土区形成近地面黄土状亚黏土盖层的先决条件（Попов,1967;Мазуров,1959;Конищев,1981;等）,在很大程度上决定着共生冻结的风成的、河漫滩的、坡积－融冻泥流的沉积物和其他一些共生冻结大陆沉积物的黄土特征。堆积过程中,在冻土层顶部增长并转变为多年冻结状态之前,活动层底部沉积物有规律地发生冬季冻结和夏季融化。若以河漫滩堆积速度为例,假定平均速度为 $2 \sim 3\ mm/a$,则多年冻土区极地地区季节融化层底部厚 $0.5 \sim 0.6\ m$ 的土将遭受 $200 \sim 300$ 次周期性的冻结－融化,当此层的厚度为 $1.0 \sim 1.2\ m$ 时遭

受的周期性冻结－融化的次数相应地增加 1
倍。土中产生极大的三向梯度应力,发育冷生
脱水和压密作用。这些都极大地改造了土及其
机械成分的结构－构造性质:沉积物更多地变
成粉沙质,获得了黄土状特征。若堆积过程结
束,则季节融化层或季节冻结层发生周期性冻
结－融化循环的次数正是地表面的年龄。若地
形表面的年代是全新世的,则冻融循环可重复
10000 次,若是晚更新世或中更新世的,则重复
100000 次以上。现代冻土区以外的厚层黄土和
黄土状岩石的形成在很大程度上与冷生残积作
用 有 关 (Попов, 1967; Сергеев, 1978;
Минервин,1982;等)。

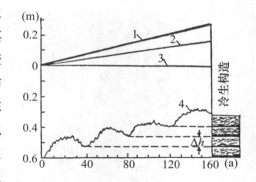

图 8.8　沉积物的堆积和冻结共生示意
图(伴随有季节融化深度周期性改变时
的迁移成冰作用,变化周期为 40 年,
沉积物堆积速度为 1 mm/a)
(А. И. Попов(1967)的资料,
由 Н. Н. Романовский 增补)

1—由 160 年的沉积物堆积和分凝成冰
作用而引起的地表高程总变化;2—由堆积引
起的地表高程变化;3—原始地表高程;4—夏
季融化深度(从被改变的地表高程算起);
Δh—40 年内所堆积的并转变为多年冻结状
态的沉积层厚度

　　沉积物的混杂作用是沉积物冷生改造的一
种特殊形式。其实质在于热融作用下富冰层的
融化及随后的冻结。这种情况下,土的含冰量
有较大的减小,其冷生构造也发生改变。

　　当含冰冻土层下沉较深时,其冷生改造仍
在继续,包括在不断增长的压力作用下冰发生
微融,未冻水含量增大(Ершов,1982),结合水
膜增厚,发生水合作用和膨胀,冰胶结结构的连
接变弱,土变得更具塑性而不太坚硬。含冰冻土层中流褶曲、似底辟褶皱背斜结构等
类型的一些褶皱变形可能就与上述情况有关。冰本身对这一过程最为敏感,完全有可
能从一个地方迁移到另一个地方,此时就呈褶皱分布。能相当可靠地断言:冻土层中
冰、未冻水和水汽总是不断地在发生重分布以及脱水－水合、收缩－膨胀、分散、凝聚
等过程。

§8.2　共生富冰冻土层
——"冰"综合体或"叶多姆"综合体——的形成问题

　　按照我国冻土学家和冷生岩石学家中占主导地位的观点(Б. И. Втюрин、Е. М.
Катасонов、А. И. Попов、Н. Н. Романовский 等),以粉沙成分为主、含粗大共生冰脉的
厚层富冰沉积物(图 8.9)具有河漫滩冲积成因。

还有一种观点（С. В. Томирдиаро、Т. Певе）是：此富冰层形成于干燥条件下，是风搬运、沉积粉沙和细沙颗粒的结果。这种富冰层现今构成西伯利亚东北部平原（亚诺－印迪吉尔、科累马、中雅库特以及新西伯利亚群岛、楚科奇低地和山间盆地）较高的地形（"叶多姆"）。近年来，在西西伯利亚极北地区亚马尔半岛、格达半岛也发现了这种沉积层。含冰粉沙的厚度及其中的冰脉垂向长度为 40 ~ 60 m，而根据某些资料可达70 ~ 80 m。共生冰脉的一般宽度在上部为 4 ~ 6 m，最大达 10 m。平面上形成多边形网格，边长从几米到 15 ~ 20 m，有时达 50 m，甚至 100 ~ 150 m。冰脉在横剖面上常呈不规则形状，其舌部或长形楔变细并形成躯体，其内包含富冰土块。最粗冰脉的宽度大于包含在冰脉之间的土块宽度，即土块好像被冰脉所包围。按照 С. В. Томирдиаро 的

图 8.9　西伯利亚北部含大冰脉
的富冰沉积物
（С. Ф. Хруцкий 摄）

意见，这是北极型叶多姆，其中冰约占岩石体的 85% ~ 90%。冰脉周围的沉积物——"叶多姆"或"冰"综合体——或者具有同样的成分和组构，或者可分成上、下两层：上层以细沙为主，下层以含泥炭粉沙为主（图 8.10）。沙层一般较为均匀，稍具水平层理，含泥炭粉沙层具有清晰的层状－链状组构，由厚 2 ~ 3 m 的层系组成，每一层包括两个旋回沉积：在剖面上可划分出下面的亚黏土或粉沙部分与上面的尖灭于冰脉侧面的原地含淤泥泥炭部分。沿着脉的延伸方向还可看到亚黏土或粉沙的沙化现象，这是由凸多边形地形的不平整性所决定的沉积作用空间分异的证据：在多边形槽内最深部分沉积着最细的物质，圆凸处附近沉积着沙质土。剖面上地层的两种组构反映沉积相环境随时间的更替。剖面底部的亚黏土对应于多边形内低地最深处夏季大部分被保存的浅平底水体相。此后剖面上的变化反映低地相继被沉积物充填和逐渐沼泽化，直到形成不大的泥炭田的变化。泥炭透镜体记录了陆源沉积物减缓、几乎停止在多边形表面上的堆积。然而这个过程并没有完全停止，含淤泥的泥炭证实这一点，就是说泥炭田周期性被水淹没，从水中沉淀下悬浮细分散粒子。只有在缓慢的地面下沉保证凸多边形地面重新被定期淹没之时，才有可能恢复形成冰夹层及向上生长冰脉这样的强烈堆积陆源物质的过程。新的沉积旋回是从细分散物质的沉积开始的，按多边形微地形形态有规律地发生分异：在多边形凹处最低部位沉淀下亚黏土，向四周逐渐接近于凸起处沉积下越来越多的沙质土。

这种沉积过程的韵律模式和同时生长的冰
脉状况可能发生于任何平整的、沼泽化的、周期
性遭受水淹的地面上:沿海低湿草地、湖泊低湿
草地、三角洲、热融浅洼地、河漫滩。尤其有可能
发生在大河的河漫滩上,因为长有冰脉的厚层含
冰沉积物不仅发育于沿海低地,而且还发育于离
海岸很远的地方、山间盆地、内陆平原。此外,
Е. М. Катасонов 等认为,沿海低湿草地条件是
形成具有带状层状冷生构造并伴生大冰脉的共
生冻土层之"禁区"。河漫滩冲积概念的拥护者
还坚决批判了冰脉围岩的陆面风成成因的观点。
其主要的论据是:形成富冰层状冷生构造和大冰
脉需要大量的水分,这在河漫滩条件下才有充分
的保障。

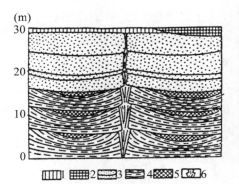

图 8.10　亚马尔半岛东岸"冰"综
合体组构示意图

1—亚黏土和亚沙土盖层;2—近地面泥
炭田;3—含淤泥细沙(含沙的粉沙),在整体
状冷生构造背景下有冰和淤积泥炭的线状
夹层;4—泥炭、粉沙和冰夹层互层;5—被埋
藏的原地泥炭透镜体;6—冰脉

然而,即使是河漫滩假说在解释富冰沉积层
形成条件时也遇到了很大的困难。主要的难点
在于推测为河漫滩沉积物的细分散沉积物巨大
厚度上(60~80 mm,可能还有达 100 m 的)。在现代河流上的任何地方都找不到这样
厚的河漫滩沉积物。根据相当深入研究的河流沉积作用理论(Е. В. Шанцер、В. В.
Ламакин、Н. И. Маккавеев 等),平原(尤其是山区)河流形成的大厚度冲积层主要有
赖于河床相。在河床侧移过程中,不断冲刷早先沉积的物质,用河床沙和卵石铺垫河
谷底部。处在制成动力平衡纵剖面发育阶段的河流不能形成厚度显著大于"正常厚
度"的冲积层。大的平原河流的冲积层厚 20~30 m(Шанцер,1980),并且重铺的冲积
层下部由粗粒河床相组成,仅上部由厚度不能大于 15 m(一般约 3~5 m)的细分散河
漫滩相组成。只有形成堆积型冲积层才能堆积成显著超过"正常厚度"的大厚度河流
沉积层。在这种情况下,堆积型冲积层由一层一层堆积起来的在制成动力平衡纵剖面
的冲积层薄层层系组成,这种层系是不完整的,只有下部较粗粒的河床部分,而上部的
河漫滩部分(旋回沉积)或者缺失,或者以分离的透镜体形式出现(Шанцер,1980)。
冰脉围岩直接位于泻湖成因甚至海洋成因沉积物之上的事实(亚诺 - 印迪吉尔低地、
科累马低地、新西伯利亚群岛)与共生大冰脉围岩形成的河漫滩假说不相符合。河谷
中的堆积总是河床堆积先于河漫滩堆积,因此河漫滩沉积物和海洋(或泻湖)沉积物之
间必定应埋藏有河床沉积物。

用风成假说来替代大厚度共生冻土层成因的河漫滩冲积假说,就没有上述缺点,

因为风成粉尘能沉积于任何地貌表面上,逐渐增长,按照粉尘堆积时间和堆积过程的强度而形成任何厚度的沉积层。风成假说的不足之处主要与风强烈地搬运与堆积细分散物质所需的一般古地理条件有关。推测在这种情况下共生冻土层的形成区包括亚洲北极水被排干的大陆架地区的气候是干燥的、干旱的极大陆型气候(Томирдиаро,1980)。但是陆地面积较大的增长不可避免地加强了西伯利亚反气旋,降低了风的活动性。此外,在极干旱气候条件下,无论是形成超大冰脉还是富冰土所必需的水分来源都不明,因为这里所说的不是河漫滩、河谷,而主要说的是河间堆积环境。

上述的一切都表明,具有古共生冰脉的厚层富冰沉积物的成因问题,离得到最终的答案尚很遥远。

§8.3　沉积岩中的后冷生生成物

在冻土层局部融化或完全退化之后深深留在沉积物中的冷生作用和现象的遗迹属于后冷生生成物。后冷生生成物分为冰楔的土假型、原始土楔、活动层的融冻扰动。后冷生生成物在研究最新沉积物时具有特别大的意义,在地层学和古地理研究中被广泛地用作过去冰缘条件和过去地层冻结状况的可靠证据,即将后冷生生成物与过去的气候条件和地层冻结状况联系在一起。

在古冻土层中大量存在已融冰脉的土假型。A. L. Washburn(1988)总结了国内、外研究者研究土假型的组构、成分、形成方式特点的许多著作。冰脉为土所替代发生于下述两种情况下。第一种情况是:当气候条件改变时,某个地区冻土层完全融化(退化)。由此而产生的土假型分布在远离现代冻土区的地区,包括俄罗斯平原、乌克兰、哈萨克斯坦等。第二种情况是:冰脉局部融化,冰脉周围的多年冻土主体保存下来。这个过程发生于冻土区目前水流和滞留水体的热影响之下,这样一来就有可能跟踪调查土替代冰脉的各阶段。

根据存在冰脉的土假型这个事实,可划分出

图 8.11　伏尔库塔地区呈清晰楔形的已融后生冰脉的土假型(埋于湖成亚黏土中,泥炭覆盖其上,泥炭(暗色)和亚黏土(亮色)参与其组构)(И. Д. Данилов 摄)

气候的转冷和转暖、湖泊和海洋的进退以及与此相关的陆地上升和下沉（变化）等各相。换言之,古冷生结构有很大的古地理意义。

　　按土假型形成特点和组构可细分为两组:在地面（陆面）条件下形成的和在水下条件下形成的。业已查明泥炭田中确实存在第一组土假型,这里同时存在大小相同、尚未融完的、与土假型相互共生的冰脉。陆面土假型呈清晰的楔形,其中充填着上覆层的泥炭和泥炭化的湖泊－湖沼黏土和亚黏土,通常下伏泥炭层（图8.11）。陆面土假型的尺度与其所继承的后生冰脉的尺度相当,即一般不大。垂直长度为 2.5～3.5 m,在个别情况下可达 5～7 m,上部最宽部分的横径为 1.5～2.5 m。这种类型土假型的内部组构多种多样。可以说,这种土结构是在地面条件下（其中存在泥炭、土壤、地面植物残体）形成的土假型的最可靠标志。水下土假型产生于在水的热作用下冰脉融化之时。在周期性地被淹的河漫滩、沿岸的海洋和湖泊低湿草地上随着热融过程的发展而形成平面上呈多边形的沟形低地。沟深 1～3 m,宽 1～4 m,由其形成的多边形的横径大小与冰脉多边形网的大小相当。沟底随着冰脉的融化而被填埋,重新堆积的沉积物呈层状,产生了称为"盖层结构"或"沉陷结构"的结构,其下往往分布着楔状土假型（图8.12）。

图8.12　伯朝拉盆地的圆盘形"盖层结构"（其下分布着已融冰脉的楔状
　　　　　土假型,位于河漫滩水平层状亚沙土中,下垫河床沙）

（В. П. Евсеев 摄）

河流和浅水盆地沉积层中楔状土假型位于不同深度的土层中。由此得到如下的结论:某个地层脱离了水体的热作用后发生冻结,然后气候转暖,冻土层消失,在冰脉所在地产生冰脉的土假型。垂直剖面上形成多少层土假型,就能划分出多少个气候转暖和转冷、侵蚀－堆积旋回、海进和海退的时期。

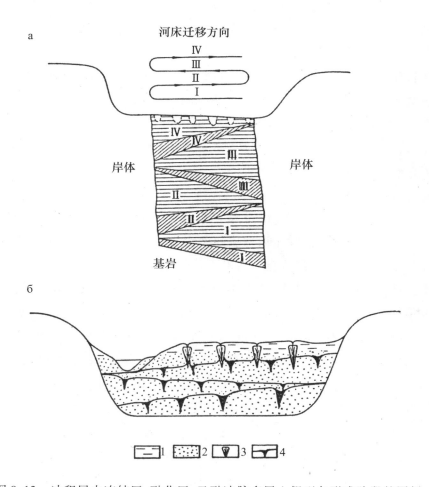

图 8.13　冲积层中冻结区、融化区、已融冰脉多层土假型各形成阶段的图解

　　a—由于河床的多次位移而造成的谷底河漫滩内冻土层的产状图(据 B. A. Кудрявцев(1959)
　　　　的资料):水平线—冻土,斜线—融区;
　　6—堆积冲积层形成时成层分布的已融冰脉的土假型(据 И. Д. Данилов(1983)的资料):1—
　　　　河漫滩粉沙,2—河床沙,3—冰脉,4—已融冰脉的土假型

　　然而这些结论和学说并不总是正确的。例如,在厚层冲积物堆积时,冰脉的融化和土假型的形成是沉积成因过程自身的一个组成部分,是在河床从河谷一侧向另一侧位移的作用下形成的(图 8.13)。在当地缓慢的构造下沉背景上河床在新的较高的高程上返回到早先离开的那一谷缘,因为此时沉积层已堆积到一定的厚度。就在这个时

候,河漫滩上形成冰脉。当河床返回时,不会冲刷掉整个堆积层,仅仅是其上部而已。含冰脉末梢的堆积层下部部分或完全融化,产生较小的土假型。可见,气候并没有转暖,而冰脉融化了,冰脉的土假型形成了,这是河流地质过程自身发展的结果。当陆地被海侵或湖侵的水所淹没时,没有气候因素的参与也会产生土假型。由此可得到下述结论:冰脉的土假型的存在,不是像所认为的那样是某个地区气候转暖和多年冻土退化的证据。

原生楔状土结构组可细分为与原生土的冷生改造有关的结构(冻土残积结构)、外来物质充填、加入结构(冻土淀积结构)、内部物质被搬运走的结构(冻土潜蚀结构),它们在组构和形成机制上有着根本的差异(Данилов,1983)。

冻土残积土结构赋存于所谓的"块状"多边形地形分布区。这种地形广泛分布在伯朝拉低地和西西伯利亚低地的北部,发现它们与上覆的黄土状亚黏土之间有共生关系(Попов,1967)。黄土状亚黏土的平均厚度为 1.0 ~ 1.5 m,而在楔状结构中增大到 3 ~ 5 m。从上覆亚黏土层的平均厚度与夏季融化层深度之间的关系可以做出的结论是:亚黏土层的形成(与由亚黏土层构成的楔状结构一样)是近地面土周期性的季节冻结和融化的结果,即冷生残积改造的结果。

充填土结构(冻土淀积结构)由较细粒的物质构成并埋于较粗成分的土中,很少发生相反的情况。它们常赋存于河流阶地的沙质沉积物中,并充填有河漫滩相亚沙土和亚黏土。土结构的垂向尺度为 2 ~ 3 m,上面最宽部分的横向尺度为 1 ~ 2 m。大多数作者都将它们的形成视为液化细粒土充填开敞寒冻裂缝的过程。有可能的情况是:起先,开敞寒冻裂缝中生成冰脉,然后冰脉融化,代之液化土。任何一种可能的方式都假设充填结构或者发生于季节融化层中,或者发生于季节冻结层中。同样类型的土楔常具有垂向条带。若在土楔形成时寒冻裂缝产生于多年冻土中,则在土结构的延展方向上形成冰楔或含冰土楔。在这种情况下,冻土层退化时产生对应于季节融化层的上面部分加宽、对应于多年冻土上限位置的下面部分变窄的这样的生成物。E. M. Катасонов(1975)将充填土结构称为"充填土脉",他还将这种土脉细分为"裂缝充填脉"和"裂缝 – 沟充填脉"。除冲积物外,冰水沉积的沙和卵石、海洋岸滩含砾石沙和卵石层的充填土结构也是很有代表性的。它们还见于残积碎石 – 角砾石中,为具有泥炭化条带、含角砾石和碎石的粉质粗亚沙土所充填(Романовский,1977)。在严寒和干旱的气候条件下,在碎屑物充填开敞寒冻裂缝的过程中,风的搬运起主导作用。例如在南极地区,观测到充填有风成沙,有时含砾石、卵石或半圆形碎石的土楔,土楔在以几十厘米的宽度为主时,其深度达 2 ~ 5 m。土楔埋于滞冰中,上面覆盖着冰碛物,形成 3 ~ 30 m 大小的多边形(大多数为 10 ~ 20 m)。在这种类型的结构中,垂向沙 – 冰脉和冰脉常深入均质沙中。

图 8.14 西西伯利亚北部一条河流构成二级阶地的冲积沙中的楔状冷生潜蚀结构
（结构内沙被冲刷、铁化，可观测到垂直方向排列的空穴）

（И. Д. Данилов 摄）

冲刷土结构(冻土潜蚀结构)与沿寒冻裂缝最为强烈地发生的潜蚀过程搬运走细分散物质有关。这种结构呈清晰的楔状,粗分散成分较围岩多,在土楔中常观测到开敞的空穴(图8.14)。冻土潜蚀结构分布于冻土区南部发育典型丘－盆地形的沙质土地区,这种地区常常是一级和二级超河漫滩阶地。冷生破碎作用发生于物质的潜蚀搬运过程之前,冷生破碎物质不仅仅以纯粹的力学方式被搬运,而且还以有机酸化学溶解物质的方式被搬运,即潜蚀过程与土的残积过程结合在一起(Данилов,1983)。这两种过程的强度受冻土因素的制约,因为地表水聚集并大量渗入到与寒冻裂缝有关的沟形低地,尤其是寒冻裂缝交叉的地方。

活动层的融冻扰动取决于近地面土的季节冻结－融化过程及与此过程相伴随的冻胀和沉陷变形。在包括 A. L. Washburn(1988)的著作在内的文献中,广泛研究了此类塑性冷生变形,其垂向尺度受季节冻结－融化深度(活动层)的制约,仅达活动层的部分深度,一般为几十厘米。融冻变形在形态上呈现为各种垂直或斜向排列的褶曲结构(图8.15)。

图 8.15　科尔古耶夫半岛低湖泊—泻湖阶地沉积物中活动层的融冻扰动

(И. Д. Данилов 摄)

下篇　多年冻土区沉积岩的成因类型

第九章　厚层地下冰的成因类型

地球的冰是特殊圈层——冷圈[①]——的一个代表性组成部分,一般分为大气冰、地面冰(冰川、积雪)、浮动冰(海冰、湖冰、河冰)和地下冰(《冰川学辞典》,1984)。

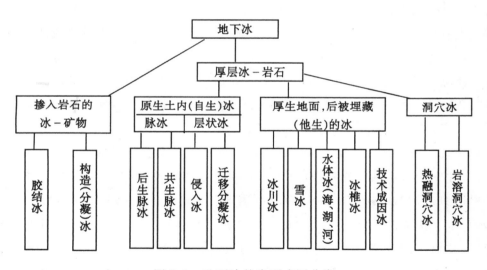

图 9.1　地下冰的岩石成因分类

地下冰有不同的分类法(Попов,1967;Втюрин,1975;Соломатин,1981),它们均是 П. А. Шумский(1959)最为完整的成因分类方案的变异。在岩石成因方面,将冰视为岩石圈冻土层的造岩组成部分,最好将它们再细分为下述类型(图 9.1)。首先将冰作为多矿物岩石的造岩矿物之一。在这种情况下,冰不形成厚大堆积体,而是以胶结

---

① 校者注:我国常用"冰冻圈",但"冷圈"的含义更为广泛和确切,不仅指有冰或冻土的圈层,而且包括具有负温但不一定有冰或冻土的介质空间,例如冻区的冷液和大气层顶部空间。

成分（胶结冰）分散于岩石其他成分之间，或者形成夹层、脉－条纹（分凝冰或构造冰）。

形成厚层冰的地下冰能以冰楔、冰脉、透镜体和层状体的形式深入岩石中，其形成前者与寒冻裂缝形成作用有关，后者与水体侵入正冻土层或长期顺层分凝析冰作用有关。厚冰层的形成在地面条件下可以与岩石的冻结过程无关，而当它们随后被沉积物掩埋时就快速转变成冻结状态，即成为岩石的异类（他生）生成物，这就是被埋藏的河冰、湖冰、海冰、雪堆和冰川。最后，岩溶洞穴和热融洞穴的洞穴冰是冰的一种特殊亚类。

§9.1　脉冰

这种类型的冰在岩石中以垂直方向排列的楔和脉的形式形成形状各异但多半呈下部变细的舌状体。这类冰也称为多边形脉冰或复脉冰。之所以称为多边形脉冰是因为它们在平面上呈清晰的多边形网格；而之所以称为复脉冰是因为它们的形成在很大程度上有赖于垂直寒冻裂缝中在同一个地方周期性发生的多次重复成冰作用——冷缩假说。尽管一些研究者（Попов，1969）持有异议，这个假说仍占优势地位。坚硬岩石中冰脉的形成与裂缝重复形成作用无关，这种脉冰称为裂隙冰。冰脉在松散的细分散沉积物和泥炭中发育得最好，正是这种冰脉在本章被作为特殊的地下冰亚类——岩石——来加以描述。

现在我们列举脉冰最典型的特征。脉冰随混入物数量的不同而具有不同程度的暗度（薄片中透明），颜色或者为白色，或者为灰色或褐色，既含矿物杂质也含有机杂质。根据 П. А. Шумский 的资料，杂质可达到总质量的 3% ~5%，总冰量的 1.0% ~1.7%。冰一般含气泡，被气体充填的孔隙体积占总体积的 4% ~6%。气泡呈球形或长形（圆柱形、梨形等）。气包体分为自生的（冻结时从水中释放出来的）、外来或他生的（包含在凝华冰晶之间孔隙中的空气）。外来形式的气包体占优势（占冰总体积的 2% ~4%）。冰中还可见到围岩俘获体。冰的垂直条带是由矿物杂质和气包体的不均匀分布造成的，但冰的垂直条带并不总是能观测到的。人们认为：矿物杂质带的垂直分布是水冻结时生长的冰晶将包体从寒冻裂缝壁挤向垂直面之轴的结果。

保存在脉冰中的、一定程度上被分解的有机物造成了冰中气包体与空气和饱含地表水的气体混合物成分上的差异。冰中气包体体积的 94% ~98% 是惰性气体（氮、氩等），氧仅占 0.5% ~5%，生物化学气体（二氧化碳、氢、氨、甲烷）含量不大（Шумский，1959）。人们认为：异常低的氧含量与冰中生物残体的氧化作用有关。

除了上述分布最广的类型之外，还见到含少量矿物包体和气包体的浅灰白色冰脉,其垂直条带不清晰,这是气包体含量的不均匀性所造成的,有些地方甚至完全没有气包体。矿物杂质和生物残体形成一个个单独的巢状物,还看到平行于层理的水平夹层,这是气包体和有机－矿物混入物的集中分布之处。

大多数脉冰类型的矿化度很小,盐的总含量为 0.01～0.1 g/L,即接近于冻土区超淡地表水和大气降水的矿化度。在西伯利亚东北部的一些海岸地区、沿海低地发现高含盐度的脉冰,其盐分主要以海盐(氯化钠)为主。

脉冰的密度取决于冰中所含的气包体和矿物混入物的数量,基本上为 0.85～0.90 g/cm³,有时高一些。孔隙度为 2%～4%,在个别情况下达 8%。

脉冰的结构是他形粒状结构、层状结构和半自形粒状结构。主光轴排列方向是随机的,而在排列有序时平行于热流方向,即次水平方向。因此,充填于垂直寒冻裂缝中的水从两个方向发生冻结,即从裂缝双壁向裂缝中心冻结。所形成的初步冰脉由两列垂直结晶体组成,因此晶体的最大可能尺度等于寒冻裂缝宽度的一半。观测到幼脉中冰晶尺度从上而下有规律地减小,这与同一方向上寒冻裂缝宽度的减小是一致的。冰晶的尺度大多约为 1 cm,最大为 2.0 cm。冰晶尺度除与寒冻裂缝宽度有关外,还与缝壁的冷却温度有关,随其温度的下降而减小。还查明了冰晶尺度与脉冰年龄之间的关系。由于"冰的变质"过程,冰晶尺度随时间而增大。根据 B. B. Porob 的观测资料,现代脉冰中冰晶的尺度要比更新世脉冰小 1/2～2/3。

脉冰成分中与冰川一样地存在 ²H、¹⁷O 和 ¹⁸O 稳定同位素。随着自然环境的变化,其含量也发生时间和空间上的变化。通常用 ¹⁸O/¹⁶O 之比(δ)作为这种变化的指示,其比值以千分率表示来与平均海水标准值(SMOW)比较。这一目的在于重建古气候的方法主要用于冰川研究中,但现在已开始用于地下冰研究实践中。改变冰中 ¹⁸O/¹⁶O 之比的主要因素是水汽凝结并转变为雪的温度。低温决定低值 δ,δ 随凝结温度的上升而增大。冰脉的形成在很大程度上有赖于融雪水和大气水分的凝结,有理由认为:冰脉的同位素成分在一定程度上反映大气古温度的变化。然而一系列因素使问题复杂化了,因为水分冻结时的分馏作用、冰变质时的物理化学变化等都影响冰的同位素成分,而这些因素几乎是不考虑的。由于冰脉在自身发展过程中既沿垂向增大,也沿横向增大,由此也造成了很大的困难。

正如已指出的那样,冰脉可细分为后生冰脉和共生冰脉。

后生冰脉形成于沉积物堆积后并经自上而下地改造然后再冻结的沉积岩中,在平坦沼泽化平原和已泄水湖盆(热融洼地)条件下埋藏的泥炭化湖沼、泻湖、低淤泥海岸沉积物和泥炭田中,这种冰脉尤为典型。其垂向尺度主要为 3～5 m,最大达 7 m。上部(最深为 4 m)宽 1.5～2 m。后生冰脉的垂直长度受寒冻裂缝侵入冻土的深度的制约,这一深度为 5～7 m,少数达 10 m,而理论上可能达 12～15 m,即达到温度年变化层的底部。因寒冻裂缝多次开裂和裂缝中多次生成垂直初生冰脉而逐渐形成后生冰脉,这一形成机制得到普遍认同。这一机制的后果和标志是冰脉呈清晰的楔状,冰有清楚的垂直条带。单元寒冻裂缝中冰的垂直条带由深霜晶体形成,冬季有雪填塞,夏季有水渗入。产生冰脉的必要条件是寒冻裂缝深入到最大季节融化层深度之下。后生冰脉典型的横剖面呈倒三角形,三角形的底边小于侧边,三角形的顶点附近即冰脉的下部可见到土枝和脉尾。冰脉与围岩的接触面一般是整齐的、清晰的,常有铁化,沿着接触面有时可发现厚 1～2 cm 的透明纯冰外缘。与脉接触处,尤其与其上部最宽部分接触处附近的围岩层常向上弯曲(图9.2)。

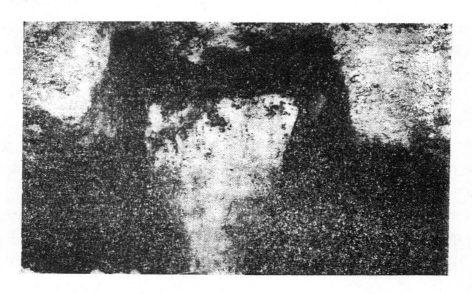

图 9.2　呈清楚楔形的后生冰脉(与冰脉接触处的含泥炭围岩陡峭地向上弯曲)

(И. Д. Данилов 摄)

　　后生脉冰的典型组构特点是白色、乳白色,有时为浅褐色;清晰的次垂直条带构造,每个条带都始于大致水平的脉头。厚 1～2 mm 至 5 mm 的较纯冰带与富含矿物杂质、植物残体和气包体的冰夹层互层。气包体呈长椭圆形、扁长形,平行于元冰脉的轴向流层理;冰脉中心的气泡数量最多,可达冰体积的 4%～5%,至侧面附近减小到 1%～3%。

　　后生脉冰的结构为他形粒状结构,冰晶的线－带定向排列不是很清晰,沿着垂直轴平面微微地延伸。冰晶的横径大多不到 1 cm,次垂直条带呈扇形排列:在脉中心是垂直的,在边缘部分是倾斜的,平行于与围岩的侧接触面。

　　共生冰脉是在沉积物形成过程中与堆积同时增长的,可达很大的尺度:垂直方向(长)达 50～60 m,水平方向(宽)达 8～10 m。推测可能存在垂直长度达 70～80 m 的

冰脉。脉的形状一般较复杂（图
9.3），宽窄（腰部）不一，常见多层共
生冰脉。在冰脉发育鼎盛时期冰脉成
为冻土的主要组成部分，土以垂直向
上收缩的"土脉"的形式或冰格之间
的柱状体的形式分布着。在这种情况
下，冰自身的分布面积占当地面积的
60% ~ 70%，这在最北部的即北极型
的叶多姆（拉普捷夫海沿岸、东西伯利
亚海沿岸、新西伯利亚群岛）中最为典
型。总的来说共生冰脉的分布南界要
比后生冰脉偏北许多。

　　共生冰脉的冰组构有一组特征能
相当可靠地将共生冰脉与后生冰脉区
分开来。冰中几乎总是存在大量的土
粒和植物残体杂质，尤其是脉的中、下
部。冰中的大气泡很典型：气包体呈
球状气泡，并沿垂线延伸形成链条。
与此同时，垂直条带不清晰，不总是用
肉眼能分辨的。而在后生脉中，土粒
和植物残体的堆积加深了垂直条带。
共生脉的冰结构类似于后生脉，但冰
晶一般比后生脉大 1 ~ 2 倍。共生冰
脉上部有许多特点。这里可观测到冰

图 9.3　亚马尔半岛形状复杂的共生冰脉
（可看到其垂直长度为 10 m,宽 1.5 ~ 4.0 m）
（И. Д. Данилов 摄）

晶的垂向排列，少量的土包体和气包体，无垂直条带。这可用脉头附近冰发生融化，形
成分凝冰夹层（分凝冰似乎焊接于脉头）来加以解释。在脉的侧面还能观测到厚达
10 cm 的透明纯冰外缘。

　　根据 П. А. Шумский、Б. И. Втюрин、А. И. Попов、Н. Н. Романовский、В. И.
Соломатин 等人的观点，共生冰脉的基本标志：首先是极大的垂向长度，这大大超过寒
冻裂缝甚至在最有利的条件下可能形成的最大长度。其次是弯曲的侧接触面，元冰脉
上端出露于侧面，含冰围岩粗条纹（"条带"）分凝冰"焊接"在脉的侧面。"条带"似乎
沿脉侧置于"肩形"台阶上。还有许多识别共生冰脉的标志，不同的作者对这些标志赋
予了不同的意义。

在关于大共生冰脉的形成方式、机制和条件等问题上,人们没有达成一致的意见。冰脉在现代自然环境中按共生方式生长,就是说,冰脉的生长与沉积物在被淹的河漫滩、周期性被淹的低湿草地沿岸、已泄水的沼泽化湖盆底(正在堆积泥炭)、坡脚的坡积－融冻泥流裙上的堆积是同时进行的。可是所有已知的现代共生冰脉的尺度比更新世的小得多,其垂向长度一般不超过 15 m。大多数作者(Е. М. Катасонов、А. И. Попов、Б. И. Втюрин、Н. Н. Романовский 等)认为:分布在西伯利亚东北部沿海低地和中雅库特的最大共生冰脉是在高河漫滩冲积物堆积过程中形成的。另外一些研究者(Н. А. Шило、Ю. А. Лаврушин、С. В. Томоирдиаро、Т. Певе 等)对这种可能性持有异议。提出了关于含有大型共生冰脉的沉积物的风积、斜坡(坡积－融冻泥流)、湖泊－热融浅洼地成因的观点。

按照传播最广的观点(Б. Н. Достовалов、П. А. Шумский、Б. И. Втюрин、Е. М. Катасонов 等),冰脉向上的生长和扩展有赖于在寒冻裂缝中形成的元冰脉(冷缩假说)。在某些类型的共生脉中可以观测到次垂直方向排列的条带形式的遗迹,在宽3～4 m 的脉中,其垂向长度为 9～10 m,而在横径为 8 m 的脉中可达到 12～15 m(Шумский,1959)。在大型冰脉中,这种条带计有几万条,因而,共生冰脉至少已形成这么多年,或者更久,因为寒冻裂缝及其相应的元冰脉不是每年都产生的。在这种情况下,在含冰土－冰脉系统中产生收缩应力,导致向上即向最小抗应力强度方向发生不可逆变形(图9.4)。

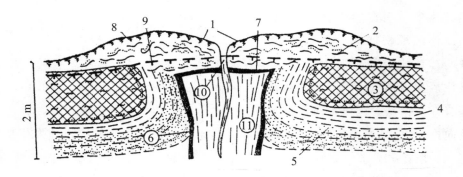

图 9.4　亚纳河正在生长的冰脉侧面附近的挤出变形

(据 А. И. Попов 等(1985)的照片绘制)

1—挤出埂(次生);2—活动层条件下自下向上挤出并变形的物质;3—含淤泥泥炭;4—亚黏土;

5—沙与粉沙互层;6—复冰作用外缘;7—无垂直条带标志的透明冰透镜体;8—草根土;

9—多年冻土上限;10—新长的幼冰脉;11—冰脉

人们推测变形发生于夏季整个多边形冰土系统变暖和扩展之时。由于细分散冻

土的黏滞性小于冰的黏滞性,因此正是它们发生向上的挤出变形。在这种解释之下,
这一过程的机制应是:在与较宽的冰脉接触面上,圈岩层应遭受最强烈的变形,而在与
较窄的冰脉接触面上,应遭受较小的变形。但是,在自然界所观测到的实际情况不这
么简单。有一些大冰脉,围岩在与其接触处向上微微弯曲或呈水平产状。同时还有一
些较小的冰脉,其附近的水平围岩层陡峭地向上弯曲(图9.4)。此外,还多次地观测到
同一个冰脉的侧面附近靠近收缩处的围岩层强烈变形,而在靠近冰脉拓宽处的围岩层的
变形很微弱,或者围岩层的变形不反映冰脉的收缩与扩展(图9.3)。于是,由这些因素
产生了另一个假说(E. M. Катасонов)。按照此假说,不是与共生冰脉接触处的围岩层发
生弯曲,而是多边形内继承过去季节融化层底面同样位置的冰条纹具有倾斜产状(以不
同的斜率)。季节融化层底在夏季大部分被水充填的多边形盘内的深度最大,四周最小。
脉的侧面附近的岩层露头只能发生不大的向上弯曲,因此其上形成土埂。

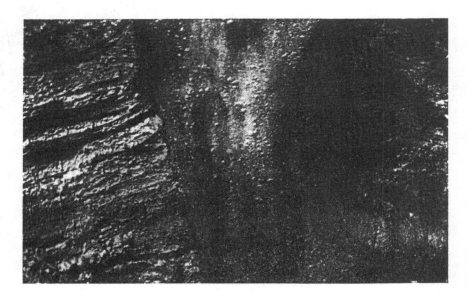

图 9.5　西西伯利亚北部亚马尔半岛共生冰脉的台阶状("肩形")侧面
(围岩的薄冰层沿着侧接触面转变成冰脉。此外,可以看到脉宽沿垂线急剧变化,
这是反映新构造运动节律性的沉积速率变化的结果。
(И. Д. Данилов)

А. И. Попов(1967)力求从围岩的变形程度与共生冰脉宽度之间的不一致性中找
出答案。他还注意到冰脉组构的许多特点不仅仅不有赖于垂直元冰脉,甚至与垂直元
冰脉没有什么关系。例如,冰脉内除垂直条带外还观测到透明冰区或富集矿物和植物
残体的冰区,而矿物和植物残体没有在垂直条带中聚集;在冰脉某些区段一般没有垂

直条带,而存在富含矿物粒子、植物残体或气泡的水平方向的夹层。有些地方可以很清楚地看到垂向元冰脉劈开另一种成因的透明或白色冰层。А. П. Попов 推测这种冰在整个场地上与冰脉头表面长在一起,即"迎面"生长,从而使脉冰向上增长。

有一些关于分凝成冰作用在冰脉形成中起显著作用的资料。河漫滩上正在生长的冰脉的观测资料表明,厚 0.5～5 cm 的水平冰条纹从细分散沉积物中转变到共生冰脉"脉头"上,并从水平方向穿过冰脉上部(Романовский,1977)。这种现象只有在冰脉侧接触面围岩不发生变形的条件下才能在幼冰脉最上部清楚地看到。沉积物中的冰条纹在脉侧接触面的"肩形"(或台阶)面上与冰脉结合在一起(图 9.5)。

Е. М. Катасонов 揭示了围岩冰条纹与冰脉侧面"肩形""焊"在一起的过程之实质。在季节融化层自下而上地冻结时,在其含水的底部形成"焊"在冰脉表面(顶)上的厚冰条(带)。正如上面所指出的那样,冰带的形成过程具有周期性。由于气候的节律性和河漫滩表面上沉积物堆积强度的变化,生长的冰脉脉头与季节融化层底周期性地脱开。在这种情况下,在脉层上生长的新生多年冻土中观测到新的幼脉(图 9.6)。因而,冰脉的向上生长不是逐渐的而是跃动式的,这恰恰说明了共生冰脉侧接触面台阶的成因。在重新形成的多年冻土中的新幼脉,按照与新生多年冻土和与老冰脉(幼脉伸入老冰脉)的关系,属于后生冰脉。因此,按照与前冰脉部分和重新生成的多年冻土层的关系,每个共生冰脉都会由一些后生冰段组成。周期性地生成于各沉积阶段的后生冰段的串联、组合最终形成与这一过程同时的冰脉。除气候的节律性之外,在构造运动大幅度变化的背景上出现的构造运动的小脉动也影响河漫滩沉积过程和共生冰脉的生长。

图 9.6　泰梅尔地区皮亚西纳河高河漫滩上含幼冰脉的新生富冰多年冻土(幼冰脉位于季节融化层底与老冰脉脉头之间)

冰脉侧接触面的分凝成冰过程也可能参与垂向脉冰的生长。结果沿冰脉侧面往往形成厚达 10 cm 的玻璃状纯冰外边缘。这个现象的原因推测是温度年变化层中由冰的导热系数大于冻土的导热系数产生温度水平梯度,以及冬季冰脉中出现开敞的寒冻裂缝,使冰脉得以冷却(Соломатин,1974)。然而其他研究者对这些观点持有异议,就是说在夏季变暖(热波)时期应发生相反的情况(Романовский,1977)。脉冰的复冰;再融这两个过程都可能作用于冰脉外缘。

§9.2　与岩土冷生改造有关的层状冰

具有与岩土冻结有关的土内成因、次水平空间排列、层状和透镜状产状的冰体均属于这种类型。其原始产状条件可以被改变,冰可发生变形,此时厚冰层的空间排列方向发生变化,形成背斜、向斜或似底辟结构。冰层组构由各种变形的冰构成:纯净、透明、玻璃状冰;白色、糖晶状、饱含气泡的冰;因富含陆源粒子的夹层而成层的冰。厚冰层可能出现于现代地形中,但在许多情况下没有观测到这种冰层。层状冰体的最大厚度达 50 m,横径达几百米,还可能达头几千米。侵入迁移分凝析冰、真空压缩析冰等各种析冰机制都可参与土内层状冰的形成。有时发现以某种析冰机制为主,但很多情况下是上述各种机制的组合,最常见的机制是侵入 - 分凝混合机制(水分在冷生水头下迁移)。

侵入冰是在冷生水头下深入已冻土或正冻土中的自由地下水在土内冻结和结晶而形成的,形成类似于岩浆岩侵入体(岩基、岩盘、岩床、岩脉等)的透镜状、层状,少数呈岩株状的厚冰体。开敞型冻胀丘核部的冰毋庸置疑是最为典型的侵入冰。这种冻胀丘中最大的在直径为几十米甚至几百米时达到 40 ~ 50 m 高,甚至 70 m 高。这种地形形态在雅库特被称为"Булгуннях",而在北美有个爱斯基摩名称"Pingo"(图 9.7)。丘核中连续冰透镜体在丘核周边一般呈层状,与围岩夹层互层。冻胀丘冰的最突出的部分有时贯入垂直冰脉。

已相当详细地研究了冻胀丘核部的侵入冰成分和构造。这种冰一般是透明的纯冰,在侵入基底上可见到小矿物粒子舌和细条,在接触面附近可见到土、植物残体和泥炭的俘获体和零星粒子。"作为一个例外,在完全透明的冰中可观测到一些卵石和漂砾,它们在很久以前原冻结在下垫砾卵层的上部,后来冻胀时才上升到冰中。"(Шумский,1959)Ш. Ш. Гасанов(1981)将冰核的组构划分为含少量杂质的玻璃状外壳及含大量矿物杂质和气包体的多泡状内核。玻璃状冰和多泡冰往往互层。侵入冰中见到平行于侵入顶面的顺层分布的气包体,气包体常垂向、斜向和不规则地聚集在一起。气泡形状各异:扁平状、球状、圆柱状、纤维状等。在开敞型冻胀丘的大侵入冰体中,气泡往往呈辐射状分布,这就形成了辐射状冰构造,这种构造与冻胀时冰土层的弯曲有关。大气泡常集中在开敞型冻胀丘冰核的顶部,因为在这个部位常形成很大的洞穴,水冻结时释放出大量的气体便聚集在这里。冰的密度随气包体的数量而变化,气泡不多时为 0.900 ~ 0.908 g/cm^3,在有大量气泡的冰层中,冰的密度减小到 0.800 ~ 0.838 g/cm^3(Втюрин,1975)。

图 9.7   加拿大北极沿岸马更些河三角洲地区一个冻胀丘的冰核

破坏前最初的尺度为横径 90 m，高 7～10 m，被厚 1.2～1.5 m

的沙层所覆盖；冰晶很大（横径 2.5～4.0 cm）

（J. R. Mackay，1973）

    侵入冰的结构多变。在季节性冻胀丘中透明的纯冰具有清晰的垂向柱－粒状结构。在大型的开敞型冻胀丘中可观测到他形粒状结构，冰晶横径很大（1～16 cm），结晶方向无序（Шумский，1959）。Б. И. Втюрин（1975）指出，在有利条件下（缓慢冻结）侵入冰晶的横径达到几十厘米。有时观察到冰晶的线状垂直排列和带状水平排列的趋向不是很清楚。按照 П. А. Шумский 的意见，关于结构的资料表明了大水体的缓慢冻结并在大多数场合无正交各向异性结晶作用。

    冻结时的承压迁移和水体的侵入主要是粗分散（沙）土所具有的性质。在粗分散土中胶结冰形成时体积增大 9%，过剩自由水从结晶锋面被挤向最小阻力方向，即向上挤出。正冻粗分散沉积物一般下面有隔水层，因此在与含水层接触处水沿水平方向侵入，然后冻结，形成厚层状冰透镜体（Шумский，1959）。在过湿细分散土中液化的流动水－土体发生承压迁移而形成侵入体，由侵入体的冻结而形成逐渐转移到围岩中的饱冰土层（图 9.8）。地下水和水－土体能多次侵入，这使侵入冰层的组构变得很复杂。业已查明，侵入冰层大部分赋存于黏土－亚黏土沉积物与下伏粗分散沙和沙砾石层的接触处，在细分散土层中较少见到它们。按照 Ш. Ш. Гасанов（1981）的意见，复杂冰土结构的形成首先是地下水静压力的作用，然后是封闭系统水和液化流动土的承压迁移的结果。

    重复侵入厚冰体组构的基本标志是多泡纯冰层和含冰土层的互层，由此形成常具有变形特征的层状构造。在这种情况下厚冰层由相互平行、方向不同的褶皱层组成。土混入物的数量有规律地向冰层边缘增加。

图 9.8　叶尼塞河下游地区粉黏成分的细分散性土中的冰 – 土穹形侵入体

（И. Д. Данилов 摄）

迁移分凝冰与侵入冰一样,在土内形成很大的冰体,呈层状厚冰体、透镜状,甚至像某些研究者所认为的那样,成为冻胀丘的冰核(Втюрин、Втюрина,1970)。还划分出一种承压迁移作用下的特殊分凝类型。能相当有把握地说:迁移冰是所谓的凸泥炭丘中冻土的主要组成部分。В. П. Евсеев 在西西伯利亚和俄罗斯欧洲部分的北部进行了详细研究,发现泥炭丘尺度与构成泥炭丘的土的含冰量之间成正比关系。高 3 ~ 5 m 的泥炭丘中,泥炭 – 矿物沉积物体积含冰量超过 5%。同时,显而易见,成冰作用具有迁移特征,因为这里的冷生构造是层状构造。在高 5 ~ 7 m 的最大冻胀丘中含冰量超过土的有机 – 矿物成分,冷生构造呈基底棱柱状。分凝冰体的特征是它具有层理(图 9.9)。土由相对较纯冰层与被杂质污染的冰层的互层组成。冰含有不规则的、常呈梨状的气泡,气泡有时成线、管状堆积。冰具有半自形 – 他形和柱形粒状结构。主光轴的优势方位是有序的,垂直于冻结界面的位置,冰晶形状以片状或柱状为主,其横径可达到 3 ~ 10 cm。迁移分凝型冰体中冰的密度为 0.9140 ~ 0.9168 g/cm³(Шумский,1955)。

图 9.9　叶尼塞河下游冰海黏土中的层状厚冰体

（陆源粒子含量多的与少的夹层互层）

（И. Д. Данилов 摄）

　　将与湖下融区自下而上的冻结和水往下的渗透有关的透镜状冰视为迁移分凝厚冰体的一个亚类（Жесткова,1982）。在离地表 1~2 m 的深度上形成厚 0.5~1.5 m 的冰层。这种成层的冰富含形成薄层理的生物残体和土杂质,上面覆盖着强烈泥炭化的细分散土或泥炭。可推测在特别有利的条件下,当相当深的(冬季不冻结的)湖泊中存在地表水的暗流时,这种类型的冰可以形成厚 20~30 m、长成百米的层状体。它们一般不出现于现代地形中。这种冰体是透明的,由于气泡和有机－矿物杂质的不均匀分布而呈层状,冰晶为粗粒晶,具有他形粒状结构。

　　В. Е. Борозенц 和 Г. М. Фельдман(1981)提出了厚冰层形成的真空渗透机制。这一机制的必要条件是存在含水层及含水层之上冻土层底部以后生方式冻结时发生的波动,而这种波动是由于气候的短周期变化(在陆面条件下)或水体深度的变化(在水下条件下)而引起的。

§9.3　埋藏冰和洞穴冰

　　埋藏冰是在陆地或水体表面条件下形成的、后来被埋藏、现今以大包体的形式出现于冻土中的冰。这种冰的一个亚类——冰川冰——形成最大的地下冰体,但它们在地下冰总量中的比率不大。除冰川冰之外,按成因将埋藏冰划分为雪冰体(浸润雪体冰)、水体(海、湖、河)表面冰和底冰、冰锥冰。

冰川冰是在冰川和冰盖的最后发展阶段进入埋藏状态的,形成被冰碛物覆盖的埂状、垄状或丘状物的核部(图9.10)。这里的埋藏冰厚度在150 m以上。这一过程最常见于山地冰川末端附近,其表面聚集大量从山坡上来的碎屑物。从冰层自身亦融出许多碎屑物。南极冰盖、格陵兰冰盖、北极群岛冰穹和冰帽边缘附近的条件不太有利于冰的埋藏。这里冰面上的碎屑物数量要少得多。但为了不让冰融化,要求冰面的碎屑盖层厚度亦小些。

图 9.10　天山谷底的冰川冰

(为表面冰碛盖层所埋藏,呈单独的块体分布,正强烈融化着)

(Е. Д. Ермолин 摄)

冰川冰转变为埋藏状态时应遵循一个必要条件:季节融化层厚度应小于冰川表面上碎屑物盖层的厚度。根据 Н. Н. Пальгов 的资料,在天山,当表面冰碛盖层厚度为

1.5～2 m 时,冰川停止融化;根据 M. M. Корейша 的观测资料,在孙塔尔－哈亚塔山脉,这个厚度约为 1 m;而在南极冰盖边缘的条件下,按照 C. A. Евтеев 的研究资料,要防止冰的融化,碎屑盖层的厚度仅 10～20 cm 就足够了;按照 Н. Ф. Григорьев 的资料,当冰面上存在厚 0.6～1.0 m 的冰碛层时,冰的退化可能性就完全可以被排除。在火山活动频繁地区,部分冰川被火山灰甚至熔岩所埋藏。

埋藏冰川冰的结构－构造特点尚研究得不够。推测其结构－构造特点应与运动冰川的结构－构造特征相对应。总的来说,这一原则是正确的。然而,冰川冰转变为不运动的埋藏状态时获得了一些特殊的标志,这也是毫无疑问的。例如,冰脱离应力状态后应有助于冰晶的生长。根据 П. А. Сумский 的资料,若在冷冰川中冰晶平均横径为 2～5 cm,最大达 16 cm,则在"死"冰中,C. B. Калесник 见到 18 cm×8 cm×5 cm 尺度的冰晶。

有这样一种观点:在海洋条件下也能保存冰川冰。众所周知,大陆架冰川陷入海底并分裂出冰山。例如在北地群岛周围的浅滩上,许多研究者不断地见到坐在滩底的冰山。冰山的下部埋入底土的部分无疑能在上部被破坏之后转变为埋藏状态。近底部的负温海水有助于保存冰山的埋藏部分及使其逐渐转变为多年冻土状态。

业已查明雪冰和浸润雪冰(雪水)是由于融水或雨水渗入雪和粒雪,然后冻结而形成的。在地面或近地面岩洞中形成的这种类型的冰随后能转变为埋藏多年冻土状态。坡脚附近的多年雪堆大多数能保存下来。其上堆积起融冻泥流－坡积物、液化土的塌落物、山区常见的岩屑堆和崩塌物。冰斗和环谷底部具有特别有利的埋藏条件。还已知雪堆被风积粉土和水流沉积物所掩埋的少数情况,但尚不清楚这种雪冰能否长期被保存。

赋存于斜坡堆积物中的雪－水埋藏冰尺度基本上不大(厚 1～1.5 m、长 15～25 m)。冰一般较疏松,呈白色,含大量气泡,形状较复杂。冰由于含矿物土混入物薄夹层而呈层状构造,具有均匀他形小粒状结构(Втюрин,1975)。

水体冰(海冰、湖冰、河冰)形成于水体表面上,后转变为埋藏状态,尤其常见于沿岸地带。大量的岸冰、少量的多年海中浮冰,有时还有冰山,被搬运到海岸上和坐落在海岸附近的浅滩中。河冰流动时,尤其是在河床狭窄处流冰堆积时,大量地被搬运到岸上,形成厚堆积体。

陡岸阶梯脚处最有利于表面冰的埋藏。若陡岸由坚硬岩石构成,则从岸上散落和崩塌下粗大碎屑,若陡岸由松散土构成,则从岸上发生稀释土体的滑塌和塌陷,从而掩埋了岸下的沿岸冰体。在某些情况下,沿岸的海洋、湖泊、河流冲积层可以堆积在这种冰体上。尚不清楚这种冰体能否长期保持埋藏状态。许多研究者(Б. М. Катасонов)认同这种可能性,并推测海洋沉积物中的层状和透镜状厚地下冰体正是这样形成的。

深度不大于 2 m 的尺度不大的湖泊水体常冻至湖底。若冰与底土紧紧冻结在一起,则冰能在随后沉积物堆积过程中部分为其所掩埋。长度不大的层状和透镜状冰体有可能是埋藏的湖冰。在河漫滩、低湿草地岸等堆积强度很大的地带具备最有利于掩埋的条件。

所谓的底冰也能转变为埋藏状态。底冰广泛地形成于北方河流和冷水海的浅水区(深度主要为 3 m)的石质底部。底冰常携带着底土、岩屑,有时还有沉下的地物一起浮在水面上。但在个别情况下可能被底部沉积物所掩埋。

一致认为水体埋藏冰具有与围岩整合接触的典型产状条件,冰体可以是透明的、玻璃状的、乳白色糖粒状的、灰色污化的、有时铁化的,填补着下伏层岩石不平整之处,上覆土整合地覆盖在冰体上,并且上覆土的层理具有盖层的特点。在一些情况下还存在表明冰体形成于沉积过程而不是沉积过程完成之后的附加标志(Данилов,1983)。例如发现了保存在冲积层中的透镜体冰体被共生冰脉下部所切开(图9.11)。上述水平方向的冰体与垂直冰脉之间的相互关系单义地证明了冰体是沉积作用的产物并发生于冰脉开始形成之前。冰体多半是埋藏的底冰或河床下的地下冰(河床下冰锥)。

看来,埋藏海冰和淡水冰与现代海冰和淡水冰具有共同的特征。因此,我们援引了一些关于它们的组构的概括性资料。所有水体的表面冰都具有由生长速度不均匀而产生的不同表现程度的水平层理。气包体的分布同样不均匀(主要是顺层分布),除气包体之外还含有从岸上掉落

图 9.11　保存在泥炭化冲积细沙层中的厚层状冰体(冰体被较细的垂直冰脉下部所劈开,冰脉上部具有共生标志)

(岸区冻结物、崩塌物、岩屑堆、塌落物、风搬运物)冰中的生物残体和土包体。在水体表面冰成分中有水成冰、冰棱、雪等类型。

海冰的晶体要比淡水冰小得多,这可用水中存在盐离子,减小了晶核的作用范围来加以解释。海冰形成时冰中含有一定数量的剩余海水。含盐量随海冰年龄而变小:一年冰约 4‰,一年半冰约 1‰,而多年浮冰块约为 0.5‰。在埋藏海冰中也持续着盐液流重力作用下的淡化过程,逐渐地越来越淡。海冰含垂向孔隙(含盐微孔隙),呈他

形粒状结构和中、细粒状结构。湖冰的特点是以均匀粗柱粒结构为主,河冰也是如此（Втюрин,1975）。

冰锥冰能够在谷缘附近被斜坡堆积物所埋藏,个别情况下亦可被河流冲积物所埋藏。冰锥冰转变为埋藏状态时主要呈透镜状和层状,厚度达 7～10 m,横径达几十米,也有可能达头几百米。冰的构造为层状构造,冰的结构常因土粒混入物和不均匀分布的气泡而形形色色,从他形结构到柱粒状（小、中、大）结构一应俱全。

与人类经济活动有关的**技术成因冰**或地下埋藏冰在冻土区的分布越来越广泛。在采矿业开发区,天然的和人工的冰被技术成因堆积层（废石堆、矿渣等）所掩埋。技术成因堆积物保存地表冰过程的强度要比天然保存过程高许多倍（1～2 个数量级）,因为技术成因沉积物的堆积速度仅受技术可能性的制约,可以一直增长下去。

洞穴冰充填着冻土中和单矿物地下冰体中相当大的洞穴。这种洞穴被由水汽、灌入的水和被风刮进的雪所形成的冰所填塞。洞穴的成因与冰一样,也是各种各样的,可以是喀斯特洞穴、热融洞穴、不那么大的岩洞以及人工坑硐（矿井、平巷、竖井、隧洞等）。

由于冰的多种成因和洞穴本身形成方式的差异,没有将洞穴冰再严格地细分为亚类。通常按冰所充填的洞穴的成因将洞穴冰分为热融洞穴冰和喀斯特洞穴冰,因为它们在自然界最为普遍。П. А. Шумский（1959）和 Б. И. Втюрин（1975）的资料也是这种划分的基础。

热融洞穴冰主要分布于富冰冻土层,尤其在富冰冻土层与垂直大冰脉结合在一起时。热融洞穴冰在某个地区地下冰总量中所占的比率不大,不超过 5%。填塞热融洞穴和热融沟的冰以透镜体和水平层的形式埋藏着,其厚度达 3 m,长度达 15 m,有时,冰填塞着次垂直状的热融坑井。热融洞穴冰不仅可形成于其他类型地下冰整块融化之时,而且也可与其他类型地下冰同时形成,即以共生方式形成,例如在洪水过后的河漫滩条件下。

既存在现代热融洞穴冰也存在古热融洞穴冰。它们是在液化土和水流进地面开敞洞穴时及雪被刮进地面开敞洞穴时形成的。雪不仅堆积在热融坑井的天然坑穴中,而且有时还远远地进到坑井周围的凹地和沟中。雪逐渐地被冻结在其中的水所浸润而变成浸润冰,其冰由于大量的他生气包体而稍带白色,并保存着平行于雪堆表面的斜状或水平状的沉积层理遗迹。在垂直和水平方向上观测到灰白色浸润冰变成（通过水在热融洞穴中冻结而形成）浅蓝色透明冰（复冰）。一些长着凝华冰晶簇的洞穴与这种热融洞穴相毗邻。

热融洞穴冰常形成由厚浸润（雪－水）冰透镜体、水成冰或土和植物残体组成的综合体,周围有 5～10 层的冰和土的水平层系。水平层一层叠着一层地穿过次生冰脉和围岩（冻土），有时水平层本身被上面冰脉或其生长较晚的部分年层所穿过（Шумекий，1959）。

Б. И. Втюрин 认为水成冰类型占绝对优势是热融洞穴中成冰作用的特征。流进洞穴的水量通常一次就全部冻结，矿物杂质能往下沉淀，因而冰体上部一般非常纯净，可在其中观测到轴向节理。若热融洞穴在若干年期间被充填，则会形成水平层状冰体，冰体中水成冰与雪 – 水冰夹层或冻结的土夹层互层，土夹层的土或者是从洞壁散落的，或者是以流沙的形式流进洞穴的。

热融洞穴冰的一个亚类是冰脉的冰假型（Попов 等，1985）。这种冰由水整体冻结时形成的透明玻璃状冰和白色多泡状水平层状冰构成。水平层状冰的形成与水浸润灌进热融沟的雪有关，亦是水在沟底多次分层冻结情况下形成的。

喀斯特洞穴冰主要分布于冻土区以外的冬季气候寒冷地区，由于特殊的空气循环条件，有时是由于二氧化碳上升流的绝热膨胀而形成的。满足这些条件则将导致当地温度极大下降，并产生"洞穴冻土"（这取决于是否能发生成冰作用）。乌拉尔的昆古尔洞就是典型的"冰洞"。目前，乌拉尔、克里木、高加索、南西伯利亚山脉的许多"冰洞"已经被发现。

按成因，喀斯特洞穴冰是典型的泉华冰、凝华冰和浸润冰。泉华冰形成"冰壳"——洞壁底部，甚至洞顶的壳层，以及从上部下垂的冰钟乳石和从下向上生长的冰质石笋，有时两者衔接成冰柱或石柱。它们仅仅是具有严寒温度状况洞穴的特征。凝华冰在洞壁和洞顶形成羽状的深霜晶集合体、大而往往密集的骸单晶和晶簇。冰层中凝华冰呈多孔状、白色、无层理。浸润冰形成于被水浸透的深霜凝华晶集合体冻结之时，以及许多情况下被风灌进洞穴的雪被水浸透冻结之时。在洞底除泉华冰之外还形成冻结至湖底和径流底的、衔接成一个冰盖的冰。在匈牙利的多布舒阿斯洞中，浸润冰的厚度达到几米，而冰量达到 120000 m^3。

人为的地下矿山坑道亦有上述所有的喀斯特洞穴冰类型。

第十章　多年冻土区的陆地沉积物

§10.1　残积物

多年冻土区分水岭地表上与其他岩石成因带一样产生着由残积层构成的地区性风化壳。冻土区平原和山区的风化过程及其结果——残积层——有较大的差异，因此，最好分别对山区和平原区这两个地质发展最新阶段的主要剥蚀区和堆积区进行进一步的资料分析。

以剥蚀为主的地区（山区和半山区）坚硬岩石和半坚硬岩石的残积层

在平坦山顶地表上，由于以物理风化为主，形成了基本上由粗碎屑物组成的残积物。由于原始岩石类型、潮湿程度和风化过程阶段的不同而形成各种成分和组构的残积层：几乎没有细分散物的大块体岩屑堆、不同程度上含有细分散物的碎石－块体堆积物和碎石－角砾堆积物，少数为含粗碎屑包体的亚沙土和亚黏土。通常，在岩浆岩（花岗岩、闪长岩、辉长岩、玄武岩）破坏时形成最粗横径达 1 m 的碎屑物；致密均质沉积岩（沙岩、石灰岩、某些类型喷发岩）破坏时形成较小尺度（横径小于 1 m）的碎屑物；片岩和变质岩的风化产生大量碎石－角砾物质。残积层厚度一般相当于季节融化深度，为 1.5～2.5 m，当残积层下面是"被肢解的岩石"即多裂隙岩石时，残积层可达到 3～4 m。在构造破碎带，残积层厚度可增大到几十米，常为含半破裂碎石和角砾包体的细分散物。

风化带生成物的冷生组构各异。位于季节融化层下的破坏前裂隙带一般处于多年冻结状态。裂隙常被称为裂隙冰的冰充填。坚硬岩石的裂隙度一般向下减小，由裂隙度决定的总含冰量也相应地减小。岩石冷生组构的一般特征就是由总含冰量决定的。含冰裂隙向上张开，常呈扁长的楔状。冰既由冻结前充填于裂隙中的水形成，也由从地面渗入的水形成。在后一情况下，向冻土层顶面张开的裂隙常从上部发生堵塞，这就中止了水分向下的渗透。升华作用在裂隙冰的形成中起一定的作用。

残积层（冷生残积层）本身季节性地发生冻结，只有其最下部由于气候的多年波动而能处于多年冻结状态。冷生构造随残积物成分及其在冻结前的含水量的不同而呈壳状和基底状（粗碎屑物中）、层－网状和斑状（含碎石－角砾包体的细分散土中）。平坦山顶上粗碎屑堆的典型生成物是秃峰冰，在大多数情况下冰是纯净的、透明的（玻

璃状的）。这种冰一般堆积在残积层底，充填于岩屑之间的空间。粗碎屑堆的含冰量
很高，此时，碎屑似乎"浮"在冰中。含石亚黏土残积层表面上的特殊季节性生成物是
茎状冰。

　　总的来说，可将发育于坚硬岩石上的冷生风化壳
的组构分成若干层（图 10.1）。第一层即近地面层，基
本上对应于 2～3 m 的季节融化层，这一层内的残积层
可划分为两类，一类主要由含数量不多的细砾 - 碎石
充填物的粗碎屑物 - 块石构成。这在致密、均质岩石
发育区是很有代表性的。冬季充水的底层冻结时形成
大量胶结冰，使一些石块冻胀。胶结冰的体积含量等
于或超过碎屑物（秃峰冰）。由于夏季融化深度的周
期性波动，含秃峰冰的粗碎屑残积层下部周期性地转
变为多年冻结状态。

　　残积层上部的第二类残积物是含较多角砾和细粒
土的以块石 - 碎石为主的石质碎屑，这种细粒土是残
积物的充填物，或者成为主要残积物。冬季岩石冻结
时产生分凝析冰作用，形成层状和网状冷生构造，石质
碎屑发生冻胀和寒冻分选。

　　冷生风化壳的第二层包括坚硬岩石不同风化程度
的上部和破碎部分，深达 10～20 m，这一层的特点是存
在各种裂隙。裂隙的形成与层内温度的年变化有关。
因为温度变化幅度随深度而减小，所以岩石的裂隙率
和裂隙的宽度也随深度而减小。这一层整个都位于季
节融化层之下，因此，当存在相当数量的水分时，裂隙
中充填着冰。水的来源或者是渗透水，或是升华水汽。

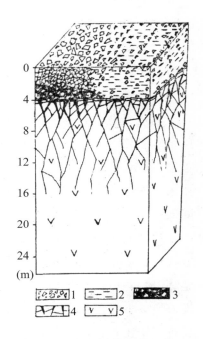

图 10.1　冷生风化壳的组构

1—粗碎屑物；2—细分散物；3—
含基底型胶结冰（秃峰冰）的粗碎屑
物；4—被冰充填的坚硬岩石裂隙
（裂隙冰）；5—坚硬岩石

可能的总含冰量由裂隙被冰充
填的程度决定。可分辨出原始母岩标志（结构、构造）的过渡层位于风化岩石的最上
部，但已强烈破碎，成为"被肢解"岩石。其特点也是存在秃峰冰和一定数量的细粒土。
这一层的下部裂隙网变稀，裂隙宽度变小，并且不总是充填着冰。

　　最后，温度季节变化深度之下埋藏着坚硬母岩，其均质性和裂隙率取决于地质结
构 - 构造因素。

　　周期性的冻结 - 融化过程是坚硬岩石上形成冷生残积层，制约细分散物质富集的
最重要因素。正是冻结 - 融化过程决定了表现于地表地形上的残积层中冷生分选，其
中包括成型土：横径从几厘米到 2～3 m 的亚黏土成分的多边形和环，它们的多石边缘

宽几十厘米。这种结构形式的特点是平面上呈多边形分布,剖面上也观测到石块和细分散物质的有序分布。成型土的形成取决于垂直细裂隙的多边形网的间距。后者既能产生于寒冻劈裂作用之下,也能产生于秋冬冻结进程中季节融化层岩石的脱水作用之下。由于土的成分、冻结前的含水量、冻结或脱水速率的不同而形成横径从 10 ~ 20 cm 至 2 ~ 3 m 的多边形裂隙网。在成型土的形成方式方面存在多种假设,A. L. Washburn 将它们总结于《成型土的分类及其成因理论的概述》一文和《冻土学——冰缘过程与自然环境概述》专著中。

以堆积为主地区(堆积平原)松散岩土上的残积层

在主要由细分散性土构成的平原区条件下,冻土区的表生作用达到最后阶段时,原始岩土几乎完成了改造或发生程度不大的改造。在这种情况下形成黄土状亚黏土盖层(按 A. И. Попов(1961)的意见,称为冷生泥岩)。在相当稳定的环境中冷生表生作用方能达到最后阶段,随着剥蚀或堆积强度的增长,原始岩土的冷生表生改造程度降低。

近地面黄土状亚黏土的地理分布规律性证明了它发育于基底为细分散性土的地方。在俄罗斯欧洲部分和西西伯利亚的北部沿海平原上,黄土状亚黏土的发育最为完整,其地质 – 地貌组构的特征是地形的成层性和台阶性,即在由冰海的、泻湖的、低淤泥海岸 – 低湿草地的、湖泊 – 冲积黏土和粉沙构成的平坦的、几乎等高的地表上广泛发育着黄土状盖层。在表面地形由沙和卵石层构成的地区,黄土状盖层不很发育,经常没有这种盖层。由沙和卵石层构成的分水岭一般具有丘垅地形,这里的黄土状亚黏土盖层断续发育,厚度也较小。

黄土状亚黏土盖层的形成与季节融化层和季节冻结层的周期性冻结 – 融化有关(E. M. Сергеев、A. И. Попов、Г. П. Мазуров、A. B. Минервин、B. H. Конищев 等)。其特征是:(1)2 ~ 3 m(最大为 5 m)的中等厚度的黄土状亚黏土盖层在各种地形单元上的面分布(盖层产状条件);(2)以粉粒为主的机械成分的均一性;(3)多孔性;(4)与"块状"冻土地形紧密相关。亚黏土盖层一般由按颜色划分的两层组成。上层较干燥、透气,呈淡黄色,下层较潮湿,呈浅灰色或瓦灰色。

伯朝拉低地北部,尤其是大地苔原的东部是广泛分布黄土状亚黏土盖层的地区之一。图 10.2 的三角形图表明了该地区黄土状亚黏土盖层的三个基本粒级(黏土、粉沙、沙)的机械成分以及下伏的两种主要成岩类型沉积物的成分:海洋沿岸(泻湖、泻湖 – 湖泊)的黏土、亚黏土、亚沙土和弱分选冰海亚黏土(少数含粗碎屑包体的亚沙土)。在亚黏土盖层中粉沙颗粒占明显的优势(55% ~ 75%),泥质颗粒占 15% ~ 35%,沙粒占 5% ~ 15%。亚黏土盖层在机械成分上与下伏的基本上为亚黏土质的母岩存在较大的差异。在下伏母岩中,不是沙粒数量较高(其含量为 20% ~ 60%)就是泥质颗粒数量较高(其含量为7%~35%)。从成因观点来看,亚黏土盖层在粉沙部分增加的同时沙粒和泥质颗粒尺度的减小具有重要意义。

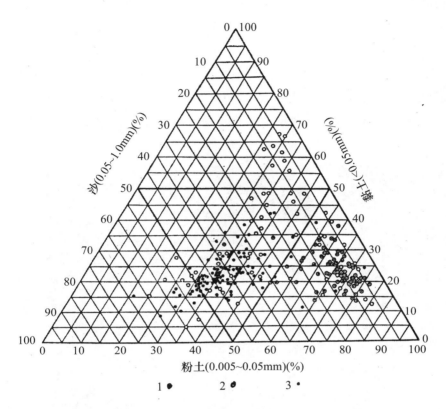

图 10.2 大地苔原东部黄土状亚黏土盖层及其下伏的
两种主要成岩类型沉积物的机械成分三角形图
1—黄土状亚黏土盖层;2—海洋沿岸的亚沙土、亚黏土、黏土;
3—冰海亚黏土,有时为亚沙土(据 И. Д. Данилов(1978)的资料)

在分析图 10.2 所示的粒度图后能做出关于原始物质在周期性的多次冻结和融化条件下改造特点的两个基本结论。弱分选亚黏土的改造(三角形图中心的黑点)及其转变为较均质的亚黏土盖层主要有赖于沙粒的粉碎过程:在第一种情况下沙粒的含量为30%~60%,在第二种情况下沙粒的含量为5%~15%,然而,无论哪种情况下黏土颗粒的数量都大致相同(15%~35%)。将黏土改造成亚黏土盖层有赖于泥粒的凝聚作用。泥粒在黏土中的含量为35%~70%,在亚黏土盖层中含量减少到15%~35%。上述资料再一次证明了下述结论:在黄土状亚黏土盖层中,粒度的组合达到某种最佳界限,此时,即使周期性的冻结-融化过程仍在继续,其机械成分也不再发生进一步的改变。这一过程也影响到物质的化学-矿物成分,因此,较之下伏黏性土,亚黏土盖层的泥粒中富含天然铁和非晶质二氧化硅（Конишев,1981）。许多原生矿物碎屑和胶态分散粒级的集合体之上覆盖着褐色的氢氧化铁薄膜。在过湿的潜育土壤残积层中有大量的灰质壳型坚硬结核,这些结核是在低价氧化铁局部集中处由于随后发生氧化而形成的,常形成于植物的根部周围。还有在以灰色调为主的背景上呈现铁锈褐色的不明显的覆膜和斑点。

亚黏土盖层黏土矿物的成分完全对应于其下伏的不同成因的（冰海的、泻湖的、湖泊的）细分散土的多矿物成分,主要有水云母、蒙托石以及少量的高岭石、多水高岭石、硅酸镁等杂质。沙质部分的成分中对风化不稳定矿物的含量减小。

图 10.3　大地苔原地区东部横径为 100～150 m 的扁圆形块墩及将其隔开的块间低地（航空相片）

发现多年冻土区平原上亚黏土盖层的空间分布规律性和产状条件与所谓的"块墩地形"的多边形地形有着紧密的联系（Попов,1967）,这在西西伯利亚北部和伯朝拉低地东北部表现较为明显。块墩是凸型或平凸型地形,其横径为 50～100 m 至 200～300 m,平面上呈扁圆形和棋盘式分布（图 10.3）。有时块墩的横径减小到 5～15 m,或者相反增大到 0.5～1.0 km 甚至更大。块与块之间被平底的低地带（块间地）隔开,在平面上形成清晰的受寒冻劈裂过程所制约的正方形网格。亚黏土盖层的厚度明显地受块墩地形单元的控制:在块内平均厚 1.5 ~ 2 m,在块间低地增加到 2.5 ~ 3.0 m。在小块墩及将其隔开的窄块间地发育区,亚黏土盖层呈清晰的楔形即原始楔形土结构。寒冻开裂和雪蚀的综合作用使得块间低地有赖于多边形内块墩而得以扩张。在这一过程相当成熟阶段,块墩就完全消失(被块间低地"吃"掉),原先块墩所在处形成次生细粒土层,获得了盖层的产状条件。

在某些情况下,能够观测到亚黏土盖层位于沙或沙砾石沉积物之上,尤其在河谷内超河漫滩阶地上。

这个事实曾多次被用作下述论点的论据:在相对不长的时间内(例如全新世)冷生改造之结果能够使任何松散土(包括粗粒成分在内)转变为黄土状亚黏土(Конищев,1981)。然而,在这种情况下,不是河床相沙和卵石层而是其上的河漫滩相的亚黏土和亚沙土遭受冷生改造。后者在冷生因素的作用下能快速地获得黄土状特征:粉土性、多孔性、结构性、形成垂直壁的能力等,即获得了除碳酸盐含量以外的几乎全部主要黄土特征。还发现同一河谷中不同年代和组构的阶地上黄土状亚黏土的厚度取决于细分散河漫滩沉积物的厚度,能在任何机械成分的底岩上形成亚黏土盖层的观点是不能解释这一点的。

黄土状盖层即最低河流阶地被改造的河漫滩亚黏土参与已融后生冰脉假型与原生土楔等楔形结构的构建。楔形构造的垂直长度超过了季节融化层的厚度,其下部较窄的部分深入到多年冻土中。结果河谷内的亚黏土盖层的底部呈不平整的锯齿状。

§10.2　斜坡沉积物

斜坡沉积物按其沉积方式而有不同的组构和成分。根据 E. B. Шанцер(1966)的资料,斜坡沉积物有三种主要类型。第一种类型是一般无分选的粗碎屑的塌落和崩塌堆积即崩落流沉积;第二种类型是过湿土体顺坡向下滑动或黏塑性流动时形成的蠕动流沉积(滑坡沉积和融冻泥流沉积);第三种类型是坡积层,它是斜坡岩石破坏产物(主要为细粒的)被雨水和融雪水的暂时片流侵蚀的结果(片蚀崩流沉积)。库鲁姆是一种特殊种类的粗碎屑斜坡生成物。上述各类斜坡沉积物都形成于斜坡剥蚀和堆积紧密地相互联系的过程中,在斜坡地貌演变的相继各阶段按照总地貌和气候环境及斜坡地质结构的特点彼此有规律地组合和替换。这就使斜坡沉积成因具有统一的综合地质过程之意义。

崩塌和塌落沉积物(崩落流沉积)

岩屑崩落和塌落岩块主要是由于陡坡在重力作用下形成的。冻土区山地上的崩塌堆积物一般是有限的,它们通常与塌落堆积物结合在一起。后者在分布面积上和碎屑物体积上都占优势,因此,一般将崩塌堆积物与塌落堆积物一起进行研究。

以塌落为主的堆积物在坡脚附近形成宽几十米至几百米的岩屑裙。塌落岩屑裙的坡度一般不超过 40°,到坡脚附近变缓。塌落岩屑裙沉积物厚度为头几米到几十米。构成岩屑裙的碎屑大小极其不同,最大的石块一般滚向坡脚。在沉积物断面的底部及岩屑裙周边有时存在大量的细粒土。可看到下述总规律性:细粒土随坡度变缓而增加。除坡度之外,碎屑的大小和形状还与岩石的成分有关。在积雪融化时及季节冻结层或季节融化层融化时,落石和塌落过程最为活跃。

塌落沉积物的冷生组构特点主要是存在胶结冰,这种冰是从上面渗入粗碎屑层的和沿多年冻结底岩表面流来的水冻结时形成的(Грави,1969)。在新生岩屑堆中,由于碎屑物的强烈堆积和季节融化深度的每年变化,多年冻土上限常改变位置,因此冰壳和冰巢的大小没有增长,石块也没有被移开。在由老岩屑裙组成的沉积物中,由于已经没有新的碎屑物加入,多年冻土上限比较稳定,碎石和块体逐渐地被聚集的冰所劈裂。

往往将山坡上的粗碎屑沉积物称为山地坡积层(Шанцев,1966)。若细粒物质从中被冲走,则其属于洪积相山地坡积层,实际上等同于库鲁姆层。当它们处于多年冻结状态时具有层状 – 基底状冷生构造(Гравис,1969),土的总含冰量达到 60% 。冰从各个方向覆盖着基岩碎屑,使碎屑彼此分开,此时冻土层形成次生重叠层理:剖面上或多或少含冰的土层与冰透镜体互层。少数情况下遇到厚度不到 1 m 的较纯的冰层,冰层中仅含个别碎石包体和细分散物质夹层。在冰层的底部附近,分裂成几个冰夹层。在空间上转变为岩屑裙时便发生这种分裂。

库鲁姆的形成——蠕动作用

关于库鲁姆的定义,存在着彼此决然对立的观点。例如,И. Гладцин、Л. Д. Долгушин、Н. В. Коломенский、И. С. Комаров、Я. А. Марков、Н. И. Матвеев、С. Н. Матвеев、Ф. А. Никитенко 将无论平地上的还是山坡上的粗碎屑物统称为库鲁姆。这样,他们实际上将不同成因类型的粗碎屑物——残积的和崩流沉积的——合在一起了。Ю. Г. Симонов、В. И. Кленов、Ф. Ф. Солдатенков、А. И. Тюрин、С. Х. Фридман 仅仅将沿山坡搬运的粗碎屑物堆积归于库鲁姆。

我国多年冻土区的许多山区(乌拉尔、中西伯利亚、东西伯利亚、远东、外贝加尔)广泛地分布着库鲁姆。其厚度由季节融化层厚度决定。在弗兰格尔岛、新地岛、北地岛及北极的其他地区,库鲁姆具有"膜"特征(30~40 cm)。在西伯利亚东北部和中西伯利亚台地北部,库鲁姆的厚度增加到 1 m 或更大,并具有向南增加的趋势。在南雅库特和北外贝加尔,其厚度平均为 3~4 m。

在大陆性气候但又具有较高湿度的地区具备了最有利于形成库鲁姆的条件

（Тюрин 等,1982）。每个气候带都可观测到自己特有的库鲁姆的高度段。在北极地区,发育库鲁姆的高度段从法兰士约瑟夫地群岛的 50 ~ 160 m 到新地岛的 400 ~ 450 m 和到中西伯利亚台地北部的 700 ~ 1500 m。在亚北极地区,这种高度段在北斯堪的纳维亚的北部和西部为 500 ~ 600 m;在极地岛拉尔、北斯堪的纳维亚南部和东部,希宾内山和北乌拉尔山为 1000 ~ 1200 m。在温带内陆区的中西伯利亚台地南部 400 ~ 500 m 高度、阿尔丹高地 800 ~ 1300 m 高度和西南外贝加尔 1800 ~ 2000 m 高度上见到库鲁姆。

气候因素与坚硬岩石的岩性、松散沉积物的成分、地形的切割程度之间的相互关系决定了库鲁姆形成的地带性和高度带。结果,不同气候带的库鲁姆在覆盖厚度、运动速度、温度状况等方面均具有自己的特点。库鲁姆的组构和运动与河流的切割、冰锥的改造、与河漫滩或阶地的接合、侵蚀型地段的填塞等许多因素有关。

库鲁姆最为典型的组构特点是在其剖面上部没有分散性充填物,分散性充填物出现于剖面的下部。

库鲁姆粗碎屑盖层的特点是物质的寒冻分选,即碎屑尺度随深度从块体减小到碎石、角砾。在这个方向上分散性粒子的含量也有较大的增加（Тюрин 等,1982）。在库鲁姆粗碎屑盖层的下部有亚黏土、亚沙土、沙 - 角砾等充填物。在库鲁姆粗碎屑盖层之下由于寒冻分选而常埋有厚 0.3 ~ 0.4 m 至 3.0 m 的分散性物质,其下是多裂隙基岩。常见这样的情况,即在库鲁姆粗碎屑盖层剖面下部有秃峰冰,其含量达到 50% ~ 90%,而富含秃峰冰的土层厚度为 0.3 ~ 2.0 m。

粗碎屑盖层置于含有碎石和大石块（40% ~ 60%）（有时含埋藏土壤层）的沙、亚沙土、亚黏土成分松散沉积物之上的库鲁姆是一种特殊类型的库鲁姆。在粗碎屑盖层下部还发现多边形土残体,其上有松散冲积 - 坡积物。

库鲁姆的研究表明:不仅不同库鲁姆的组构（包括冷生组构）是不一样的,而且库鲁姆各部分的组构也是不一样的（Тюрин 等,1982）。库鲁姆不同部分都具有如下的特点:粗碎屑物厚度与季节融化层（或季节冻结层）的厚度存在一定的关系,尤其是其冷生组构;而且山坡坡度变化于一定范围,山坡还具有某些地貌特征。这样就能以冻土相分析的观点来研究库鲁姆。

在作为运动着的斜坡生成物的库鲁姆中,顺坡从上而下可划分为有规律地相接续的三个基本"带"（图 10.4）。第一带是粗碎屑物运动准备带。这里形成随后将参与运动的粗碎屑物堆积。第二带是库鲁姆本带,它是运动中的石坡和石流带。这里的库鲁姆盖层快速运动（过境）。第三带是粗碎屑库鲁姆物质的堆积带,即它的运动顺坡衰减或完全停止之处。库鲁姆在这里被各种成因的沉积物所保存（掩埋）,或被外生过程所改造而蜕变为其他生成物。每一带都可划分为许多独立的相,可将这些相合并成为三组：补给带相、过境带相和堆积带相（Тюрин 等，1982）。

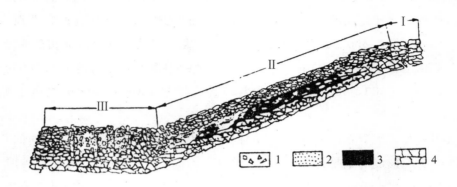

图 10.4　库鲁姆坡的组构

（据 А. И. Тюрин 等（1982）的资料）

Ⅰ—粗碎屑物运动的准备带；Ⅱ—库鲁姆所固有的过境带；Ⅲ—堆积带；

1—坚硬岩石碎屑；2—细粒土；3—秃峰冰；4—多裂隙基岩

在山坡下部堆积着相当厚的含秃峰冰充填物的粗碎屑层的地方形成的库鲁姆冰川是冻土区一种特殊类型的斜坡生成物（Романовский 等，1989）。当冰的含量达到岩石体积的 50% 和 50% 以上时，库鲁姆冰川就开始流动，此时库鲁姆实际上转变为石冰川，具备了石冰川的形态标志：前缘台阶、平面上呈舌状或新月状等等。

融冻泥流堆积物

泥流堆积物是冻土区的特殊堆积物，因为季节融化层特别是其底部夏季几乎总是处于过湿状态，所以常顺坡向下发生塑性位移。泥流堆积物不断地引起 С. Г. Боч、Е. А. Втюрина、Г. Ф. Гравис、Л. А. Жигарев、Т. Н. Каплина、А. Washburn、Г. Болиг、Я. Дылик 等人的注意并为他们所研究。可将泥流堆积物相对划分为较"纯"的泥流堆积物和坡积－融冻泥流混合堆积物。前者主要赋存于几乎不发生坡积物片蚀的有草皮的山坡上，后者赋存于无草皮或草皮很少的山坡上。融冻泥流堆积物和坡积－融冻泥流堆积物都置于坡度一般不大（20°～25°）的山坡上，在坡脚形成岩屑裙。这些山坡具有各种微地形和中地形：阶地、水流、泉华、成型土等。

在岩性方面，融冻泥流堆积物主要为含碎石、角砾、泥炭包体和夹层、腐殖质覆膜的亚黏土和亚沙土。它们与由泥流形态构成的山坡地形紧密相关（图 10.5）。融冻泥流堆积物具有顺坡向下的不均匀层理，这种层理常重复这种地形形态的轮廓（Жигарев，1967）。当融冻泥流坡被植被覆盖时，在融冻泥流堆积物形成的同时，植物－泥炭层被掩埋，产生不同厚度和长度、有时顺坡延伸几十米的有机（主要为含泥炭的）夹层。在粗碎屑物顺坡向下移动、冻胀、冻结时，融冻泥流堆积物的层理遭受不同

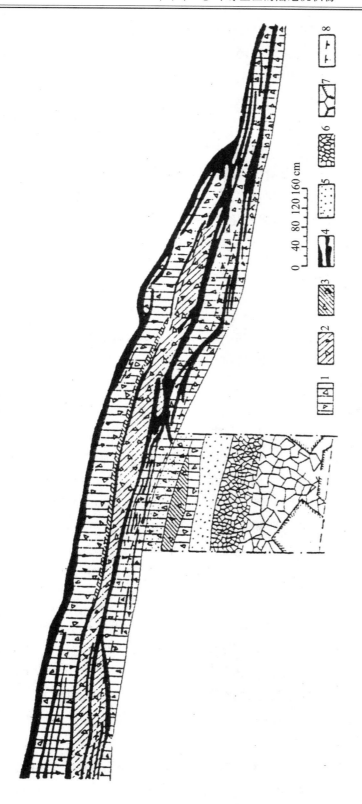

图 10.5　楚科奇的恩梅瓦安岭山前东北部融冻泥泥流阶地的组构
（据 Л. A. Жигарев（1967）的资料）

1,2—分别为含砂岩碎屑的轻亚砂土和重亚砂土；3—重亚黏土；4—植物－泥炭层和被埋的泥炭夹层；
5—不同粒度的砂；6—砂岩的细碎屑残积层；7—砂岩的粗岩屑残积层；8—多年冻土上限

幅度和方向的变形。融冻泥流堆积物的厚度变化于 0.3 ~ 0.4 m 至 3 ~ 4 m 之间。

多年冻结的融冻泥流堆积物具有各种冷生组构。根据 Л. А. Жигарев(1967)的资料,构成融冻泥流坡的多年冻结沉积物上层具有粗冰条纹的垂直或斜层状冷生构造。冰条纹厚达 2 cm,其倾斜度为 3° ~ 15°至 65° ~ 70°。融冻泥流堆积物的冻结是共生型的,即与其运动－堆积同时发生。冷生构造的形成有赖于季节融化层部分从下向上的冻结和部分向多年冻土上限的冻结,多年冻土上限一般平行于地表面。因此,地表地形在融冻泥流堆积物冷生构造形成中起很大的作用。其中,冰条纹陡倾斜的和垂直方向的排列是由于融冻泥流阶地前缘台阶坡度很大造成的。其下的多年冻土上限以很大的角度(70° ~ 80°)发生弯曲,似乎形成融化盘,在其他条件相同时,融化盘深度随台阶高度的增加而增加。在秋季冻结期间,前缘台阶堆积物中的水分迁移是在侧向冷流影响下发生的(Жигарев,1967)。

坡积物

1889 年 А. П. Павлов 院士将坡积物划分成一种独立类型的斜坡堆积物,他将由于雨水和融雪水的片蚀作用而顺坡向下迁移的松散的、主要为基岩上的细分散风化产物归于坡积物。被冲走的物质堆积在坡脚附近,形成顺坡向上尖灭的坡积裙。Е. В. Шанцер(1966)将坡上和坡底附近的类似堆积称为片蚀崩流沉积。大部分多年冻土区研究者不划分出"纯"坡积物,因为坡积过程一般常与其他斜坡过程结合在一起。有时将不同成因和成分的任何斜坡生成物,甚至大块石堆积都归于坡积物,对此是不能同意的。Г. Ф. Гравис(1969)曾试图将冻土区坡积物的划分应用于雅库特条件。雅库特中部地区具有最有利于山坡大面积片蚀的半干旱气候。按照这个作者的观点,坡积物形成于缓坡(小于 15°)上,其坡脚堆积着坡积裙。这种山坡坡脚附近的松散沉积物厚度达到 20 m,有时更厚一些。在沉积物剖面底部揭示了基岩粗碎屑残积层,其上埋有在蠕动作用下顺坡向下移动的亚沙土和亚黏土(往往呈黄土状),其中含碎石、角砾包体,少数含当地母岩块石。在有些地方看到亚黏土和亚沙土呈现不甚清晰的顺坡向下排列的层理。

坡积物的形成是个缓慢的过程,因此坡积物堆积过程中在多次重复的冻结－融化循环作用下经受了冷生改造。结果,坡积物变成均质的粉土,具有包括核状、平板状结构在内的黄土状面貌。石质包体从季节融化层较深部分向地表冻拔。在最缓慢的堆积条件下岩屑发生冷生破坏。在强烈充水的缓坡下部堆积着无层理的亚黏土和亚沙土,其中常贯入大量的与腐殖质混合在一起的水流,含有碎石－卵石大小的粗碎屑包体,有时含木质、草、苔藓等植物残体。

坡积物的冷生组构与其所堆积的山坡的充水程度有关(Катасонов,1961)。含水量不大的山坡上的坡积亚沙土和亚黏土以透镜状冷生构造为主。大含水量山坡上的坡积层具有典型的网状冷生构造,并存在独特的"条带"——平缓的波状多冰夹层。这种夹层是重要的构造和成因标志,由聚集在冻土已融化面上的水在季节融化层的界面处冻结而形成。"条带"能判断随坡积物堆积时山坡形态和环境的变化。在强烈充水的沼泽化山坡上,冻结坡积物往往50%以上由冰组成,成为冰角砾岩,其中的土块好像悬浮和"漂流"在冰中。见到含亚黏土小团块、泥炭、木片和小碎石的厚度小于1 m的厚冰层。这些冰层也具有带状冷生构造,厚5~6 cm的一些冰夹层一层直接送在另一层之上,这表明了季节融化层充水的底部依次向冻土顶面的冻结。在坡积物中见到的冰脉尺度不大。

§10.3 冰川(冰川成因的)沉积物

冰川沉积物或冰碛物可细分为底碛、消融碛(表碛)和边碛(终碛)。

底碛

关于冰碛成分的大量资料表明了冰碛在岩石学方面的多样性:从块石和漂砾堆积到细分散的亚黏土和黏土。按照 P. Ф. Флинт(1963)的资料,古大陆冰川沉积物的最大特点之一是冰碛中任何尺度的碎屑颗粒可以被任意地组合:从99%的亚黏土颗粒到99%的巨大漂砾。在平原地区,由沙质、粉沙质和泥质三部分组成的亚沙土或亚黏土大多可归于底碛。它们在一定程度上是均匀的混合物,或以某一部分为主。在大多数情况下冰碛无分选或分选极差。

在细分散性底碛中几乎普遍含有分散的卵石和漂砾包体,这种包体可分为当地的即源自下伏基岩的和漂移的即从很远的地方移来的。人们认为:冰碛中漂砾长轴的方向与某个具体地区从前的冰川运动方向是一致的。底碛中一般无层理,有时有一些条带,这些条带是不同岩性的岩石破坏产物交替进入底碛中所造成的。黏土 - 亚黏土成分的底碛具有很大的密实性和很小的孔隙度,常具有片理。

底碛的岩石特征主要建立在对北欧和北美平原上所推测古冰盖分布区含漂砾细分散沉积物的研究成果的基础上。同时,现代最大的冰盖,南极冰盖和格陵兰冰盖,以及北极诸岛上较小的冰盖终端附近的研究成果表明:大多数情况下由含少量的细粒充填物的块石、碎石、角砾组成的粗碎屑堆积物是这些地方最为普遍的堆积物。南极绿洲区堆积的冰碛物在地形不平之处、高地的边坡上以不多见的漂砾冲积层到厚10 m的杂乱堆积物的形式存在(Григорьев,1962)。在高地的顶部和边坡上最普遍的冰碛是薄层漂砾 - 碎石物,仅在谷沟和凹地底部埋藏着表层以细粒土为主的冰碛层,漂砾 - 碎石物以分散的包体形式出现,巨大漂砾的尺度在横径上达到1.5 m。在观测冰碛物剖面时,冰碛物是无分选的漂砾 - 碎石 - 沙混合物(混合比例极其多变)。充填物除沙之外还有粉质亚沙土。组成底碛的细粒土的机械成分曲线图(反映其粒度成分)具有冗长、多峰或无峰的特点(图 10.6)。

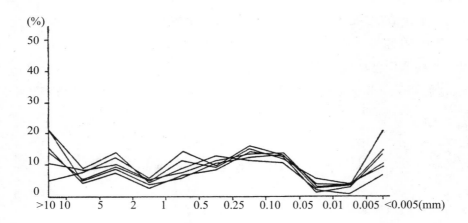

图 10.6　堆积于北极冰盖边缘附近的底碛中主要细分散性土的机械成分曲线图
(据 Н. Ф. Григорьев(1962)的资料编制,粒度比例尺为对数比例尺)

现代南极冰盖所沉积的冰碛物在成分和组构上接近于山地冰川的冰碛物。在山区,冰碛物是粗碎屑的块石－碎石－角砾物质的堆积物,在不同程度上富含细粒土——沙、粉沙和泥粒的混合物,这种物质通常形成典型的丘－盆地形。

消融碛

消融碛由搬运到冰川表面上的碎屑物形成。冰川消融之后这种物质就投落到底碛表面上。这两类冰碛(消融碛和底碛)无论在形成方式还是岩石成分上都是互相对立的。消融碛散松、未压密,主要由块石、漂砾、碎石、卵石、角砾和细砾等粗碎屑物组成,一定程度上被不同比例的沙、粉沙和泥质粒子混合物所胶结。消融碛大多以沙质为主,可归于消融碛的冰碛在成分上接近于目前在山地冰川边缘和南极、格陵兰、北极群岛冰盖边缘附近形成的冰碛堆积物。人们认为完全按粗粒(一般为沙质)成分定义的消融碛的特殊标志是正在退化冰川表面上部分消融碛被融水反复冲刷(Рухина,1973)。消融碛在一定程度上接近于冰水沉积物,与冰川沉积物不同的是分选差、粉沙部分含量高并存在泥质部分。

消融碛除融出碛之外还包括漂碛和蚀余相消融碛(Каплянская、Тарноградский,1993)。蚀余相消融碛形成于冰川融水地表强径流区。冰川融水搬运走冰碛物的细分散成分及部分沙和细砾,结果产生了粗碎屑(主要为漂砾)的残余堆积,有时被称为多次冲刷碛。粗碎屑之间的充填物是卵石、细砾和少量沙。

漂碛形成于不运动的冰川边缘。这里冰面被不均匀地切割并被融出的厚层陆源物质所覆盖。这种物质被融水饱和时顺坡而流,以再沉积的形式堆积在冰面凹处。实际上这已经不是冰碛物,而是冰川成因的泥流层了。由于再沉积物质被水饱和的程度的不同,漂碛的成分和组构可分为:或者一层一层地铺成(流体漂移)10~20 cm 的薄层系,或者一大块跟着一大块的黏滞物质,总的来说形成几米厚的具有整体状和不清晰层状冷生构造的冰碛层。其成分接近于底碛原始物质的成分,但由于细粒级的富集或贫化而使其成分在空间上易变。流状构造十分典型。

在山麓附近地下冰(例如层状冰或饱冰土)在地表面上形成的融化出露物的堆积是一种特殊类型的漂碛。若厚冰体含有带粗碎屑包体的细分散成分的土,则其再沉积产物具有典型的底碛标志:无层理、分选差、有粗碎屑包体、呈碎块状(图 10.7)。它们的成分和结构 – 构造在很大程度上符合冰川沉积物的公认标准,即为典型的冰碛物。然而,除此之外,它们之中还有草根土块、树干等地面植物残体和其他可证明其在地面条件下再沉积的包体。再沉积的漂碛物的密实性小于原先的土。

图 10.7　叶尼塞河下游的近地面碎块状均质黏土层

(含粗碎屑包体和树干残体,形态上类似于底碛,但是由厚层地下冰体

周围的冷生土漂流而形成的)

(И. Д. Данилов 摄)

边碛(终碛)

终碛形成于山地冰川下端附近或大陆冰盖边缘附近,构成丘形、扁长形的垅、堤或弧等典型地形形态,镶嵌在冰川和冰盖的周边部分。垅、堤和弧的长度达到几十米,有

时像人们所认为的那样，甚至达到头几百千米。它们是在冰川边缘位置长期稳定时由于碎屑物从冰川中融出或塌落而形成的。在冰川不均匀后退过程中在冰川外产生了一系列记录这一过程停顿位置的终碛垅——冰川边缘的振荡。冰川边缘水平方向上的振荡或不大的波动与冰川的补给和消融之间的关系有关。当补给大于消融时，冰川边缘就向前移动，反之，冰川就后退。若冰川边缘在较窄的地带内发生长期振荡，则这里就能形成极大的终碛堆积地形形态。山区和平原的终碛物在组构和成分上有较大的差异。在山区，冰川边缘的终碛地形形态一般由经受不同程度冲淋的粗碎屑物质（碎石－块石、碎石－角砾）构成。在平原上，以细分散物质为主。

除塌落的边碛之外，还可划分出由冰川对下伏岩石的动力作用而形成的承压边碛。这种边碛往往在地形上表现为堤状，其形成与冰川的"推土机"效应有关。冰川运动时扒揉下伏岩层，将岩层压揉成褶皱或沿层理面发生剪移作用——冰川错断。冰川错断的形成还可以用厚冰层对冰床层状塑性沉积岩的静力作用效应以及重力作用下将冰床层状塑性沉积岩向冰盖四周挤出——冰川静压力错断——来加以阐述。

常用揉皱的和相互逆掩的冰川崩裂体堆积来确定承压碛。实际上，在这种情况下，它是由被破坏的基岩或较古老的冰川作用物质组成的冰川角砾岩，被称为"冰川构造"（Лаврушин 等，1986）。至于其形成与岩石变形有关的冰碛，还可用"变形碛"这一术语来表述。

冰川沉积物的冷生组构

在南极冰盖、格陵兰冰盖、北极群岛冰盖以及山谷冰川边缘附近的堤状、垅状或丘状粗碎屑冰碛堆积物的核部埋藏着保存下来的"死"冰，即不运动的残留冰川冰。它成为地下冰中最大的冰体。山谷创造了埋藏冰川冰的最佳条件，这里除冰碛堆积外，还有大量的斜坡物质进入冰川表面。在冰川含有少量冰碛物并无斜坡碎屑物的地方，冰川边缘不能形成有助于防止冰融化的表面壳层。通常是冰川下部，近底部的部分进入掩埋状态，这里冰最易发生变化和变质，可见到黏塑性变形（褶皱）和脆性变形（断裂和逆掩断层）。其组构常因裂隙而变得很复杂，裂隙中可以充填着较纯净的雪－水成因的冰，类似于冻土中的脉冰。

对现代冰川边缘附近业已可靠地查明了其成因的冰碛物冷生组构的研究是很不够的。按照冰碛物形成于运动冰川基底的观点，在从含冰碛冰类型转变为不运动的含冰碛冰类型时，冰碛物应保持自己的冻结状态。正如业已讨论的那样，在这种情况下推测冰碛还保存着含冰碛冰的全部构造标志，即冰的黏塑性流动（褶皱、似底辟侵入等）和沿内部断裂面的运动（冰碛的鳞片状结构），因而也有主要的冷生构造特征。"原始冻结冰碛"的概念被引入冻土学和普通冰川学文献。

一些作者（Каплянская、Тарноградский，1993；Соломатин，1986）将西西伯利亚北

部和俄罗斯欧洲部分东北部的厚层冻结含漂砾亚黏土和黏土归于原先冻结冰碛物。这种亚黏土和黏土含有海洋软体动物、有孔虫类和介形虫类的残体以及海洋沉积物中典型的自生矿物和结核综合体，具有许多清楚地指示其沉积发生于海洋类型水体中的标志（Данилов，1978，1983；等），此外还埋有常已变形的透镜状和厚层状地下冰层。变形特征和一些其他标志将这种冰体归于所推测的更新世冰川被保存下来的残体的依据。但在这种情况下，周围的沉积物在整个剖面和分布面积上应当具有含冰碛冰特征，可是实际上却没有。

厚冰体周围含海洋动物化石的亚黏土和黏土具有在水体底部融化状态下发生堆积，随后以后生方式自上而下地发生冻结的标志（Данилов，1978，1990；Трофимов 等，1980）。其冷生构造主要为网状和格状，冰条纹网随深度变稀而厚度增大，这是相当可靠的后生冻结方式标志（Попов，1967）。在含海洋动物化石和漂砾的黏土、亚黏土中没有乳白色"水晶状"冰和含冰碛冰所固有的饱含矿物颗粒的冰。土的塑性变形也不具有含冰碛冰流动构造的"残留体"和"痕迹"，变形形成于随后冻结的融土中（成岩错断），或者形成于融土的冻结过程中（冷生错断）。

关于现代冻土区内地质上长时期地保存所埋藏的冰川残体（包括欧亚大陆北部平原晚更新世冰盖残体）的可能性问题，答案基本上是否定的。冰川分离过程本身、冰川冰的保存及随后的冰川沉积物形成过程证明不可能长期保存埋藏的冰川残体。这已被高加索、天山、新地岛、南极等现代冰川作用区埋藏冰川的直接观测资料所证实。正如 Б. И. Втюрин（1975）所指出的那样：在厚层地下冰的研究历史中没有哪一种成因曾像冰川成因那样大行其道，冰川成因在科学文献中盛行 50 多年，直到 20 世纪 50 年代为止。对欧亚大陆北部平原所推测的晚更新世冰川残体的研究结果证实了这种地下冰可解释为原生土内冰（包括分凝冰或侵入 - 分凝冰）。

当认为古亚黏土地层具有可靠的冰川成因时，而它们的冷生组构却证实它们堆积于融化状态，随后才发生冻结。例如，А. П. Горбунов 曾描述过天山古冻土层的组构，冻土层大约有一半由高塑性的、深灰色含水重亚黏土组成，另一半是风化的漂砾、碎石、角砾或粗沙的透镜体。有时观测到亚黏土与其他成分的冰碛互层。亚黏土具有由水平状或微斜状分凝冰夹层，可能还有侵入冰夹层形成的富冰冷生构造。个别冰层的厚度达到 0.4～0.5 m。玻璃状的透明冰中含有不很多的、直径为 5 mm 的、被压扁的气泡。有时冰中存在稀疏的麦粒大小的亚黏土块。除基本水平的冰夹层外，还有垂直的和斜向的冰脉贯入冻结的冰碛亚黏土中，测得冰脉的宽度为几毫米。

根据 Ш. Ш. Гасанов（1982）的资料，楚科奇低地的晚更新世冰碛具有融化的细分散沉积物从上而下地后生冻结的全部标志。从地面至 3～5 m 深度的上部沉积物具有以水平冰夹层为主的细冰条纹的层 - 网状冷生构造。沿剖面向下至 15～20 m 深度处冰条纹网变稀,然后被分开,此时,主要发育垂直冰条纹。冷生构造变成完整的和不完整的大网状构造,上面粗冰条纹和下面细冰条纹相间。再往下,冷生构造为少冰整体状构造。于是,亚黏土冰碛沉积物的冷生组构证明了它们在融化状态发生堆积,而冻结是以后生方式从上而下地进行的。

§10.4　山区径流的冲积物和冲积–洪积物

由于寻找沙矿曾详细研究了西伯利亚东北部中低山地区小河和涧溪的冲积物和冲积–洪积物（Ю. А. Билибин、И. П. Карташов、Н. А. Шило、Ю. В. Шумилов 等）。由于这些研究,科学文献中出现了"初期"冲积层、"勺状"冲积层或"冷生"冲积层的概念。粗碎屑部分被有时极其饱冰的黏土–亚黏土物质所胶结是冲积层的主要特征。

图 10.8　楚科奇的斜坡物质在冷生作用下大量进入山区小河河床
（小河处在不能完全改造斜坡物质的状态）
（И. Д. Данилов 摄）

来自周围山上的斜坡物质大量地进入小河和涧溪的谷（径流侵蚀沟）底,不大的水流处在不能完全改造斜坡物质的状态（图 10.8）。山区斜坡沉积物（塌落物、融冻泥流沉积物）进入小河和涧溪谷的速度是极高的。被水流所微弱改造的冲积层逐渐向上增长,此时其成分等标志几乎与斜坡物质相同。沉积物之所以从谷底向上增长是因为冬季沉积物发生强烈冻结,而夏季又不能完全融化整个沉积层。换言之,小的山区水流谷底沉积物的堆积和冻结是同时发生的。冻结的初期冲积层的部分融化和水流的冲刷作用仅发生于汛期。正是在这个时候发生碎屑物的搬运及其在下游的堆积。但是洪水的低温(接近于 0 ℃)阻碍着河床土的融化和转入被搬运状态。何况,在大部分山区水流中洪水主径流在冬季冰盖和雪盖上流过。所有这一切缩短了沉积物水中改造的时间,减少了水中沉积物的分异程度,因而它们在岩性上接近于斜坡 - 洪水堆积物,是多粒级的沉积物。

大量的斜坡碎屑进入不大的水流中,就决定了在它们输出到较大河流较宽而平的河底时会形成大冲积锥。当冲积锥从相对的两侧向谷中伸入时,常互相衔接,像冰碛那样阻断河流,此时便形成堰塞湖。这种湖通常被解释为冰川成因,就好像被冰川堆积物所阻塞,这种冰川堆积物因而被称为"河床"冰碛(Шило,1981)。结果,相衔接而阻塞谷底的冲积锥和堰塞湖的相互交替形成了典型的丘 - 湖景观。上述沉积物实际上接近于洪积物。

平原与山区的洪积层有着根本的差异。平原条件下的洪积物具有细分散成分,主要是含不清晰断续层理的亚黏土和亚沙土,其下有时是沙和沙砾石沉积物,并在从冲积锥周边向坡脚或从山麓冲积裙向坡脚运动时其相可被替换。在山区和山前区,洪积物总的来说成分较粗,在平面上清楚地出现分异作用。洪积锥的顶部由小漂砾层、小卵石层或分选很差的漂砾 - 卵石层组成,向周边逐渐变成粒子越来越细的沉积物。粉沙质分散性沉积物是从粗到细相继变化的洪积物系最边上的沉积物。因而,洪积层的特点是:平面上沉积物类型呈放射状变化,冲积层没有典型的河漫滩相沉积物,更没有牛轭湖相沉积物。

多年冻土区山地洪积锥的块体 - 碎石 - 细砾 - 亚黏土洪积物最典型的冷生构造是标准的层状、透镜状冷生构造(Гравис,1969)。冷生构造由冰夹层形成,冰夹层在剖面上分散成扇形,反映着冲积锥面和相应的多年冻土层表面相继增长的各阶段。冰夹层顺坡向下被散裂,下面的冰夹层的倾斜较陡。冰夹层的厚度不大于 0.5 cm。冰夹层之间的亚黏土中分布着扭曲状小冰透镜体以及厚约 1 mm 的冰壳。洪积物的第二种冷生构造类型是强波状和透镜状冷生构造,由一系列厚 0.5 ~ 1.5 cm 的强弯曲形冰夹层组成,冰夹层之间有小的冰透镜体和冰壳。这种冷生构造形成于冲积锥表层因融冻泥流而变得复杂化的地方。此外,还可划分出一种中间类型的冷生构造——波浪 - 扇形网状冷生构造。这种构造由分散成扇形的厚 0.5 ~ 1.0 cm 的冰夹层组成。其中一些冰夹层强烈弯曲而切断另一些冰夹层。主冰夹层之间厚 3 mm 的小透镜体将矿物土分成一些团聚体。冲积锥碎石 - 角砾 - 亚黏土沉积物中有时埋藏着宽达 2 m 的歪斜冰脉。"泥石"流沉积物也可以归于上述类型。它们是含有细粒亚沙土 - 亚黏土充填物的无分选、杂乱的碎石 - 块石混合体,铺垫于不大的临时水流的谷底,在谷的近河口部位形成类似冲积锥的堆积物。

山区河流沉积物的特点主要是在研究多年冻土区中等和不大的河流沙矿形成问题时揭示的(Шило,1981；Карташов,1972；Шумилов,1986；等)。山区河流的冲积物具有双层结构,在与坚硬基岩接触处即其下部由被沙 - 粉沙 - 黏土物质胶结的粗碎屑物(主要为碎石和稍圆的卵石)组成。冲积层堆积时,沉积物不按照紊流水力学原理发生分异,而是将谷底的坚硬基岩残积层、斜坡物质和可搬运的河流物质混合在一起。冲积层下部和相当大的河流(宽达头几千米)的下部存在这种混合体。在这种情况下,冬季冻至水流底部的河床之下的坚硬基岩由于大量含水和周期性的冻结 - 融化而发生强烈的物理力学崩解作用,形成独特的"河谷残积层",层中一般有由于水流的作用而变得稍圆的岩屑(Шило,1981)以及细分散物质。直接位于此层之上的卵石层含有沙 - 粉沙 - 黏土质充填物。充填物自身没有经受较大的冲刷作用,粉粒(0.005 ~ 0.01 mm)含量很高,一般为 15% ~ 20% (图 10.9)。从特粒克分选系数值达 11 这一点判断,沉积物几乎没有遭受水流分选。富含细分散物质的沿底岩卵石层之上一般埋有经冲刷过的"均衡"河床冲积层。

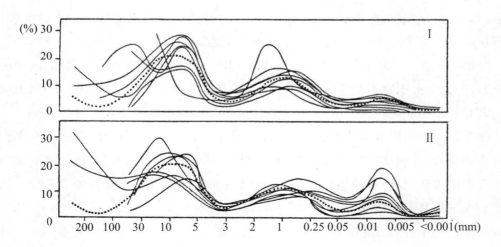

图 10.9　沿科累马东北部山区河流冲积层的机械成分曲线图

(据 3. В. Орлова 和 Ю. В. Шумилов 的资料)

Ⅰ—均衡冲积层；Ⅱ—底岩冲积层；虚线表示整个河床冲积层的平均值曲线

沿底岩卵石层中淤泥 - 黏土物质的富集度要比"均衡"河床冲积层高 1 倍以上,这是多年冻土区山区河流沉积物的特征之一。对这一特征存在着不同的解释。按照 3. В. Орлова 和 Ю. В. Шумилов 的意见,沿底岩河床冲积物完全无分异是相对较小的河流中粒度分异过程和颗粒按比重的分选过程未完成所致。它在大河中表现得比较完整。Ю. В. Шумилов 和 А. Г. Шумовский 进一步得出结论：流水在搬运粗碎屑物的同时伴随着粉碎粗碎屑物，因而形成大量小尺度的颗粒。这就使他们将水成过程视为类似物理风化的过程。

按照 H. A. Шило(1981)的意见，多年冻土区山区冲积过程的最重要特征是：沿底岩卵石层的淤泥－黏土部分的出现在时间上与卵石层的形成无关。这部分粒级似乎在成因上与平原河流的河漫滩冲积层和牛轭湖冲积层相类似，而在沉积时间上比较晚、比较"年青"，与沿底岩砾、卵石冲积层无关。在山区水流冲积作用发展过程中，河床径流应力减小时，淤泥－黏土物质贯入、渗入粗碎屑骨架。此时，紊流变成了能量减弱了的层流或接近于层流的水流：悬浮物质开始渗入河床下径流，并沉积于碎屑之间的孔隙中和基岩裂隙中。"谷地"残积层的沿底岩卵石、碎石和有裂隙的基岩成为独特的过滤器，水中的悬浮细分散物质沉淀于其上。于是，以 H. A. Шило 的观点来看，山区河流河床冲积层沿底岩部分由不同动力环境中的沉积物组成。冲积过程的这一特点不是冲积过程未完成的证据。

若上述冲积层冻结时没有外来补充水流，则整体状和壳状冷生构造是最有代表性的冷生构造。在河床下有径流时产生不大的厚层状和透镜状地下冰体。此时，在卵石层的亚沙土－亚黏土充填物中形成细、中冰条纹的透镜状和透镜－网状冷生构造。

§10.5　平原河流的冲积物

多年冻土区平原河流冲积物是河床相、河漫滩相、牛轭湖相及其亚相在空间上有规律地组合的综合体(图 10.10)。河床沉积物位于冲积层的下部，可细分为所固有的河床沙相和深水相，后者的沙土成分最粗，并富含细砾和卵石，底部常埋有由细砾、卵石和个别情况下的漂砾组成的蚀余基底层。

河漫滩沉积物按成分、埋藏条件和由其堆积的相条件决定的冷生组构来划分。最典型的河漫滩沉积物——以淤泥质粉沙为主——是在内河漫滩相对平坦的表面条件下堆积的。正是在这里形成共生冷生构造和冰脉以及地表上的埂状多边形。沉积于长丘状河漫滩和近河床浅滩内的沉积物岩性各异，总的来说具有较多的粗分散性成分，饱冰度小，冰脉不大且发育较稀疏。

最后，牛轭湖沉积物是富含有机物质的细分散沉积物(黏土和亚黏土)，呈局部发育，牛轭湖沉积物具有近地面透镜状埋藏条件。下面列举多年冻土区平原河流冲积物三个基本亚类的特征，但着重于它们的冷生特点。

多年冻土区平原河流**河床冲积层**主要是沙层，沙粒尺度沿剖面从上往下增大。沙层具有向一个方向显著的斜层理，在向河漫滩沉积物转变时具有透镜状和斜波状层理。

　　多年冻土区大河谷的河床下部处在径流的持续热影响带,其下存在贯通融区或不贯通融区。因此,水最深处的深水相沉积物和在河床不断作用的条件(无论在深水区还是在浅滩上)下形成的沉积物都发生于融化状态。沉积物由于河床的侧移而摆脱河床水的热作用后发生冻结。因为平原区河流河床相沉积物成分中有沙,所以冻结之后的含冰量一般不大。深水亚相的卵石层具有壳状－整体状冷生构造,经强烈冲刷的河床沙层具有整体状冷生构造。若已冻结的河床沉积物曾含水,则沉积物中可能形成厚约 2～3 m 的层状冰体。层状冰形成过程与在水的高静态和动态应力条件下河床支流下融区冻结时承压水向结晶锋面的迁移有关(承压下的分凝作用)。此时的隔水层是多年冻土上限,因为河床沉积物剖面上一般没有不渗水的土。分凝承压水冻结时形成的冰晶能推开沙粒。在河床沙冲积层中还观测到与水体承压侵入有关的冰透镜体。围岩层理的破坏、沙巢和沙卷入冰中都证明了这一点(Бравис、Иванов,1972)。

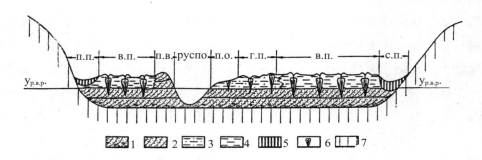

图 10.10　多年冻土区平原河流冲积物结构原理图

1—含卵石深水相沙;2—河床相沙;3—近河床浅滩相和近河河漫滩相的含淤泥沙和沙－粉沙沉积物;
4—内河漫滩相的淤泥质粉沙;5—牛轭湖相的淤泥质黏土和亚黏土;6—冰脉;7—冲积物的下伏岩石;
У$_{р.в.р}$—河床常水量水位;П.О.—近河床浅滩;В.П.—近河床的埂;Г.П.—长丘状(近河)河漫滩;
В.П.—内河漫滩;С.П.—牛轭湖低地;П.П.—沿阶地低地

　　河漫滩沉积物可划分为在近河床浅滩条件下堆积的、长丘状河漫滩条件下堆积的和内河漫滩上堆积的沉积物(图 10.10)。平原河流近河床浅滩上主要沉积具有斜波状、透镜状层理的中、细粒沙,层理具有流动波纹标志。其沉积发生于周期性的干燥(平水期和冬季)和水淹(汛期)条件下。实际上这是从河床沉积物向河漫滩沉积物过渡的沉积物类型。近河床浅滩沙含冰量很小时具有整体状冷生构造。富含粉沙粒子、具有波状和薄透镜状层理的微粒和细粒沙具有继承性冷生构造的特征:冰夹层严格地对应于原始沉积层。冰夹层的存在证明沉积物冻结过程中存在水分迁移。2～5 mm 的稠密细冰条纹沿层理面分布,在其背景上出现厚 1.0～1.5 cm 的较粗的冰条纹。沙中可见到在干缩裂隙中形成的垂向和斜向的小冰透镜体,而这些干缩裂隙是近河床浅滩沉积物在河床水位下降的干燥期形成的。在北方低温多年冻土区常遇到不大的冰脉。从河床相转变为河漫滩相时,具有含外来弱分解泥炭和植物碎屑的夹层和透镜体的细粒和微粒粉沙冲积物内有水平方向的透镜状和层状地下冰。冰体厚1.0~1.5 m,长50 m。在一个垂直面上可见到2~3个冰体。

可观测到近河床浅滩外的河漫滩冲积层具有不同的成分和组构,这是由受地形控制的河漫滩表面堆积环境造成的(图10.10)。

河漫滩近河部分的特点是河漫滩长丘与丘间长低地相间,即具有长丘－浅沟地形。这里堆积着按岩石粒度成分分异的沉积物:在丘顶主要是中－细粒沙,在丘间低地主要是内有富含植物碎屑的薄沙夹层的粉沙。沙具有斜波状和透镜状层理,粉沙具有水平波状和水平状层理。水平层理类型常具有韵律性,于是,岩石构造具有带状特征。总的来说,河漫滩近河部分沉积物的冻结过程与其堆积过程是同时发生的,因而其冷生构造以细冰条纹为主,可观测到冰条纹与沉积物岩性之间的相互联系并与原始沉积构造相对应。丘间低地粉沙中以相互间隔几毫米的、厚1~2 mm的水平冰条纹和水平波状冰条纹为主。丘间低地有时产生滞水,滞水中沉积下饱含植物残体的、粉沙－黏土成分的暗色细分散沉积物——近河河漫滩次生水体亚相。这种沉积物冻结时形成以层－网状冷生构造类型为主的冷生构造,含冰量极高。在次水平状纤维形细冰条纹的背景上分离出相互间隔5~10 cm、厚1.0~1.5cm的冰条纹,还有一些与水平冰条纹相脱离的厚度小些的(3~5 mm)的次垂直状冰条纹。近河的长丘－浅沟状河漫滩沉积物冷生组构中存在相对不大的宽1.5 m(少数宽3 m)的冰脉,冰脉与堆积过程同时向上生长。亚诺－印迪吉尔低地平原河流河漫滩近河带沉积物冷生组构的特征是存在宽度达到1.5 m的垂直条带状含冰土脉(Розенбаум,1973)。河岸由含卵石和漂砾的亚沙土和亚黏土构成的河漫滩沉积物是它的一种特殊的亚类(图10.11)。石质包体的成因与河冰的搬运作用有关,河漫滩近河床部分河冰的搬运尤为活跃。此时,石块被河冰摩擦、磨削和切割,因而被认为是冰川成因石块的典型标志。结果,细分散成分的河漫滩沉积物变成了几乎与含漂砾的冰川亚沙土和亚黏土没有区别的含漂砾土。人们也常把河漫滩沉积物当作冰川沉积物。

内河漫滩地带具有平坦的、几乎呈平面的总地形并高度沼泽化。内河漫滩上几乎处处都分布着各种一般很清晰的埂状多边形。沉积物中的垂直冰脉网格对应着这些多边形,多边形的横径达10~15 m至30~50 m,它们决定内河漫滩的沉积分异作用。内河漫滩沉积物是具有水平层理、富含细分散有机物和植物残体的粉沙、亚沙土和亚黏土。其特点是具有含大量泥炭成分和原地泥炭淤积物的较厚透镜状夹层(厚几十厘米)和透镜体(1.5~2.8 m),泥炭堆积是多边形内沼泽化的结果。泥炭冻结时产生整体状、基底－整体状和斑状冷生构造,而大植物残体(树干、枝、根的碎片)被冰壳所包裹。

　　内河漫滩地带的冻结过程与其堆积过程同时发生，即以共生方式发生冻结。此时产生的独特冷生构造被 E. M. Катасонов 称为"带状"冷生构造：在细冰条纹（1～3 mm）的背景上存在平均厚 3～5 cm（少数情况下达 10～15 cm）的水平状夹层。水平状夹层之间细冰条纹形成网状、篱笆状、透镜状或网－层状冷生构造。带状冷生构造仅产生于多年冻土区北部低温地区。冰脉的生长与堆积过程同时发生是内河漫滩沉积物冷生构造形成的特征，它们具有共生成因的全部标志。

图 10.11　伊加尔卡市附近叶尼塞河的一种特殊类型的河漫滩冷生冲积物
（亚沙土－亚黏土成分，含巨大漂砾、外来泥炭透镜体和漂木）
（И. Д. Данилов 摄）

　　牛轭湖沉积物堆积于河流的旧河床——牛轭湖，其成分沿剖面从下往上变细：从含沙粉沙变为含粉沙黏土最后变成黏土。其特点是富含处在不同分解阶段的有机物，上部常常是泥炭－矿物混合物，存在蓝铁矿、水陨硫铁、黄铁矿等自生矿物。

　　在较深的牛轭湖水体之下一般分布着融区。牛轭湖沉积物以不同的方式发生冻结。深水含粉沙黏土以后生方式发生冻结，其特点是具有网状（包括格网状）冷生构造。在水体冬季冻至底部的浅水泥炭化阶段和随后的沼泽化发育阶段，以成岩方式和共生方式转变为多年冻结状态，此时主要形成富冰的层状冷生构造。

　　发育所谓的"叠置"河漫滩是多年冻土区平原河谷的特点。它们是在早先位于河漫滩以外的干湖盆的平底与河漫滩相连之时形成的。曾经是湖泊（热融浅洼地（阿拉斯)、热融洼地)的沼泽化湖底开始在洪水期和平水期被河水淹没。叠置河漫滩内的河流冲积物的数量和特征随离河床的距离而改变。叠置河漫滩表层的泥炭田和剩余水体中被河流洪水搬运来的悬浮物开始沉淀下来,泥炭被淤积,湖泊沉积物的成分变得复杂起来。

§10.6　风积和沼泽堆积

风积物一般可划分为构成典型的沙丘和新月形沙丘地形的沙和具有盖层产状条件和广阔分布面积的粉沙(黄土综合体)。在广泛分布冲积沙和海沙(构成岸上沙丘,图 10.12)的地方以及某些内陆地区(恰拉盆地等)河流、河口湾、海洋等沿岸,沙质成分的风积物最为发育。风积成因的沙具有不同方向的斜层理。人们认为由于风向和风力频繁地发生变化,所以风积层理的标志是:一个方向的斜层理被另一个方向的斜层理频繁地斜向切割以及层理具有各种倾角和倾向。在同一层内沙粒的大小是相同的,但相邻各层中的沙粒大小是不同的。正如 Л. Н. Ботвинкина(1962)所指出的那样,在粒子大小均匀、矿物成分相同的单色沙中,层理的表现很弱或者看不出来。最频繁地被风搬运的部分是细沙(粒子直径为 0.10～0.25 mm)。沙粒的滚圆度很好,表面粗糙无光泽,表面上可看到在低密度的空气中粒子相互碰撞时产生的断口和凹穴。

图 10.12　西西伯利亚北部塔佐夫半岛一条河流岸上构成一个不大沙丘的风积沙

(И. Д. Данилов 摄)

风积沙的冻结几乎发生于干燥状态下,因此冻结后的含冰量不大(10%～15%,主要为升华冰),冷生构造为整体状(冰胶结)。

关于粉质风积物的分布范围问题是一个有着激烈争论的议题。在西伯利亚东北部平原上(中雅库特平原、亚诺－印迪吉尔低地、科累马低地以及新西伯利亚群岛、楚科奇某些地区)广泛分布的厚 40～60 m(最厚达 100 m)并有共生垂直冰脉贯入其中的富冰沉积层即"叶多姆"或"冰"综合体是这一议题的中心。

这种综合体沉积物以细分散或粗粉沙成分为主。它们具有盖层产状,并从一个地貌平面转到另一个地貌平面:从不同高度的分水岭平坦表面到河流阶地和海洋阶地。细分散机械成分和产状条件是冰综合体地层风积成因观点的主要依据(Томирдиаро、Черненький,1987;Pewe,1983;等)。反对冰综合体形成的河漫滩冲积层假说的支持者(Попов,1967;Катасонов,1960;Конищев,1981)不能令人信服地阐述冰综合体的巨大厚度,这对上述依据是极为有利的。迄今为止,关于冰综合体的成因和形成条件的问题离最终的答案尚很遥远。因此,不能将冰综合体作为风积成因岩层来表述,如同不能为河漫滩冲积层来表述一样。在研究共生冻土层的组构和形成方式时曾归纳了冰综合体的特征(见第八章)。因为不能排除冰综合体是有风的因素参与其形成的多成因生成物,暂时尚不能揭示并划分出岩体成因中风的组成部分。南方地区黄土层的岩性特征接近于冰综合体(除碳酸盐含量之外),就证明了风的因素是存在的。

沼泽堆积(泥炭田)

泥炭田是多年冻土区分布最广泛的沉积层之一。按形成泥炭的植物生长和堆积条件可将沼泽划分为低位型(富营养型)、高位型(贫营养型)和过渡型(中等营养型)。在分布着苔藓－地衣－灌木等植物的多年冻土区苔原亚带,泥炭层主要是由苔属、木贼属和水藓形成的低位型泥炭组成。同时,泥炭田的上部常由高位型泥炭组成。在多年冻土区南部生长着泰加林的地区也是以低位型泥炭为主的。其中常有木本植物残体。泥炭的生长十分缓慢。在现代温带水藓沼泽中约 10 年才形成 1 cm 厚的泥炭层,即生长速度为 1 mm/a。苔原带和北方泰加林带泥炭堆积速度的计算结果表明:这里的泥炭形成过程更加缓慢。形成厚 2～3 m 的泥炭田需 4000～6000 年的时间,即平均生长速度为 0.5 mm/a。

多年冻土区平原地区的泥炭堆积过程发育得最好。根据 М. И. Нейштадт 的资料,在西西伯利亚北部,泥炭田占据了 50% 以上的面积,Н. И. Пьявченко、Н. Я. Кац、О. Л. Лисс、А. П. Тыртиков、А. И. Попов、В. Т. Трофимов、И. П. Кашперюк 等人对它们进行了最为详细的研究。在欧亚大陆北部其他平原上(科累马、亚诺－印迪吉尔、北西伯利亚、勒拿河－维柳伊河平原、伯朝低地北部),泥炭田的发育空间要小得多,约占 10% 的面积。在中西伯利亚台地、西伯利亚山区、俄罗斯的东北部和远东地区,只是局部发育泥炭田,这里的泥炭田主要赋存于河谷中,少数赋存于山的鞍部。在西西伯利亚,多年冻土区冻结泥炭田中泥炭的厚度达到 3～5 m,有时更厚。泥炭形成的必要条件是氧难以参与植物体的堆积过程和随后的改造过程。限制氧进入其中的因素是沼泽滞水。随着由碳、氢、氮和氧组成的植物残体转变为泥炭的过程的发展,沼泽中碳的含量增大(57%～59%)。

泥炭田通常随着从下向上的堆积在十分潮湿的状态下发生冻结,因此含冰量一般很高。泥炭田具有多种冷生构造,结构疏松的泥炭一般具有含冰量相对小的整体状冷生构造,其中的冰以胶结形式分布,有时冰以厚壳的形式包在一些最大的植物残体上。在整体冻土背景上可见到巢型、洞穴型或不大的透镜型斑状析冰作用(斑状冷生构造)。胶结泥炭中植物残体的冰是纯净的、透明的,有时由于含有有机物和氢氧化铁等杂质而呈褐色调。在一般埋于泥炭田底部的、具有片状结构的致密泥炭中,可看到层状、网状和层－网状富冰、细冰条纹冷生构造以及透镜状(包括篱笆状)、个别情况下为基底状、角砾斑杂状冷生构造(此时,发生塑性变形的植物生成的物质夹层和透镜体似乎漂浮在冰中)(图10.13)。

图 10.13　植物岩的富冰褶纹－基底冷生构造

(Е.Д.Ермолин 摄)

泥炭田冷生组构的特点是既存在后生型冰楔,也存在共生型冰楔。共生型冰楔具有与泥炭堆积同时向上增长的标志,包括围岩水平冰条纹似乎焊接在侧接触带肩部这一标志。冰脉的垂直长度取决于泥炭厚度,冰脉的下端延伸到下伏湖沼沉积物和湖泊沉积物中。后生冰脉是由于大部分泥炭田尤其是多年冻土区南方地区的泥炭田在全新世气候最宜期发生融化以及随后又再次冻结而形成的。

多年冻土区沼泽的特殊生成物是平丘状泥炭田和凸丘状泥炭田。平丘状泥炭田的形成取决于原先的冻结泥炭体平整表面被寒冻裂隙所切割,随后在热融侵蚀作用下顺着这些裂隙融化。这个结论的依据之一是平坦的和平丘状的泥炭体内泥炭的含冰量大致相同。在凸丘状泥炭田中则是另一番景象。它们的含冰量高于平坦泥炭体和凸丘状泥炭田围岩的含冰量。例如,根据 A. И. Попов(1967)的资料,构成凸丘状泥炭田的泥炭本身的含冰量超过 80% 。一直到约 10 m 的深度和下伏湖泊亚黏土中,保持着高含冰量(35% ~80%)。在此深度内具有小网状和中网状冷生构造。冰条纹沿剖面从上向下数量减少,越来越少,但同时它们在变厚(在 10 ~12 m 深度上冰条纹的厚度达 5 cm 和 5 cm 以上)。泥炭与下伏矿物土之间几乎处处可见到厚 10 ~15 cm 的冰夹层。凸丘状泥炭田的冻结围岩没有被泥炭所覆盖,其含冰量要小得多(15% ~25%),温度也较高(1 ℃和 1 ℃以上)。泥炭丘的高度与丘中冰夹层厚度之和大致相等。可见,泥炭丘高度越大,其含冰量就越大。

第十一章　多年冻土区的盆地沉积物

§11.1　大陆架沉积物

按极地大陆架沉积物中所含的粗碎屑物质的性质和成分及其与海洋成因沉积物之比例可细分为海冰沉积物、冰山沉积物和冷生海洋沉积物。人们提出了区分上述沉积物的准则(Лисицын,1974)。按照这些准则北极大陆架沉积物基本上属于海冰沉积物,即漂浮的海冰(岸冰、漂冰)在沉积物特征形成中起一定的作用,而冰山和大陆架冰川的作用相对不大,但在更新世冷期其作用增大,而且增大程度在平面上是不同的。对于海洋表面冰和以负温为主的低温沉积环境较大地影响其形成的整个沉积综合体,最好采用"冷生海洋沉积物"这一术语(Данилов,1991)。这种沉积物广泛分布于欧亚

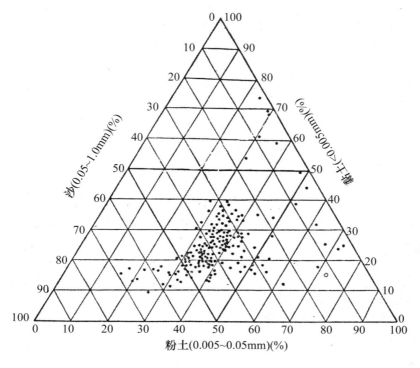

图 11.1　伯朝拉低地和叶尼塞河下游地区冷生海相细分散沉积物的机械成分图
(按三个基本粒度——泥粒、粉沙粒和沙粒)

大陆北方的西部平原上:伯朝拉低地、西西伯利亚北部、北西伯利亚低地(泰梅尔低地)、楚科奇沿岸低地。冷生海洋沉积层的平均厚度为 40～60 m,常达到 100～150 m,在个别情况下达到 200～350 m。

按机械成分,冷生海洋沉积物大多属于亚黏土(轻、中、重亚黏土)和黏土,少数属于亚沙土和粉沙。其特点是存在细砾、卵石和漂砾包体以及海洋软体动物和有孔虫类残体的包体。

极地大陆架沉积物最特殊的岩性亚类是弱分选、无层理或层理不清晰的亚黏土(轻、中、重亚黏土),少数为含粗碎屑包体的黏土,它们具有类似冰碛的外貌。除粗碎屑包体外,亚黏土在一定程度上是黏粒(< 0.005 mm)、粉沙粒(0.005～0.05 mm)和沙粒(0.05～1.0 mm)的均匀混合物,其含量分别为 10%～30%、30%～50%、25%～50%。这在用三角形法编制的机械成分图(图 11.1)上可清楚地看到。对应于基本造岩粒度总含量的点的密集度很大。在反映物质粒度分布的曲线图上(图 11.2)可清楚地看到两个峰:一个对应于粗粉粒(0.01～0.05 mm)的最为清晰的峰,另一个对应于粗黏粒(0.001～0.005 mm)的不太清晰的峰。喀拉海某些类型底泥的粒度呈类似的分布。

Н. М. Страхов 提出了根据粒子中间尺度的值和特拉克分选系数(S_0)按机械成分(表 11.1)划分陆源海洋沉积物的分类方法。按照 А. П. Лисицин 的观点,分选系数值的等级应该是柔性的(可移动的),不同机械成分的沉积物有不同的分选系数值等级(表 11.2)。更新世冷生海洋亚黏土的分选系数为 1.8～7.3,即对应于土从分选良好到分选差的系数值。最为典型的 S_0 = 3.5～

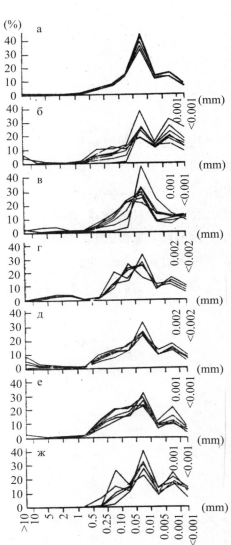

图 11.2　欧亚大陆北部各地区
冷生海洋细分散沉积物
机械成分曲线图

а、б—波罗的海沿岸;в、г—伯朝拉低地;
д、е—叶尼塞河下游地区;ж—现代喀拉海

4.5,表明亚黏土的分选性较差(处于从中等到差分选性之间)。没有观测到 S_0 与颗粒直径平均中间值之间存在规律性的关系,但揭示了分选性随颗粒平均直径的增大而变坏的趋势。更新世冷生海洋亚黏土的 S_0 值接近于喀拉海现代底泥的 S_0 值,即平均为 3.5～4.5,在个别情况下达到 7。冷生海洋黏土的分选性比亚黏土较好一些($S_0 = 2.5～3.5$),它含有大量的泥粒(0.001～0.005 mm 大小的粒子达 30%,0.001 mm 大小的颗粒达 35%)及沙、粉沙和粗碎屑物包体。

表 11.1 陆源海洋沉积物按其机械成分的分类表

(据 H. M. Страхов(1960)的资料)

沉积物	平均直径 (mm)	分选系数 S_0		
		< 3	2～3.5	> 3.5
沙	> 0.1	分选好	中等分选	分选差
粗粉粒淤泥	0.05～0.1	分选好	中等分选	分选差
细粉粒淤泥	0.01～0.05	分选好	中等分选	分选差
黏土质淤泥	< 0.01	分选好	中等分选	分选差

表 11.2 分选系数与沉积物平均直径的关系

(据 A. П. Лисицын(1974)的资料)

粒度(按平均直径)	分选系数 S_0		
	好	中等	差
细砾和粗沙	1.4～2.0	2.0～3.0	> 3.0
细沙	1.0～1.5	1.5～2.0	> 2.0
粉沙	1.0～2.0	2.0～4.0	> 4.0
泥岩	1.0～3.0	3.0～5.0	> 5.0

　　含漂砾的冷生海洋亚黏土和黏土在垂直剖面上和平面上相互交替,其特点是存在由层状(包括带层状)黏土、粉沙、不同粒度的沙构成的透镜体和透镜状夹层。具有带状韵律和不太清晰的似带状层理的黏土和粉沙的分选系数为 1.4～3.4,没有发现其与颗粒直径平均中位数的明显联系。经良好冲刷的层状沙总的来说具有很高的分选程度。

　　粗碎屑包体的存在与弱分选性一样是极地海域大陆架沉积物的特征。在英语文献中,散布在沙-黏土成分土中的石质包体称为"弧石"(Lonestone)和"落石"(dropstone),它们常常挤压或压凹下伏层,而较晚的堆积物从石的凸顶滑下堆在石的四侧,然后逐渐盖住和埋住石块,于是剖面上部逐渐被整平(图 11.3)。

图 11.3　伯朝拉河口地区埋于无层理冷生海洋亚黏土层状沙夹层中的典型落石
(漂砾使下伏层弯曲,而上覆层将它覆盖)

(И. Д. Данилов 摄)

广泛分布在欧亚大陆北部的更新世冷生海洋沉积物中细砾－卵石尺度的物质占优势。横径为 0.2～0.4 m 的漂砾尺度最为典型。较少见到 1.0～2.0 m 尺度的较大漂砾,个别情况下见到横径为 3.0～4.0 m 的漂砾,也较少见到没有滚圆度的或稍磨平的碎石和角砾。总的来说,细砾和卵石的滚圆度是好的,看到一些滚圆度十分好的样本(图 11.4a)。漂砾的滚圆度差别较大。通常小漂砾的滚圆度较好。漂砾越大,滚圆度就越差,仅仅只是稍被磨平。在一些漂砾和卵石表面可见到擦痕(图 11.46)和较大的刻槽。正如所讨论过的那样,按石质物的性质,更新世沉积物接近于现代海冰沉积物,即沉积物中石质物的主要供给者是将卵石和漂砾从岸滩－滨海带搬运走的沿岸冰。擦痕、磨光、切磨石碎屑边都发生于沿岸冰移动之时。尤其在更新世冰川作用中心附近(科拉半岛、新地岛、极地乌拉尔、普托腊纳山脉等地区),没有滚圆度的最大的碎屑和最细的粒度都是由冰山提供的。

无层理、弱分选的冷生海洋亚黏土平均含有 3%～5% 的石质碎屑,最大可达 20%～30%。在分选较好的黏土、层状沙和粉沙中一般稀疏地含有单个卵石和细砾的包体。在构成欧亚大陆北部平原的冷生海洋沉积层中,观测到石质物分布存在下述明显规律性:在低地与周围山地的接合部即古盆地沿岸地带存在数量最多的粗碎屑物。

由以上所述可做出如下的结论:极地大陆架沉积物在其细粒物成分、分选程度和粗碎屑包体的存在诸方面接近于冰川成因沉积物。而其他气候带海洋沉积物与冰川

图 11.4 伯朝拉低地北部无层理冷生海洋沉积物的石质包体

a—由浮冰从岸滩搬运来的滚圆度极好的卵形石英质卵石;6—具有平整的带擦痕表面的漂砾

(И. Д. Данилов 摄)

沉积物的成岩作用在上述参数上具有截然相反的特征。

冷生海洋沉积岩的结构和构造标志也具有独特性。按照现有的岩石学概念(Рухин,1969;等),在中等水深(70～100 m 至 500 m 深)海洋条件下的沉积物是经良好淘洗的细分散粒子的缓慢沉淀之结果,这样,沉积物就能平行成层,从而形成水平薄层理。可以推测,中等深度区最有利于水平薄层理的形成和保存,因为在这里观测到:虽然波浪和从陆地进入的沉积物质的变化使得沉积环境相当易变,但所形成的层理随后并不因搅动和食泥动物而消失,就像在浅水中那样。此外,欧亚大陆北部大陆架冷生海洋沉积物的研究结果表明:较深水中的沉积物(黏土和亚黏土成分)基本类型的特点是无层理。显微镜下沉积物条纹微组构的研究证实了大陆架黏土和亚黏土堆积时物质的分异程度较差(图 11.5a)。无层理亚黏土微结构的特点是不同粒径的颗粒(黏粒、粉沙粒、沙粒)的无序分布。在较均质的泥质或粉质体的背景上一般可见到无序分布的沙质包体。还可见到纯黏土小团聚体(无分选基质中的粒子完全定向排列)及由其他类型沉积物由底部被侵蚀而产生的小球体。盆地沉积层中与此相类似的但较大的包体在被黏土－粉沙物所胶结时构成了透镜体和夹层(图 11.56)。总的来说,沉积物具有典型的"角砾"状结构。看来,在冰川－海洋细分散沉积物中被西方国家的专家作为"Pellet"加以描述的正是这些小团聚体。可推测这些小团聚体是从大陆架冰川中融出的冰碛物。

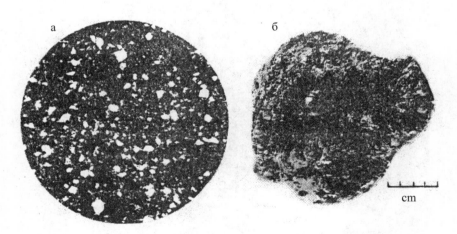

图 11.5　冷生海洋亚黏土的一些结构类型

a—微结构:切片中可看到不同粒径的粒子的无序随机分布;

6—土中由黏土球构成的角砾状结构(黏土球由细分散黏土－粉沙物质胶结而成)

从露头中发现的冷生海洋亚黏土的特点是破碎性,大多具有次生成因,并与冰条纹的融化有关。

虽然基质的分异性较差,但在均质的亚黏土或黏土的背景上几乎普遍出现薄透镜状、有时为纤维状的夹层以及不清晰的细沙和粉沙斑块。它们呈水平状或接近于水平状的分布。除此之外,还存在相当大的层状沙和粉沙的透镜体,少数情况下存在细砾层和小卵石层。北极大陆架底部沉积物的第一批研究者(М. В. Кленова、Т. И. Горшкова 等)在海底盆地中发现了具有似带状层理和纤维状薄沙夹层的黏土质淤泥。带状类型的层理韵律是内海海湾和峡湾沉积物所固有的。В. Н. Сакс 在现代北极海域发现了带层状沉积物。М. Сауpамо 描述了芬兰湾更新世沉积物中海洋成因的带状黏土,М. А. Лаврова 描述了科拉半岛更新世沉积物中海洋成因的带状黏土。根据 С. Л. Троицкий 等作者的观测资料,叶尼塞河下游地区的带状黏土含有海洋北极种软体动物的介壳,介壳只赋存于浅色沙 – 粉沙夹层中。横径达 20 ~ 25 m 带层状黏土和粉沙的夹层和透镜体是冷生海洋沉积层的典型现象。

多年冻土区海洋大陆架沉积物中的**黏土矿物**主要为水云母和蒙脱石,其中混入一定数量的绿泥石、高岭石、多水高岭土,还混有细分散石英。沙粒的矿物成分反映海洋周围沿岸提供陆源矿物地区的矿物成分。同时还存在一些大陆架冷生海洋沉积物所固有的共同特征。轻粒级中作为基本造岩矿物的石英和长石总是占优势。重粒级中风化和搬运过程中不稳定的矿物——角闪石类、辉石类、绿帘石——的含量很高,它们的总含量可达 50% ~ 80% ,有时达 90% 。

图 11.6　泰梅尔半岛皮亚西纳河层理不清晰的冷生海洋黏土中的碳酸盐结核体

　　极地海洋沉积物的**普通化学成分**与原始陆源物质的成分和沉积物中析出的新生矿物有关(Данилов,1978,1983)。海洋沉积物化学成分的特点是锰的含量较高:淤泥质黏土沉积物中 MnO 的含量为 0.15% ~ 0.7%,有机物很分散,其含量为 0.5% ~ 2.3%,个别情况下超过 3%,平均为 0.5% ~ 1.0%。冷生海洋黏土和亚黏土几乎不含碳酸盐,其 $CaCO_3$ 含量不超过 3%。

　　易溶盐中以氯化钠和硫酸钠为主,总矿化度为 0.7 ~ 1.0 g/100 g。在露头的干涸面上一般主要有由硫酸钙和硫酸钠形成的白色盐霜,其含量达到 16 g/100 g。

　　结核体是一些硫酸铁、磷酸铁、碳酸盐的结核(图 11.6),由被细分散新生矿物胶结的围岩陆源物质(黏土、粉沙、沙等粒子)组成。在硫酸盐结核体中,新生矿物为黄铁矿、胶黄铁矿和水陨硫铁;在磷酸盐结核体中为蓝铁矿;在碳酸盐结核体中为方解石、文石以及碳酸铁、碳酸锰(有时为碳酸镁)的同形混入物。

　　冷生海洋沉积层的**冷生组构**取决于下述情况:即它们主要堆积于虽为负温,但却是塑性和饱水的状态之下,而它们的冻结是在沉积物出露水面之后以后生方式从上向下发生的。在沉积物冻结之时,基本物理化学岩化综合过程即宣告结束。由于是相当密实和脱水的土发生冻结,因此冻结前的原始含水量和随后的含冰量总的来说是不大的。冷生海洋沉积层近地面部分的含冰量最大。这里,从季节融化层底面至 2 ~ 5 m 深度的体积含冰量常达到 50%,有时更大。冷生构造为水平层状、水平透镜状、层 – 网状、细条纹状和粗条纹状(条纹厚度从几毫米至头几厘米)。往下至 10 ~ 15 m(少数至 20 m)深度的冰夹层数量减少,而厚度增加到 3 ~ 5 cm,有时达 6 ~ 8 cm,冰夹层间距从 5 ~ 7 cm 增加到 15 ~ 30 cm(图 11.7a)。少数情况下形成冰条纹大格网,此时冰条纹间距达 50 ~ 70 cm,厚度达 7 ~ 10 cm。在 15 ~ 30 m 深度上的含冰沉积物下层具有稀疏的不完整网状冷生构造。在 30 ~ 40 m 至 100 m 深度处具有整体状冷生构造的黏土 – 亚黏土成分的均质沉积物中,仅可见到断续的、不均匀的细冰脉(图 11.76)。细冰脉出现于次水平方向的层理面上,由于其上附有细沙和粉沙的细纤维状粉末而令人注目。

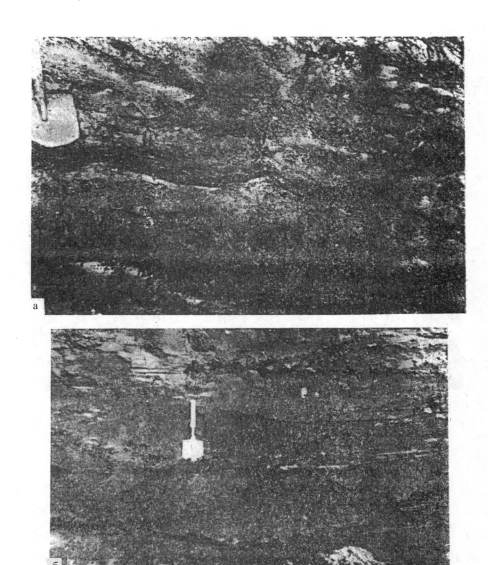

图 11.7 叶尼塞河下游冷生海洋沉积物的冷生构造

a—自地表至 10~15 m 深度上的粗冰条纹大格网;б—20~30m 深度(从格网冷生构造土
向整体状冷生构造土的过渡层)上的零星、不均匀、次水平方向的冰条纹

(И. Д. Данилов 摄)

　　细分散性冷生海洋沉积层具有沙透镜体和沙夹层,它们在冻结前是含水层,在析冰时是水分的补充源。在这种情况下沉积物的冷生构造变得复杂起来,沙层顶面之上埋有冰透镜体和冰层,而覆盖冰层之上的亚黏土和黏土具有富冰冷生构造（图 11.8）。然而,就像上面所表明的那样,即使在相当均质的黏土 - 亚黏土成分沉积层中,冷生组构的图像如上所述并不总是那样清晰、那么有规律。在从地表往下 10 ~ 15 m 的不同深度上往往可分辨出若干含冰量较高的土层（Жесткова,1964）。

图 11.8　叶尼塞河下游地区透镜状地下冰体顶面附近冷生海洋黏土的富冰网状冷生构造
（И. Д. Данилов 摄）

　　冷生海洋沉积层冷生构造以透镜状和厚层状地下冰体为特征,冰体厚度可达 20 ~ 40 m,长几百米,可能还有头几千米长的。冰体分布在 150 ~ 200 m,有时可达 300 m 甚至 400 m 的不同深度上。冰体的冰抑或是整体的、透明的（玻璃状的）或糖晶状的冰,含有周围致密黏土和亚黏土的俘获体;抑或由于较纯的冰层和被陆源粒子污化的夹层的交替而呈层状。常见褶皱变位冰体。冰体的形成与水体和水 - 土混合物侵入（也包括多次侵入）正冻沉积物和来自含水层的水分迁移有关（Втюрин,1975）。在这种情况下,水分迁移是通过分布于冰体下沙透镜体和沙夹层及它们之间的黏土、亚黏土薄夹层（20 ~ 40 cm）进行的。

　　既然海洋大陆架沉积层是在沉积物出露水面之后以后生方式冻结的,那么,此时沉积物所饱含的孔隙溶液经历了不同程度的成岩改造。冻结时,孔隙溶液分成固体组分（成为新生冻土层）和冷盐水两部分。不同含盐量的水在不同的温度下冻结（表

11.3）。海水冻结过程中盐的浓度增大,并沉淀于沉积物中。正如从表 11.3 所看到的那样,标准含盐量(35‰)海水在约 −2 ℃ 以下发生冻结。此时在析冰的同时所溶的碳酸盐开始变成固相,新生方解石开始结晶。在由标准含盐量海水形成的海冰中,$CaCO_3$ 的含量大致相当于其在海水中的含量,根据 К. Э. Гиттерман 的数据,为 0.09 g/kg。随着海水冻结温度降低到 −7.8 ~ −8.2 ℃,芒硝($Na_2SO_4 \cdot 10H_2O$)开始沉淀,其在冰中的含量可以达到 6.3 g/kg。当温度降低到 −15 ~ −17℃ 时,石膏($CaSO_4 \cdot 2H_2O$)沉淀于沉积物中。在温度为 −23 ℃ 时,氯化钠开始变成固相,以水石盐($NaCl \cdot 2H_2O$)的形式结晶,其在水中的含量可大于 30 g/kg。 −36 ℃ 温度时,$MgCl_2 \cdot 12H_2O$ 开始结晶, −55 ℃ 温度时 $CaCl_2 \cdot 6H_2O$ 开始结晶。

表 11.3　冻结温度与水(盐水)的含盐量之间的关系

(据《冰川学辞典》(1984)的平均数据)

℃	−0.3	−0.6	−0.9	−1.2	−1.8	−2.1	−8	−15	−20	−23
‰	5.4	10.8	16.3	21.7	27.1	36.1	124.3	177.3	211.4	232.5

在与海分离的半封闭海湾和泻湖条件下,冻结过程中水的矿化度达到 60‰ ~ 80‰,即达到冷却到 −4 ~ −5 ℃ 温度时盐水不冻结的浓度。在这种情况下,还在水体干涸、底土露出地表之前,矿化度不大的下伏底土就进入多年冻结状态。底部矿化沉积物的冻结温度不同于水。业已查明:含水量相同时,土越分散,土中所含溶液的起始冻结温度就越低。含水量的变化及由此而引起的孔隙溶液矿化度的变化在相同的负温值条件下能使底土从一种相状态(坚硬冻结状态)转变为另一种相状态(塑性冻结状态)。根据以上所述就不难理解:不均质的盐渍冷生海洋成因沉积层往往呈多层状,其中坚硬冻土层与未冻的盐渍化(但为负温的)土层互层,尤其在不均匀的盐渍度与不均匀的岩性成分结合在一起之时。

总的来说,细分散性冷生海洋沉积物的特点是:易溶盐含量高,并且其中以氯化钠和硫酸钠为主(图 11.9)。在其下伏沉积物中尤其是粗粒成分的沉积物中,盐分发生冷生浓缩,直到形成负温盐水(冷液)时为止。

Я. В. Неизвестнов(《Основные проблемы…》,1983)将现代北极大陆架内的沉积物按地下冰化学成分划分为两个岩石综合体。海退过程中海发生淤浅时,在开始冻结之前,厚 200 ~ 500 m 的上部沉积层一般含有矿化度接近于海水的盐水。这种土的相变温度约为 −2 ℃。冻结时盐水离析为淡冰和向下挤出的冷盐水。冻结的结果是近地面层盐分减少,而在海底 200 ~ 500 m 深度以下的下部岩石综合体中形成矿化度为 25 ~ 35 g/kg 的层状地下水。富含硫酸盐和碳酸盐的沉积物冻结时,地下水矿化度可增加到 50 ~ 70 g/kg。

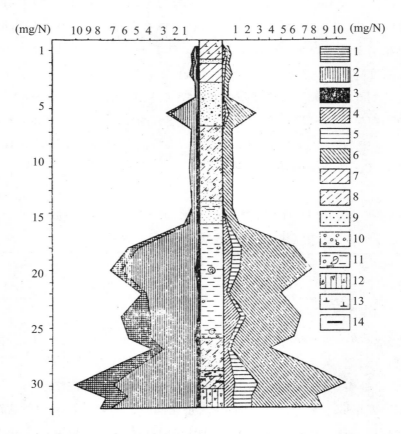

图 11.9　北楚科奇的瓦尔卡拉伊低地后生冻土层中易溶盐沿剖面分布图
(冻土层主要为粗分散的近岸海洋沉积物和三角洲冲积物以及细分散的大陆架深水沉积物)
1 ~ 6—离子(1—SO_4^{2-},2—Cl^-,3—HCO_3^-,4—Ca^{2+},5—Mg^{2+},6—$Na^+ + K^+$);7 ~ 10—近岸海洋
沉积物和三角洲冲积物(7—亚黏土,8—亚砂土,9—砂土,10—卵石层);11—含海洋动物包体和
粗碎屑包体的深水相粉砂;12—坚硬基岩残积层;13—泥炭化植物残体;14—木质残体

　　天然气水合物是海底冻土区的特殊生成物。它们在海底条件下形成的可能性取
决于一系列因素,其中主要的因素是温度和压力的某种组合。此外,气体本身的数量
和成因、与气体结合的水的成分和含盐量、围岩的岩性成分和结构 - 构造特点、围岩中
存在的有机物数量和性质、气体分子和水分子相互作用机制等也影响天然气水合物的
形成过程。根据 Я. В. Неизвестнов、В. А. Соловьев 和 Г. Д. Гинсбург 的计算结果,北
极大陆架的稳定天然气水合物形成区可能位于海水层和负温土的总厚度超过 250 ~
300 m 的地方。大陆架某个冻土区的发育历史、冻土温度的上升和下降在天然气水合
物形成中起重要的作用。

§11.2　近岸海洋沉积物

在北极海域的堆积岸区可将沉积物划分为两个基本岩相类型:陡岸的水下斜坡 –
岸滩相和低淤泥海岸 – 三角洲 – 低湿草地相。在强烈地发生拍岸浪活动并堆积沙砾
石成分沉积物的稍深岸处,第一岩相类型较为典型。第二岩相类型形成于较低的、沼
泽化、周期性疏干和充水的海岸和河流三角洲处,呈饱含细分散有机物的淤泥、亚沙
土、亚黏土、外来泥炭的互层。

水下岸坡 – 岸滩带的沉积物

成分随堆积的地貌条件而异。在平原海岸上,沉积物以沙土为主,在接近于山系
的海岸上,沉积物以卵石层和漂砾 – 卵石混合物为主。它们构成相应的堆积地形——
岸滩、沙嘴、沙洲、岸堤、水下岸坡(图 11.10)。水动力堆积环境的差异决定了沉积物
分异程度上的主要差异。喀拉海沿岸浅水相细沙(粒子的平均中值直径 M_d 为 0.1 ~ 0.
2 mm)的分选性很好(S_0 = 1.4 ~ 1.6)。稍深岸岸滩、岸堤和沙洲相粗沙(M_d = 0.55
~ 0.95 mm)的分选性极差(S_0 = 3.5 ~ 7.5),含卵石的砾质沙分选度也很差(M_d = 2.
5 ~ 5.0 mm, S_0 = 4.0 ~ 4.5)。

近岸海洋沉积物的构造与沉积物的粗细度一样取决于水动力堆积环境的活动性。
水下岸坡下部的细沙主要具有水平波状层理,有时具有透镜状层理。并且含有对称波
动波纹型波状夹层,有时含有不对称的流动波纹型波状夹层。在波浪较强地作用于底
部的条件下堆积的中粒沙具有与透镜状层理相组合的斜波状层理和不同断续程度的
斜层理。最后,上部潮汐带的粗粒沙、砾 – 卵石和漂砾 – 卵石混合物具有在最为活跃
的水动力环境中形成的陡斜状、极断续的层理。因此,近岸海洋沉积物的层理类型与
沉积物的岩性成分及其堆积的相条件紧密地相互联系着。尤其是大河入海处附近的
潮汐带岸滩沙在厚达 2 ~ 3 m 沉积层中往往成群分布着冲积泥炭透镜体和夹层。滚圆
的原地泥炭块组成的泥炭球状物也是这种沉积物的特征。形态上这种泥炭球被称为
"松散漂砾"和未固结土的"扩孔"包体,一些作者将它归属于冰川沉积物一类
(Лаврушин,1976;等)。

沿岸冰在沙质近岸沉积物成分和构造特征形成中起一定作用。当沿岸冰移动和
形成冰礁时冰将沉积物磨削出深沟纹和细槽,于是石质碎屑从沉积物中融出并落入沙
中。但由于近岸带沙质沉积物的堆积速度较快,所以沉积物中的粗碎屑物不多,最为
典型的是卵石和砾石包体,少数情况下见到单个漂砾,漂砾一般靠近不大的亚沙土 –
亚黏土透镜体。含粗碎屑包体的亚沙土和亚黏土透镜体和夹层是近岸海洋沙层中尤
其是剖面近地面部分常见的现象。其形成与水下沙质高地上常多年存在的能抑制周

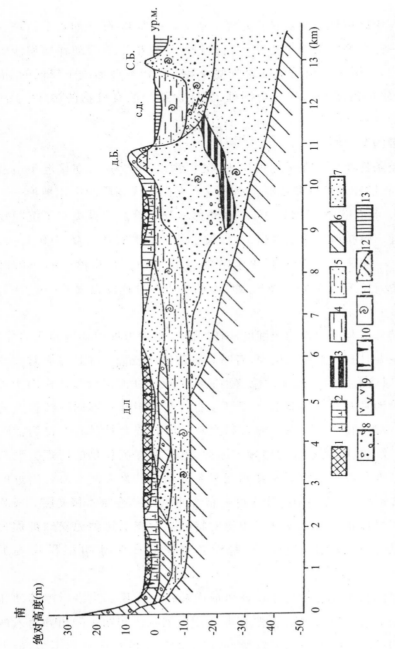

图 11.10　楚科奇海岸区地质地貌结构(内有瓦尔卡拉低地地区从海分离出的泻湖)

(据 И. Д. Данилов 等(1980)的资料)

1—泥炭和含泥炭淤泥;2—泥炭质粉砂、亚黏土;3—泥炭质含淤泥亚黏土、黏土;4—淤泥;5—砂质淤泥
和淤泥质砂;6—含卵石和含细砾的亚黏土;7—中粒砂;8—含砂砾石的卵石层;9—厚层状冰;10—脉冰;
11—海洋动物;12—前更新世岩石的顶面;13—泻湖水和海水;Д.Л—古(晚更新世)干涸泻湖湖底;
Д. Б—古(晚更新世)沙洲;С. Л—全新世-现代泻湖;С. Б—全新世-现代沙洲

围波浪的密集浮冰群和冰山有关。沉积物随着冰的融化而富集了不分选的细粒物质和粗碎屑物质。

东南极的现代海岸附近的情况表明了这一点（Евтеев，1964）。这里，在海底隆起之处，例如在哈苏埃尔岛和将此岛与和平村地区连接起来的地下垅岗处，冰山集结并融化，释放出大部分冰碛物，冰碛物不均匀地沉积于底部。搁浅在浅滩上的冰山集结是北地岛岸旁浅水处的常见现象。

近岸海洋沉积物陆源组分的矿物成分主要取决于毗邻陆地的地质结构。轻质粒级主要由石英和长石组成，一般以石英为主时，长石以不同的比例出现。

查明了近岸海洋沙层和卵石层中有碳酸盐和氧化铁–锰结核体。不同岩相类型沉积物中的碳酸盐结核有不同的形态。均粒沙层中结核呈直径为 2~5 cm 的球状（图 11.11），在层状沉积物中结核呈各种形态：椭球状、纺锤状等。在这种情况下结核内可观测到原生沉积层理，甚至细碎植物夹层，土层贯穿其间，厚度不发生变化。海洋生物残体假型是结核的一种特殊形态。

图 11.11　近岸海成沙中的球状碳酸盐结核

在深 2.5~3.0 m 的海洋近岸地带即浅水区（浅滩、水下岸堤等）开始发生冻结过程和新生多年冻土层的形成过程。这一深度相当于此时搁浅海底的沿岸冰的平均厚度。海底沉积物冬季因此而强烈冷却。而夏季，海水层阻止了海底沉积物变暖。可以推测，在大于 2.5 m 的深度上，即冬季冰盖下保存的海水层厚度甚至不大之处，亦不能形成新生多年冻土。在 Н. Ф. Григорьев、Л. А. Жигарев、Я. В. Неизвестный、В. А. Соловьев 等人的著作中研究了北极海域浅水地带季节冻结和多年冻结的条件问题。

在拉普捷夫海舍朗群岛和马卡尔岛周围,在东西伯利亚海西部从大利亚霍夫岛向东,在赫罗姆湾、奥木里亚赫湾和古西湾地区,新生冻土层带最宽达几十千米。年变化层底新生多年冻土层的温度在拉普捷夫海东南部达到 – 11 ℃(Данилов、Жигарев,1977),而其在 35 年内的冻结厚度达到 60 m(东西伯利亚海)。根据 В. А. Соловьев 的资料(Основные проблемы…,1983),亚诺 – 印迪吉尔低地地区近岸浅水沿岸冰之下新生冻土的温度达到 – 12.5 ℃,而在 80 m 深度上温度为 – 8.5 ℃。

新生多年冻土层埋于近岸处,呈"帽檐"状,厚 20 m,向海中延伸几十米到几百米。有时形成由上部新生冻土层和下部残余冻土层组成的"双帽檐"。水平方向即向陆地方向的散热(在接近海岸时散热增大)在新生冻土层的形成中起重要作用。由于海洋近岸部分浅水中近底部水的负温和新生多年冻土的形成,搁浅的浮冰残留物被保存在底部冲积层中。除个别大冰块之外,大冰场的残体和搁浅在浅滩上的大陆架冰川和冰山等残体被保存下来。这是近岸海洋沉积层中透镜状和厚层状地下冰体可能的形成方式之一。北方海域深达 30 m 的近岸地带频繁形成底冰(Лисицын,1974)。这种底冰在负温条件下能保存下来并转变为掩埋状态(Данилов,1978,1983)。以这种方式形成的冰体具有沉积岩的所有标志:由较纯的冰与富含陆源粒子的冰互层形成的层理、与围岩的整合接触、与上覆沉积层的侵蚀接触、在上覆层底部可见到含石质包体和动物残体的基底层。

层状褶皱变形冰的厚层状冰体是层状近岸海洋沉积层中广泛分布的生成物类型。在个别情况下,变形具有次生特征且与冰在多变的荷载和压力作用下的塑性性质有关(Афанасьев 等,1988)。从许多实例中看到变形过程主要发生于周围沉积层形成过程中。极为典型的是:冰体和冰体之上的与冰体同时变形的沉积层被未变形的、具有正常产状条件的沉积层所覆盖。换言之,变形沿剖面向上消失,并且变形的含冰陆源沉积物被不太变形的和完全没有变形的沉积物所替代(图 11.12)。现在有两种阐述海底条件下成冰作用和沉积物移位作用的共生关系的假说。其中一种假说(Попов,1985)假设负温饱水海洋沉积物在塌陷和滑动过程中变形时结合水转变为自由水。自由水的冻结温度高于底部沉积物,因此,处于负温场中的自由水冻结成冰,形成变形沉积层中的透镜状和层状冰体。而按照另一种假说(Данилов,1989),变形冰体的形成与承压淡地下水从毗邻的陆地分阶段侵入近岸海区的负温未压实沉积层并冻结有关。

周期性被淹海岸(低湿草地 – 三角洲)沉积物

由于沉积盆地水位周期性的上升和下降而清晰地表现出旋回结构特征。在这种成因的沉积层中,不同程度地富含细分散有机物和植物碎屑的黏土、亚黏土、粉沙、细沙和泥炭水平层按一定的层序互层。水体水位不同的变化造成了沉积层结构中不同级别的韵律。夹层的厚度一般为几厘米,少数达 10 ~ 20 cm。夹层组合成厚 0.3 ~

0.5 m至1.5~2.0 m的层群,在最典型的情况下,层群也具有旋回结构:下面从细分散黏土–亚黏土层开始,上面以强烈泥炭化亚黏土、粉沙或含粉粒和泥粒混合物(沼泽化低湿草地被淹时从悬浮液中沉积下来的)的泥炭层结束。相当厚的低湿草地沉积层和三角洲沉积层一样,可能是在低海岸缓慢构造下沉补偿堆积条件下形成的。下沉速率和堆积速率的相应变化决定了各层岩性和厚度上的差异。

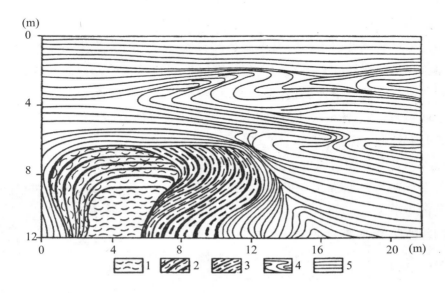

图11.12　带层状近岸海成粉沙中含冰土的复杂背斜构造

1—玻璃状纯冰;2—富含陆源粒子的污化冰;3—含冰土;4、5—带层状粉沙

(4—褶皱变形粉沙,5—未变形粉沙)

沉积物构造总的来说是水平状构造,各层系内可看到波状层理和波动波纹型夹层。特殊的波状褶皱形式的变形结构涉及厚0.5~1.0 m(少数厚2~3 m)的层系。有时变形层夹在一般较厚的相邻层水平底面与顶面之间的夹层中。

低湿草地和三角洲沉积物在堆积过程中发生冻结,即以共生方式发生冻结,因此它们的冷生构造对应于原生沉积构造。冰条纹严格地沿相邻夹层层面分布,再现相邻夹层的全部挠曲。冰条纹一般厚0.5~2.0 cm,在"条带"中增加到5~15 cm。冰楔系统贯穿整个沉积层的厚度。根据 B. A. Усов 的观测资料,冰楔产生于周期性排水的低淤泥海岸存在的最初阶段,随着沉积物一起生长,直至低淤泥海岸转变为低湿草地,并在低湿草地条件下进一步发展。因此,冰楔具有共生形成方式的所有标志:厚度的垂向变化、与层状泥炭化围岩接触处存在肩部。若周期性被淹海岸上沉积物的堆积速度长时期地等同于构造下沉速度,则形成大厚度(40 m 及以上)的低淤泥海岸–低湿草地沉积物和三角洲沉积物。

在这种情况下，冰楔的垂直长度就相应地很大。

§11.3　湖泊和泻湖沉积物

大陆淡水（湖泊）和咸水（泻湖）盆地沉积物是不均匀地富含不同分解程度的有机物的亚黏土、黏土、粉沙和沙。多年冻土区湖泊和泻湖水体沉积层的基本岩相类型可划分为下述类型，这些类型描述了水体发育阶段的有序更替。

近岸浅滩的岩相按照水体的大小而为细粒沙、极细粒沙，少数为中粒沙。沙层中含有大量细碎植物屑和外来泥炭的夹层。有时见到被埋藏的原地泥炭块甚至大块泥炭。沙层具有水平波状层理、斜波状层理、微断斜层理。岸滩沉积物与近岸浅滩相有着紧密的联系，是与水体的大小及其水动力特点相对应的沙、沙砾石和砾卵石沉积物，其特点是具有陡倾斜层理。

大而深的贫营养型湖泊的深水岩相是极微弱地富集有机物的层状黏土（包括有机物富集程度极差的带状黏土）。以富营养型为主的不大水体的深水岩相主要为富含有机物（细分散物和植物残体）的层状和无层理黏土和亚黏土。构造上的差异是由沉积物质进入特点的差异——分异的（韵律和非韵律的）和无分异的——以及水体水动力状况的特点所造成的。在这两种岩相中都存在粗碎屑物（细砾、卵石，甚至不大的漂砾）包体，是表面浮冰将包体置于细分散沉积物中的。无层理、含卵石和漂砾的盆地亚黏土和黏土具有类似冰碛的外貌，因而常导致对其成因做错误的解释。

周期性被淹低湿草地的岩相实际上已经是湖沼沉积物相了，这里亚黏土或黏土和泥炭或泥炭化夹层呈水平状互层。沉积物以生长一系列冰脉为特征。堆积于下降湖盆平整但强烈沼泽化底部最低处的沉积物在沉积相条件、成分和组构上都接近于低湿草地沉积物，它们在春、秋季地表水位上升期间也周期性被淹没（热融浅洼地沉积物）。

图 11.13　佩乔尔低地北部黏土－粉沙成分的带层状沉积物

（Циклиты、И. Д. Данилов 摄）

　　带层状黏土和粉沙在多年冻土区大陆盆地沉积物中占有特殊地位(图 11.13),它们既可生成于淡水盆地也可生成于咸水盆地,由典型韵律构成的条带 – 旋回沉积组成,条带中可划分出较淡色的沙质(或粉沙质)夹层和较深色的黏土质夹层。相邻条带之间的边界是突变的、平整的,有时微呈波状,在个别情况下为波动波纹型。条带下部一般为淡色沙 – 粉沙夹层,上部为深色黏土夹层(少数情况下反之),但两者在条带内的比例不同,时而黏土成分占优势,时而以沙 – 粉沙成分为主。在淡色夹层中可见到细纤维状斜层理。黏土中条带的厚度为 2 ~ 5 mm 至 10 ~ 15 mm,粉沙中条带的厚度增加到 5 ~ 10 cm。

　　通常,带状黏土和粉沙参与晚更新世湖泊阶地、湖泊冲积阶地和大河谷进入河口部分的河口阶地的组构。带状黏土和粉沙之下为近岸沙层,两者之间常埋有含砾石、卵石并具有不清晰水平层理的亚黏土。富含有机物的无层理湖泊黏土盖层之上发育着在全新世就已形成的厚达 2 ~ 3 m 的泥炭田。

表 11.4　一些淡水盆地沉积物类型的平均粒径(M_d)和分选系数(S_0)

无层理亚黏土		带层状黏土		富含有机物的黏土	
M_d (mm)	S_0	M_d (mm)	S_0	M_d (mm)	S_0
0.0063	4.4	0.0024	1.6	0.0026	1.8
0.0079	4.5	0.0030	1.6	0.0028	1.8
0.0087	4.4	0.0030	2.0	0.0030	1.6
0.0110	4.5	0.0033	2.5	0.0034	2.4
0.0160	5.6	0.0038	1.9	0.0036	1.7
0.0174	4.0	0.0040	2.5	0.0038	2.4

　　上述湖泊沉积物的岩相类型都具有不同程度的分选性(表 11.4)。大水体较深水的无层理亚黏土分选很弱,带层状黏土和粉沙的分选性就好得多,不大水体的富含有机物的深水黏土总的来说分选性也很好。三角形图(图 11.14)表明了不同岩性类型的淡水盆地沉积物中沙、粉沙和黏土各相的关系。从图上可以看到反映沉积物机械成分的点很分散。大量的点集中于以黏粒和粉沙粒为主(> 50%)的区域,三角形中心区是黏粒、粉沙粒和沙粒含量较均匀的区域。

　　多年冻土区湖泊和泻湖细分散沉积物以水云母或水云母 – 蒙脱石混合成分的黏土矿物为主。不很多的杂质中有空管状多水高岭土、细针状硅酸镁、绿泥石、碎屑高岭土以及细分散石英和长石。富含有机物质的沉积物以多孔团聚体为特征。

　　沙相湖泊沉积物的矿物成分由其沉积盆地周围土的矿物 – 岩石成分决定。总的

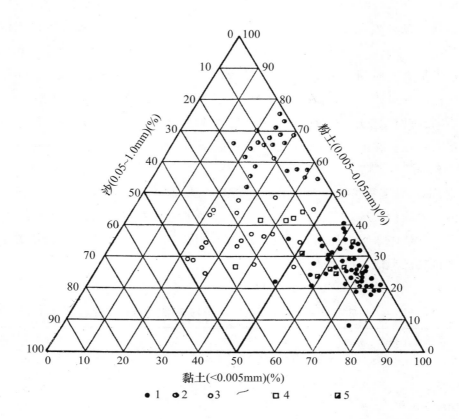

图 11.14　多年冻土区淡水和淡盐水盆地沉积物机械成分图
1—带层状黏土;2—带层状粉沙和层状亚黏土;3—无层理亚黏土;
4—微现层理的亚黏土;5—无层理深水相亚黏土

来说轻质粒级以石英(60% ~80%)和长石为主。重质粒级主要由辉石、角闪石类和金属矿物组成。在基性岩浆岩发育区,例如中西伯利亚地台地区,辉石含量剧增。在酸性岩浆岩、变质岩和陆地沉积岩发育区,例如伯朝拉低地和西西伯利亚低地沿乌拉尔的地区,石榴石和锆石的含量较高。

淡水盆地沉积物的化学成分在很大程度上由其机械成分决定。在沙质沉积物中二氧化硅含量较高,在黏土质沉积物中倍半氧化物的含量增加。多年冻土区冷水湖沉积物一般不含碳酸盐,CO_2 含量为 0.1% ~1.2%。在极大陆型严寒气候区,尤其当同时还存在石灰岩时,湖泊沉积物的碳酸盐含量增加(CO_2 含量达到 2%,在少数情况下达到9%)。湖盆中分散有机物的含量发生急剧变化。在贫营养水体中沉积的深水黏土中,分散有机物的含量为 0.5% ~0.8%。在富含生物残体的杂草丛生的湖泊淤泥 - 黏土沉积物中为 3% ~5%。淡水湖沉积物的矿化度不高(0.02% ~0.08%)。阴离子

中以重碳酸根和硫酸根离子为主,阳离子中以钙离子为主,镁离子和钠离子的含量大
致相同,在富含有机物的沉积物中存在硝酸根离子。北极水体中泻湖沉积物与淡水沉
积物不同,具有很高的含盐量,含盐量可达到 2% ~3%,甚至 7%。主要盐类是氯化
钠,有时是高含量的硫酸钙和硫酸钠。当沉积物温度低于 -8 ℃时,可见到析出的芒
硝晶体。自生矿物综合体包括蓝铁矿、水陨硫铁、黄铁矿、方解石、氢氧化铁,它们与围
岩陆源组分一起形成结核体(Данилов,1978,1983)。

　　湖泊、湖沼、泻湖等陆盆沉积物的冻结和冷生改造过程是一个复杂的过程。它们
以三种已知方式转变为多年冻土状态:后生方式、成岩方式和共生方式。主要为黏土
相的深水沉积物以后生方式自上而下地发生冻结。在这种情况下,盆地沉积物后生冻
结层形成一般的冷生组构。在剖面上部产生密集的、以水平方向为主的细冰条纹网,
水平冰条纹之间由倾斜的和垂直的冰条纹相连接。水平方向冰夹层网随着深度的增
加而逐渐变稀,冰夹层间距增大,但同时其厚度也增大。沿剖面再向下,形成整体状冷
生构造。

　　在盆地近岸浅水区,沉积物可以在相当饱水且稍被压密的底部条件下发生冻结。
冻结中断且结束了沉积物成岩过程,使它们适应新的温度条件。由于垂直方向(向下)
和水平向边岸方向的热损耗而发生冻结,其结果是形成特殊的倾斜冷生构造。在含韵
律的沉积层中,冰条纹沿着层理面继承着水平"缺陷带",此外,垂直裂隙加密,从而最
终导致网格状冷生构造的形成(图 11.5a)。有时土的饱冰程度是如此之大,以至于一
些压密的和脱水的带状黏土块似乎"漂浮"在冰中(图 11.15b)。当细分散湖泊和泻湖
沉积物的最上部极大程度地富集有机物质并在强烈充水条件下自下向上冻结时,主要
形成富冰层 - 网状、网状(包括篱笆状)冷生构造,在最大含冰量时转变为角砾斑杂状
冷生构造。

　　在已泄水或充填沉积物的湖盆(热融浅洼地、热融洼地)平底周期性被淹没的沼泽
化阶段所形成的沉积物以共生方式发生冻结。冻结过程中形成富冰层 - 网状和层状
(包括带状)冷生构造。这种沉积物以共生多边形冰脉为特征。

　　在湖泊和湖沼层下存在融后再冻结的所谓混杂沉积物(图 11.16)是与在富冰土
中形成的热融盆地的沉积作用有关的冷生组构的特点之一。这种沉积物的岩性与热
融盆地之外的围岩的岩性是相同的。但含冰量要小得多,因为它们是在融化之后已经
被压密并很大程度上处于脱水状态时再次发生冻结的,因而冷生构造类型也变得不一
样了:冰包体一般为零星的、水平的或倾斜方向的不连贯的小透镜体,或者变成了整体
状的冷生构造。

　　厚层透镜状或穹状地下冰体是盆地湖泊和泻湖沉积物所固有的典型冷生生成物。
它们能以不同的方式形成。湖泊沉积层具有在最后堆积阶段发生冻结的过程中以侵

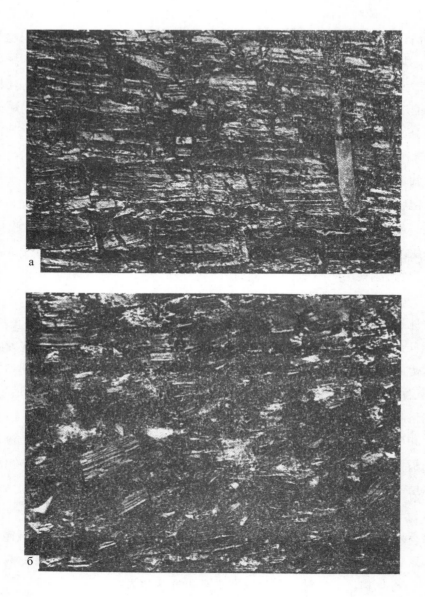

图 11.15　带状黏土的冷生构造

a—格网状;6—基底状

(И. Д. Данилов 摄)

入方式形成厚冰体的可靠形态标志。在最初阶段自下而上和从侧向发生冷却过程,然后当已淤浅湖泊冬季冻结至底部时,沉积层便开始了自上而下的冻结过程,在夏季被水覆盖时形成的沉积物所淤填的湖盆内建立了冷生水头。湖底形成水下冻胀丘,冻胀丘顶发生微融,正是因为这样,冻胀丘不能总是表现于底部地形上,当底部沉积物从发

图 11.16　西西伯利亚北部亚马尔半岛的融后再冻结的河口低淤泥海岸
小含冰量泥炭化细沙层（照片上半部），其下为含冰脉的富冰泥炭化沙层
（И. Д. Данилов 摄）

生沉积作用的水体水位下出露之后,地表地形上也不能总是见到它们。侵入类型的冰体呈穹状,而在垂直剖面上,由背斜褶曲层系组成(图 11.17)。厚冰层具有层理,这种层理由厚几毫米至几厘米的纯冰夹层与薄层湖泊淤泥和湖沙的互层形成。冰中埋有从底部升起的漂砾和围岩俘获体——压实的亚黏土和黏土小块。冰体的形成、发育和局部融化是分阶段发生的,一些冰体可以冻结在另一些冰体之上,因此这种类型的冰体通常很复杂。裂开的顶部、周围的湖泊沉积物(包括沙层)角度不整合地覆盖其上,是冰的背斜结构在持续沉积过程中形成于水层底部条件下的清晰标志。不厚的基底层(一列含沙土和亚沙土充填物的卵石、砾石、碎石)突出地表明了侵蚀接触。基底层成分中还有压实的黏土和亚黏土球。

图 11.17　西西伯利亚北部亚马尔半岛由层状冰构成的穹状结构(在次垂直断面上结构由一个嵌一个的背斜褶曲组合而成并贯穿于湖泊和湖沼黏土和亚黏土层中。
图上结构部分的垂直长度约为 4m)
(И. Д. Данилов 摄)

　　除上述厚冰体类型和形成方式之外,湖泊沉积物中还存在与围岩整合的冰层和冰透镜体,它们具有未变形的次水平状下凹或倾斜的层理,厚度达到几米,横径达到几十米。这种冰可能的形成方式之一是与湖泊沉积物自下而上的冻结和同一方向上的水分迁移相联系的渗透 – 分凝形成方式(Жесткова,1982)。这种情况下,尤其在湖泊水体存在的最后阶段,冰体的产状大多呈凹形(图 11.18),对应于不大的湖泊水体下多年冻土的盘形上限。浅水湖泊沉积物冰层和冰透镜体的可能形成方式是以小湖泊冻结至底部,然后局部融化的冰被上覆沉积物所掩埋。但也不排除:盆地沉积物尤其是较深水相(黏土、粉沙)沉积物的部分层状冰是保存下来的底冰(Данилов,1978,1983),在具有严寒的大陆性气候条件的地区,水体中广泛地形成底冰(图11.19)。

图 11.18 西西伯利亚北部格丹半岛泻湖黏土内厚层状冰体的下凹盘状产状

(И. Д. Данилов 摄)

图 11.19 东帕米尔喀拉库尔湖构成一级阶地的

细分散层状沉积物中的埋藏湖冰具有不很清晰的网格状冷生构造

　　Б. И. Втюрин(1975)以埋藏冰的观点将所有的封闭水体细分为三种:(1)冻结至水底的、冰固着于底部的水体(分布于低温冻土连续分布区);(2)冻结至水底、但冰盖与底部不相连接的水体;(3)不冻结至水底的水体。第一种水体具有保存冰的最好条件。

结束语

本书仅反映成岩冻土学基本的理论结果和科学成就,但冻土学这一领域令人关注的范围无疑是更宽广的。成岩冻土学除所述范围外,还留有冷生岩石研究的方法和方法论、地球地质历史上(包括前塞武纪、古生代和新生代)冷生成岩作用的演变、区域冷生岩石学等方面的问题。

由于本专著容量有限和研究欠深入,没有涉及关于冷生建造的问题,它是最终完成冷生岩石研究链的最高环节,也是许多作者(П. Ф. Швецов、Б. И. Втюрин、В. А. Зубаков、Е. М. Катасонов、И. Д. Данилов、Т. Н. Каплина 等)着手提出冷生建造划分原则和分类标志的依据。建立关于冷生建造的学说尚是不久的将来之事。但现在显然已经明白这一学说应包括成岩冻土学的各个方面(Ершов,1982):自然地理方面(考虑多年冻土区辐射热平衡和水量平衡的特点、外生冻土地质过程和现象的特点等)、地质 - 地貌方面(考虑地台和地槽在隆起和倾伏条件下的成岩特点、山区和平原区在不同构造状况和地形条件下的成岩特点等)、物理化学和力学方面(考虑正冻土、已冻土和正融土中热量和物质交换、化学、物理化学、物理力学、结构和构造的形成等作用过程的特点)、历史冻土学方面(考虑冻土层形成和发展的热力学、成因、年代和温度状况、形成某冻土层的温度变化周期的长度、来自地球内部的热流量、沉积物形成和冻结之间的关系等)。若要研究决定多年冻土区成岩过程发展的全部主要因素,则最终将发现相当多的、不同的成岩作用系列,这种系列可称为成岩作用发展模式。成岩作用发展模式实际上决定了冷生类型沉积岩具体成因的地质 - 地理建造。

揭示多年冻土区沉积成岩的特点,研究经受冷生改造的沉积物的成分、组构和性质,在工程冻土学上具有一系列重要的实践意义,尤其在最近 10 年,由于西西伯利亚油气田的勘探和开采而显得格外重要。而在地质方面,这种重要性与冷生成岩不同阶段有用矿产的形成特点有关,首先是因为作为多年冻土区沉积成岩最重要的因素之一的冷生作用制约着形成沙矿矿物的释放、搬运和富集机制。按照多年冻土区有用矿产外生(岩生)矿床的成因分类(Ершов,1982),可划分出以下各类矿床:风化类、陆地搬运和堆积类、盆地沉积类和沉积后沉积物改造类。

在风化类残积矿床中首先可划分出在多年冻土区广泛发育的建筑材料矿床(碎石、沙、粉粒含量高的亚沙土、亚黏土、砌墙石、筑路石和毛石)和玻璃、陶瓷原料(沙、黏土)以及金、金刚石、锡石、铂等残积沙矿,推测它们能在冷生因素的参与下形成,而目前在冷生过程作用下正强烈地被改造着。铁、铜、铀等矿床属于具有最潮湿条件的多年冻土区的淋积矿床。并且多年冻土区硫化物矿床(例如在俄罗斯东北部地区、雅库特、科拉半岛)具有被改造特征(Шило,1981)。

　　沙矿是最为突出的陆地搬运和沉积类有用矿床。此时冷生型成岩作用的特点可用沙矿富集带从山坡向河海位移来表征(Шило,1981),这就决定了阿尔丹、雅库特、楚科奇冲积沙矿广泛地发育于多年冻土区内的北方河谷中。冰川成因的沙矿一般与冰碛物或冰水沉积物有关(阿拉斯加的含金冰碛物、巴西的含金刚石冰碛物、新西兰冰水成因沙金矿、加拿大的铂沙矿等)。

　　沉积矿床类中湖成和海成单矿物沙和复矿碎屑沙、蒙脱石和水云母土、含泥炭和水草的腐泥、湖泊和湖沼铁锰矿石等都具有很大的实际意义。湖成铁锰矿石在俄罗斯的欧洲部分北部湖泊沉积物中最为典型,一般呈不同形状和大小的结核体。它们在海洋沉积物成岩过程中形成独特的自生矿物综合体,在随后的再分布过程中在局部地段集结成结核体(Данилов,1983)。结核体一般由硫化铁、蓝铁矿、铁锰化合物等组成。

　　在沉积后土的冷生改造类矿床中,首先应指出的是极大的地下冰体(构造冰、复脉冰、侵入冰和厚层状冰体)。沉积物冻结和后生冻土层形成时结晶水化物的生成(方解石、芒硝、石膏等)也具有不小的意义,它们是在负温条件下以难溶化合物、各种自生矿物和低价氧化物(黄铁矿、菱铁矿、白铁矿、蓝铁矿、碳酸、甲烷等)的形式沉淀下来的。同时,冷液和天然气水合物也是多年冻土区的典型矿床。冷液(冻土层上冷液、冻土层中冷液和冻土层下冷液)是高矿化度的负温地下水,在北部海域大陆架、北极群岛、西伯利亚地台等地区有着最为广泛的分布。含有氯化钠(少数含氯化钙和氯化镁)盐水的冷液带的厚度在几十米至几百米间变化,而这种水的矿化度为 $30 \sim 300\ g/L$。天然气水合物或水合物形式的气体属于固态结晶水合物。在多年冻土区之外,天然气水合物矿层大多形成于大于 $1\ km$ 的深度上。在冻土区它们分布于多年冻土层底面之下,也能够分布于冻土层之中(Черский、Никитин,1987;Трофимук、Макогон、Якушев,1986;Гинзбурт、Соловьев,1990;Ершов、Лебеденко、Чувилин、Якушев,1989;等)。近来,在西西伯利亚钻孔时发现广泛发育着埋藏不深的天然气水合物矿层。

参考文献

Александрова П. Н. Органическое вещество почвы и процессы его трансформации. М. , 1980. 287с.

Анисимова Н. П. Криогидрохимические особенности мерзлой зоны. Новосибирск, 1981. 151с.

Арэ Ф. Э. Термоабразия морских берегов. М. , 1980. 159с.

Афанасьев Б. Л. , Данилов И. Д. , Дедеев В. А. Методология геотектоники (современные проблемы теории и практики). Сыктывкар, 1988. 119с.

Баулин В. В. Многолетнемерзлые породы нефтегазоносных районов СССР. М. , 1985. 176с.

Белов Н. А. , Лапина Н. Н. Донные отложения арктического бассейна. Л. , 1961. 150с.

Богородский В. В. , Гаврило В. П. Лед. М. , 1980. 381с.

Втюрин Б. И. Подземные льды СССР. М. , 1975. 214с.

Вялов С. С. Реологические основы механики грунтов. М. , 1977. 447с.

Гасанов Ш. Ш. Криолитологический анализ. М. , 1981. 195с.

Геологическое строение и закономерности размещения полезных ископаемых. Т. 9. Моря Советской Арктики. Л. , 1984. 380с.

Гляциологический словарь. Под ред. В. М. Котлякова. Л. , 1984. 527с.

Гравис Г. Ф. Склоновые отложения Якутии. М. , 1969. 127с.

Градусов Б. П. , Кулагина Н. В. и др. История больших озер Центральной Субарктики. Новосибирск, 1981. 137с.

Гранберг И. С. Палеогидрохимия терригенных толщ. Л. , 1973. 171с.

Гречищев С. Е. Ползучесть мерзлых грунтов при сложнонапряженном состоянии. Прочность и ползучесть мерзлых грунтов. М. , 1963. с. 55 ~ 124.

Данилов И. Д. Полярный литогенез. М. , 1978. 237с.

Данилов И. Д. Методика криолитологических исследований. М. , 1983. 200с.

Данилов И. Д. Осадочное породообразование в условиях субмаринной криолитозоны. Литология и полезные ископаемые. 1991, (4). с. 51 ~ 65.

Добровольский В. В. Гипергенез четвертичного периода. М. ,1966. 238с.

Добровольский В. В. География и палеогеография коры выветривания СССР. М. ,1969. 277с.

Евтеев С. А. Геологическая деятельность ледникового покрова Восточной Антарктиды. М. , 1964. 120с.

Ершов Э. Д. Влагоперенос и криогенные текстуры в дисперсных породах. М. , 1979. 214с.

Ершов Э. Д. Криолитогенез. М. ,1982. 211с.

Ершов Э. Д. Физико – химия и механика мерзлых пород. М. , 1986. 332с.

Ершов Э. Д. ,Акимов Ю. П. ,Чеверев В. Г. ,Кучуков Э. З. Фазовый состав влаги в мерзлых породах. М. ,1979. 188с.

Ершов Э. Д. ,Данилов И. Д. ,Чеверев В. Г. Петрография мерзлых пород. М. , 1987. 311с.

Ершов Э. Д. , Лебеденко Ю. П. и др. Механизм криогенного текстурообразования в неконсолидированных водонасыщенных отложеннях. Геокриологические исследования. М. ,1987. 133 ~ 140.

Ершов Э. Д. Чеверев В. Г. Лебеденко Ю. П. Экспериментальные исследования миграции влаги и льдовыделения в мерзлой зоне оттаивающих грунтов. Вестн. Моск. ун – та. Сер. 4. Геология. 1976,(1) .

Жесткова Т. Н. Формирование криогенного строения грунтов. М. ,1982. 216с.

Жесткова Т. Н. ,Заболотская М. И. , Рогов В. В. Криогенное строение мерзлых пород. М. ,1980. 137с.

Жигарев Л. А. Причины и механизм развития солифлюкции. М. ,1967. 158с.

Зверева Т. С. , Игнатенко И. В. Внутрипочвенное выветривание минералов в лесотундре. М. ,1983. 213с.

Зигерт Х. Г. Минералого – петрографическая характеристика отложений. Строение и абсолютная геохронология аласных отложений Центральной Якутии. Новосибирск ,1979. с. 44 ~ 61.

Зигерт Х. Г. Минералообразование в области вечной мерзлоты. Строение и тепловой режим мерзлых пород. Новосибирск. 1981. с. 14 ~ 21.

Каган А. А. , Кривоногова Н. Ф. Многолетнемерзлые скальные основания сооружений. М. ,1978. 208с.

Карташов И. П. Основные закономерности геологической деятельности рек горных стран （на примере Северо - Востока СССР）. М. ,1972. 184с.

Катасонов Е. М. Типы мерзлых толщ и проблемы геокриологии. Геокриол. и гидрогеол. исследования Сибири. Якутск,1972. с. 5 ~ 16.

Катасонов Е. М. Криолитогенные отложения, их мерзлотно - Формационные комплексы. Проблемы геокриологии. М. ,1983. с. 162 ~ 169.

Конищев В. П. Формирование состава дисперсных пород в криолитосфере. Новосибирск,1981. 197с.

Лаврушин Ю. А. Аллювий равнинных рек субарктического пояса и перигляциальных областей материковых оледенений. Тр. ГИН АН СССР. 1963, （87）:254с.

Лаврушин Ю. А. , Гептнер А. Р. , Голубев Ю. К. Ледовый тип седимента и литогенеза. М. , 1986,156с.

Лисицын А. П. Процессы современного осадкообразования Берингова моря. М. , 1966. 574с.

Лисицын А. П. Осадкообразование в океанах. М. , 1974. 435с.

Микростроение мерзлых пород. Под ред. Э. Д. Ершова. 1988. 183с.

Перельман А. И. Геохимия ландшафта. М. , 1975. 341с.

Попов А. И. Мерзлотные явления в земной коре （криолитология） М. , 1967. 403с.

Попов А. И. , Розенбаум Г. Э. , Туммель Н. В. Криолитология. М. , 1985. 239с.

Пчелинцев А. Н. Строение и физико - механические свойства мерзлых грунтов. М. , 1964. 260с.

Рогов В. В. Методы криолитологических исследований. Ч. 2. М. , 1985. 114с.

Роман Л. Т. Мерзлые торфяные грунты как основания сооружений. Новосибирск,1987. 222с.

Романовский Н. Н. Формирование полигонально - жильных структур. Новосибирск,1977. 215с.

Рухин Л. Б. Основы литологии. Л. , 1969. 703с.

Савельев Б. А. Строение и состав природных льдов. М. ,1980. 280с.

Сергеев Е. М. и др. Грунтоведение. М. ,1971. 594с.

Страхов Н. М. Основы теории литогенеза. Т. 1. М. , 1960. 212с;Т. 2. М. ,1962. 573с.

Страхов Н. М. Типы литогенеза и их эволюция в истории Земли. М., Л., 1963. 535 с.

Суходровский В. Л. Экзогенное рельефообразование в криолитозоне. М., 1979. 280 с.

Сухорукова С. С. Литология и условия образования четвертичных отложений Енисейского Севера. Новосибирск. 1975. 131 с.

Таргульян В. О. Почвообразование и выветривание в холодных гумидных областях (на массивно - кристаллических и песчаных полимиктовых породах). М., 1971. 267 с.

Теплофизические свойства горных пород/ Под ред. Э. Д. Ершова. М., 1984. 204 с.

Томирдиаро С. В. Лёссово - ледовая формация Восточной Сибири в позднем плейстоцене и голоцене. М., 1980. 184 с.

Томирдиаро С. В., Черненький Б. И. Криогенно - эоловые отложения Восточной Арктики и Субарктики. М., 1987. 198 с.

Трофимов В. Т., Баду Ю. Б., Дубиков Г. И. Криогенное строение и льдистость многолетнемерзлых пород Западно - Сибирской плиты. М., 1980. 246 с.

Тюрин А. И., Романовский Н. Н., Полтев Н. Ф. Мерзлотно - фациальный анализ курумов. М., 1982. 150 с.

Тюрин И. В. Органическое вещество почвы и его роль в плодородии. М., 1965. 320 с.

Тютюнов И. А. Процессы изменения и преобразования почв и горных пород при отрицательной температуре(криогенез). М., 1960. 144 с.

Фролов А. Д. Электрические и упругие свойства криогенных пород. М., 1976. 253 с.

Цытович Н. А. Механика мерзлых грунтов. М., 1973. 447 с.

Червинская О. П., Зыков Ю. Д. Акустические свойства льдистых грунтов и льда. М., 1989. 212 с.

Черняховский А. Г. Элювий и продукты его переотложения (Казахстан и Средняя Азия). М., 1966. 179 с.

Чувардинский В. Г. Методология валунных поисков рудных месторождений. М., 1992. 138 с.

Шанцер Е. В. Аллювий равнинных рек умеренного пояса и его значение для познания закономерностей строения и формирования аллювиальных свит. Тр. ин – та геол. наук АН СССР. Сер. Геология. 1951, 135(55):266с.

Шанцер Е. В. Очерки учения о генетических типах континентальных осадочных образований. М. ,1966. 239с.

Шанцер Е. В. Итоги и перспективы изучения генетических типов континентальных отложений. Литология в исследованиях Геол. ин – та АН СССР. М. , 1980. с. 56 ~ 95.

Швецов М. С. Петрография осадочных пород. М. ,1958. 416с.

Шило Н. А. Основы учения о россыпях. М. , 1981. 383с.

Шумилов Ю. В. Континентальный литогенез и россыпеобразование в криолитозоне. Новосибирск,1986. 173с.

Шумский П. А. Основы структурного ледоведения. Петрография пресного льда как метод гляциологического исследования. М. ,1955. 492с.

Шумский П. А. Подземные льды. Основы геокриологии. Т. 1. Новосибирск. 1959. с. 273 ~ 327.

Экзогеодинамика Западно – Сибирской плиты (пространственно – временные закономерности). Под. ред. В. Т. Трофимова. М. ,1986. 245с.

Aguirre – Puente Jaime, 1980. Present state of research on the frizing of rocks and construction materials in 3rd Int. Conf. Permafrost. Edmonton, Canada, 10 ~ 13 July, 1978。

Chuvilin E. M. , Ershov E. D. , Murashko A. A. Structure and texture formation in sapropels. Permafrost: 6th Int1 Conf. , Proceedings. Beijing, China, 1993. p. 89 ~ 93.

Fukuda M. Experemental studus of coupled heat and moisture transfer in soils during freezing. Contributions from the Institute of Low Temperature Science Series. 1982,(31): 35 ~ 91.

Pewe T. Z. Origin and character of loesslike silt in unglaciated south – cetral Yakutia Siberia, USSR. Geological Survey. Professional Paper 1262. Washington, 1983. 46p.

Pissart A. The pingos of Prince Patrick Island. Geol. bull. 1967,9(3).

Ross Mackay I. Sub – pingo water lenses, Tuktoyaktuk, Peninsula Northewest Territories. Can. J. of Earth Sci. 1978,15(8):1219 ~ 1227.

Rostad H. P. W. Diagenesis postglacial carbonate deposits in Saskatchewan. Can. J. Earth Sci. 1975,12(5):798 ~ 800.

Salmi Martti. Imatrastones in the glacial clay of Vuolen Koski. Bull. Comiss. geol. Finlande. 1959,186:218 ~ 235.

Sauramem. Uber die Banderton in den ostbaltischen Landern vom geochronolofischen Standpunkt. Fennia. 1972, 45(6): 112 ~ 135.

Tarr W. A. Concretions in the Champlain Formation of the Connecticut River Valley. Bull. Geol. Soc. Amer. 1933, 46: 1403 ~ 1533.

Williams P. J. Unfrozen water content of frozen soil and soil moisture suction. Geotechnique. 1964, 14: 231 ~ 246.

Xu Xiaozu, Wang Jiancheng, Chuvilin E. M. , Lebedenko Yu. P. A primary study on interface conditions of ice saturated clay. Permafrost 6th Int1 Conf. , Proceedings. Bejing (China) , 1993. p. 734 ~ 737.